毛线球 38
keitodama

指尖上的蕾丝交响曲

日本宝库社 编著 蒋幼幼 如鱼得水 译

U0963117

河南科学技术出版社
· 郑州 ·

目　录

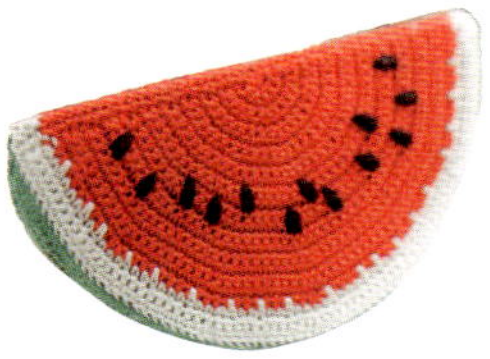

Lace

蕾丝！蕾丝！蕾丝！

蕾丝也被誉为“线做的宝石”。耗费超乎寻常手工编织时间的纤细蕾丝精美极了，
何不试试将蕾丝编织运用在更加日常、休闲的作品中呢？
精致唯美的独有魅力将为我们的生活增添异彩，彰显精致时尚。

photograph Shigeki Nakashima styling Kuniko Okabe,Yumi Sano hair&make-up Hitoshi Sakaguchi model Sara R

Lace

Lace

设得兰蕾丝套头衫

使用容易编织的棉线尝试了棒针的设得兰蕾丝编织。小小的菱形排列整齐，花样十分典雅，也可以休闲穿搭，设计得极为巧妙。领窝位置无须加减针编织成一字领，胁部等针直编，形成法式袖。下摆的边缘改变编织方向，一边编织一边从身片挑针做连接。

设计／风工房
编织方法／83页
使用线／芭贝

设得兰披肩

中间的编织花样和边缘编织与第6页的作品相同，但是在两种花样之间加入波浪形花样后给人截然不同的印象。这是针织蕾丝中备受青睐的设得兰披肩，大家一定要用粗细适中、容易编织的设得兰毛线挑战一下。如果想要更加精致细腻的效果，也可以尝试用更细的线编织。

设计／风工房
编织方法／86页
使用线／Jamieson's

爱尔兰蕾丝披肩和手套

特定的外出日子最适合搭配蕾丝单品了。披肩两端的爱尔兰蕾丝钩编花片为整体穿搭增添了灵动感。蕾丝手套上点缀着华丽的花片，显得新颖别致，戴上它们一起点亮夏日时尚吧。

设计 / 河合真弓
制作 / 冲田喜美子（披肩）、关谷幸子（手套）
编织方法 / 93页、94页
使用线 / 钻石线

爱尔兰花片套头衫

在简单的主体上装饰了大量爱尔兰蕾丝钩编花片，就连袖口和后身片也做了精心点缀。立体饱满的花朵、小巧可爱的花朵、侧面形态的花朵、叶子……花片的种类、数量、排列都可以按个人喜好进行调整。若是搭配正式服装，瞬间彰显优雅气质。

设计 / 河合真弓
制作 / 堀口美雪（花片）、松本良子（主体）
编织方法 / 88页
使用线 / 钻石线

圆形小花片的镂空外搭

用锁针的网格针将小巧的圆形花片连接成格子状，给人清爽简洁的印象。组合了5种颜色的圆形花片，整体却色调柔和，呈现出微妙的色彩变化。叠穿在简单的服装外面，立马成为全身的亮点。连接花片很方便调整衣宽和衣长，这一点也十分讨人喜欢。

设计 / 冈本启子
制作 / 宫本宽子
编织方法 / 100页
使用线 / 钻石线

孔斯特蕾丝套头衫

这款套头衫的孔斯特蕾丝花片呈现块状的镶嵌效果。由于是棒针编织，连接花片后也非常轻薄，纤美细腻的感觉与钩编蕾丝相比别有一番韵味。花片以外的编织花样极其简单。虽然孔斯特蕾丝也被称为“艺术编织”，但是像这样休闲风的设计很好搭配日常服饰穿着。

设计／冈本真希子
制作／铃木裕子
编织方法／ 98页
使用线／钻石线

色彩斑斓的蕾丝围巾

这款作品的花片与第13页作品相同，只是用更细的线配色编织。改变颜色后，同一种花片给人的感觉也大相径庭。黄色调的花朵是夏天的象征，就像向日葵一样。加入斜向的条纹花样后，整体显得更加清爽，仿佛为穿搭添加了一味“佐料”。

设计/岸 睦子
编织方法/103页
使用线/奥林巴斯

优雅的蕾丝上衣

花瓣的一部分微微翘起，使连接花片更富有立体感。外形虽然简单，但是不同深浅的颜色增加了明暗变化。花片的一部分使用了深一点的颜色，整体视觉上有瞬间收拢的效果。雅致的颜色非常适合夏天的清凉装束。

设计／岸 睦子
编织方法／ 106页
使用线／奥林巴斯

淑女气质蕾丝饰领和手套

这套作品洋溢着浓浓的淑女气息，请用偏细的40号蕾丝线仔细编织。宽宽的饰边可以直接用作饰领，也可以点缀在钩编手套的边缘。设计精致的手套看上去结构似乎有点复杂，实际上大部分都是网格针。所以，不要被图解吓到，请一定要试试看。

设计/冈 真理子
编织方法/ 116页
使用线/奥林巴斯

蕾丝花边的多种应用

想在手帕的边缘或洋装的下摆等位置加上蕾丝花边。这次的手帕是抽出亚麻布上的织线后直接在上面编织边缘。蓝色手帕的花边使用40号蕾丝线钩织，裸粉色手帕的花边使用70号蕾丝线钩织，更加纤细精致。改编成胸针和耳环也十分有趣。一起尝试更多应用作品吧。

设计 / 稻叶由美
编织方法 / 114页
使用线 / 奥林巴斯

菠萝花大桌布

这是一款菠萝花大花片连接而成的多用途桌布，给人强烈的视觉冲击力。有了这样一件作品，整个房间也会焕然一新。紫粉色给人鲜艳明亮的感觉，散发出有别于白色或原白色蕾丝的魅力。花片连接的转角处形成全新的图案，令人回味无穷。这也正是连接花片的妙趣所在。

设计 / Hobbyra Hobbyre
编织方法 / 111页
使用线 / Hobbyra Hobbyre

可爱的花片装饰垫

可爱迷人的花片仿佛是在浅蓝色花朵的周围点缀了一圈白色的小花，将花片连接起来制作成菱形的装饰垫。单独1片用作杯垫也不错。除了铺在桌子上，还可以放在架子上装饰重要的物品。

设计/冈 真理子
编织方法/ 122页
使用线/奥林巴斯

KEITODAMA WORLD NEWS

世界手工新闻

日本

日立中市的编织涂鸦

上/相关采访图片还会在编织栏目上发布
下/POPOPO本铺女士和编织物包裹的花盆

2021年1月26日至2月14日，在茨城县日立中市的交通主干道上，突然出现了很多“编织涂鸦”花盆。“编织涂鸦”是一种使用编织物包裹建筑物、路牌、雕塑、街边的树木等大型物件的街头艺术。本次“编织涂鸦”活动由编织玩偶作家POPOPO本铺女士策划，在日立中市当地政府的支持下有序推进。

POPOPO本铺女士是编织玩偶的人气作家，她的作品多以海洋生物和其他野生生物为主题。受新冠疫情影响，日本各地的活动均被叫停，日立中市马拉松赛也中止了。在这种情况下，她一直在想“做什么可以让街头重返热闹？”，于是有了本次策划。“契机是交通主干道上展示的铜像，总觉得有点冷清，然后不知怎么就想到可以用编织物将花盆包住。”POPOPO本铺女士说道。

织片主要在社交平台SNS上募集，制作人员大多来自本地编织社团“编织好时节（AMIMONDOKORO）”。预计需要大约2000个15cm×15cm的织片，但很快就募集到大量织片，提前完成目标。

“募集时只是要求大家使用日立中市有代表性的风景（扫帚草、门氏喜林草、银杏、雏菊等）的颜色，但收到了各种各样令人惊喜的花片。因为想把所有的花片都展示出来，所以就和社团成员们一起把它们连接成形。虽然一个人也能完成，但还是更想把其中的乐趣传递给每个人。”POPOPO本铺女士说道。

本次活动以销售编织图解所得金额为活动资金，在腾田车站附近的咖啡店和日立中市的全面协助下推进，它展现了POPOPO本铺女士非凡的能力。“编织涂鸦”展示期间被多种媒体报道，前来参观的人也很多。采访时拍摄的图片也将在YouTube网站编织栏目上发布，请一定要查看哟！

撰稿/《毛线球》编辑部

美国

新冠疫情环境下纽约的编织情况

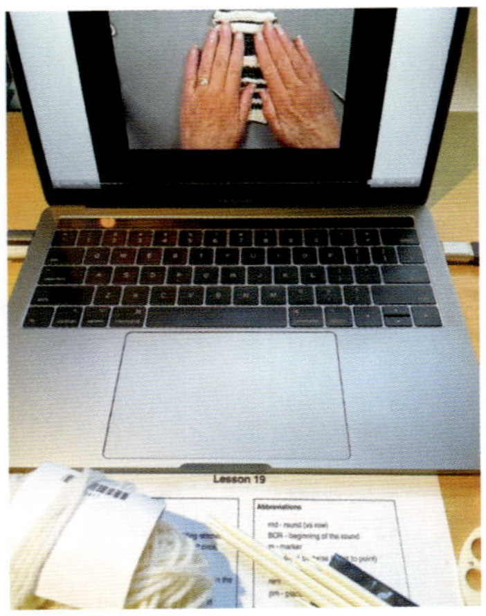

网上讲习班的情况。手部动作清晰可见。

受新冠疫情影响，美国毛线店全部暂停营业，店长们也被迫待在家里。为了生存下去，毛线店店长们开始开展网上订购服务。为了尽可能减轻快递人员的负担，有的店长还会自己开车提供配送服务。正当编织爱好者迷惘的时候，他们的邮箱中收到了“举办网上讲习班！”“举办网上编织茶话会！”“来团织吧（KAL）！”等通知。虽然内心充满不安，但大家都在积极探索当下力所能及的事情，在虚拟世界中互相鼓舞，这种乐观、积极的心态让人深感欣慰。

无法直接触摸织物的网上讲习班究竟是怎样的呢？我试着参加了几个，总体感觉还不错，手部动作镜头比想象中更加流畅，而且细节清晰，还能轻松提问。网上授课的好处就是学员们不用亲自赶到现场，节约时间。而且，不用出国就能参加全世界任何地方举办的培训班。不过，它也有缺点。或许是边看电脑视频边学习的缘故，注意力最多能够集中2小时；并且，无法将样片实物拿在手上观摩，学员之间的交流也有一些局限。

除了讲习班，我还参加了为期4个月的双排扣短大衣团织活动（KAL：Knit Along）。团织作品发布在Ravelry（专注于编织活动的社交网站）上，通过Zoom（多人手机云视频会议软件）可以直接与设计师、工作人员交流。总共约有150人报名参加，其中有20多人来自日本。

在纽约，每年1月都会举办盛大的Vogue Knitting Live活动，但2021年受疫情影响活动取消，计划在2022年恢复举办。从2020年夏天开始，每月都会举办网上编织直播课（Virtual Vogue Knitting Live）。2022年，即使线下的Vogue Knitting Live恢复举办，网上编织直播课也会继续进行。毕竟，不必拖着沉重的行李坐飞机，也不用住昂贵的酒店，就能参加喜欢的培训班，很多人都很喜欢这种方式。这也算是新冠疫情带来的有趣变化吧。

撰稿/飞田真理

[第19回] # 野口光的织补缝大改造

织补缝是一种修复衣物的技法，在不断发展、完善中。

野口 光：

创立“hikaru noguchi”品牌的编织设计师。非常喜欢织补缝，还为此专门设计了独特的蘑菇形工具。新书《妙手生花：野口光的神奇衣物织补术》已由河南科学技术出版社引进出版。

【本期话题】

纤细、不起眼的织补术

织补前

材质娇贵的真丝衬衫上有零星的磨损

*织补方法在书中公开

photograph Toshikatsu Watanabe styling Terumi Inoue

这是本期所用的织补工具。

经常耳闻：“织补缝是在破损的地方用显眼的线缝补，这样好吗?”感觉似乎说得不错，但又似乎不对劲。其实，比起是否显眼，织补缝更看重的是，在让缝补后的衣物看起来和谐、自然的前提下，“不刻意隐藏缝补的痕迹”。因此，不仅要合理选择织补技巧和用线的颜色，还要仔细考虑线、布料的质感。这也正是织补缝的乐趣所在。

本期登场的优雅衬衫是人气设计师石井佳苗女士的真丝衬衫。她希望织补的针迹不要过于显眼。与其寻找完全一样的布料或颜色，相似质感的米色塔夫绸衬布、棉质的欧根纱以及从贴身和服衬衣上裁下来的布，更耐人寻味。线材也选择真丝材质的机缝线，针迹带着真丝特有的清透感，刺绣时也不必过于小心翼翼，旨在“并非去隐藏织补痕迹，而是让它看起来和谐、统一”。目的不是“精美”，而是“合适”。

丹治基浩（时装设计师）

编织独一无二的风采

photograph Bunsaku Nakagawa text Hiroko Tagaya special thanks Coromoza

丹治基浩

以第一名的成绩毕业于英国诺丁汉特伦特大学时装针织设计专业（文科硕士 Fashion Knitwear Design）。毕业后，在为住宅提供针织软装设计服务的企业工作，2012年回到日本。2013年春夏之际，成立原创设计师品牌“Motohiro Tanji”。他有着自己独特的风格，编织类别涉及手编、电脑编织机、家用编织机等，从衣服到小物，都可以用编织搞定。近年，积极开展“一起编织吧”等活动。

本期的编织男子是成立了自己的品牌“Motohiro Tanji”的设计师丹治基浩先生。他在时装发布会上展出的连衣裙精巧而富有活力，给人一种强烈的视觉冲击力，不知不觉中就会看得入神。

丹治先生的表现核心是编织。过去，他曾被水墨画家的话语“水墨画虽然没有用到颜色，但通过黑白浓淡就可以描绘出无限的世界”深深感动，现在，他创作的织物也有着相似的魅力。他的大部分作品都是白色或者基础的单色，带着独特的阴影感，令人耳目一新，有一种神奇的魅力，让人忍不住想一直盯着看。将世上独一无二的织片巧妙组合在一起打造出服装和艺术，这个品牌的活动展示，不局限于成衣的设计，是真正的独一无二。甚至还有“编织的软雕塑”，非常有意思。

“我本来是学服装设计的，26 岁左右时有幸邂逅知名编织设计师桑德拉·巴克伦德 (Sandra Backlund) 的作品，才知道编织竟然可以如此富有立体感。从那时起，我对编织产生了浓厚的兴趣，于是去英国学习。英国和日本的编织教育很不一样。日本会用大量时间来教习既有编织技法，而英国则正好相反，它把重点放在创造‘未有的编织技法’上。也就是说，它更加追求原创性。”

怎样才能创造出世上未有的作品呢？这个过程，就像即兴演奏的爵士乐一样。熟悉编织基础，才可以随性自在地表现出“游戏”特质，丹治先生给我们展示了他独特、有趣的作品。比如，麻花花样的带状织片交叉在一起形成的独特作品（图 7），“从麻花花样开始，但是，编织成这样，已经不能算是麻花花样了（笑）。

1

2

3

4

5

6

7

充满生命力的织片（上）
“一起编织吧”活动制作的七彩编织作品（下）

1/丹治先生正在介绍织片的展开方法　2/时装发布会之外的活动“一起编织吧”制作的连衣裙　3/他现在还在时尚之外的领域活跃　4/这是参加时装发布会时的压轴之作。为了强调织片的阴影，所以使用了大量白色　5/非常有视觉冲击力的作品，设计灵感来自欧洲盘羊　6/身片上布满像海葵一样的罗纹针编织的袖口　7/以麻花针为基础的织片

如果专注于麻花花样的技法，就很难进行突破，但如果心里只想着交叉的麻花花样，就可以自由发挥了。并不是所有人都可以从既有技法中创造出绝无仅有的新颖织片。从这点来说，教学也是很快乐的事情。因为并不涉及技法上的难点（笑）。”

教习创作新颖作品的方法的“丹治基浩编织创意教室”也很受欢迎。

“教室中，先教习一个基础编织技法，然后开始介绍有我个人风格的创意技法，但如果把这作为第 2 个技法的话，就很容易被编织方法局限住，所以最多把它当作一个示例。每个人得根据自己的想法对它进行改造，一点点发展下去，这很有趣。”

据说，这些世上独一无二的作品，既有有计划地将编织方法组合在一起而开始编织的，也有无计划、偶然编织而成的。

“我的作品大多是在家用编织机基础上手工操作的，但是在用编织机尝试一些作品时，经常出现诸如‘这是什么啊？！’之类无法理解的情况。甚至有时连它的结构也完全无法理解。从这个意义上来说，自己动手编织非常重要。这样，可以通过自己的眼睛直接观察织片，知道它是怎样一步一步进展的。”

2020 年，在全球抗疫的大环境下，丹治先生开展了募集普通织片将其改造成艺术作品并捐赠销售款的“一起编织吧”活动。普通的家用编织物，通过绝妙而富有平衡感的组合，变成独一无二的艺术品！不拘一格的丹治先生的作品，带给我们前所未有的快乐。

在16世纪后半期的法国，经过上浆后变得硬挺有型的威尼斯产蕾丝衣领犹如神灵的光环，深受贵族名流的青睐。17世纪初期，长达30年的欧洲战争导致国库紧张，法国王室为了防止官费流失国外而颁布了敕令，禁止进口包括蕾丝在内的奢侈品。但是法国人对时尚有着强烈的执念，这一政策反而带来了极坏的结果，那就是催生了蕾丝的地下黑市交易。不忍坐视的路易十四世和财政大臣科尔贝尔一起，开始大力扶持法国本土手工艺品的发展。其中一个措施就是从意大利请来大批技术卓越的蕾丝手工艺人，在没有产业的地区的多个城镇开设蕾丝工作室。这才有了后来法国西部的阿朗松针绣蕾丝，受到欧洲王侯贵族的狂热追捧。

令王侯贵族痴迷的勒皮棒槌蕾丝

不过，比阿朗松针绣蕾丝更早闻名于世的却是法国中部奥弗涅大区勒皮市（Le Puy）的棒槌蕾丝。勒皮是前往西班牙的圣地亚哥－德孔波斯特拉朝圣之路的起点，每逢宗教祭祀，神职人员和虔诚的天主教徒就会聚集于此。12世纪，勒皮小百货商人行会成立，中心市场销售的商品有朝圣者可以作为特产带回去的金十字架、当作护身符的珠宝首饰、丝绸锦缎等布料，以及金银线编织的饰带和镶边饰物等。其中，装饰在面纱和法衣下摆的棒槌蕾丝精美绝伦，备受好评。据说这种棒槌蕾丝是由一位刺绣技法高超且年轻貌美的女孩伊莎贝尔·马穆尔发明的。

在勒皮，矗立着一座火山喷发形成的奇岩怪石的小山。山顶有一尊高达16米的圣母玛利亚雕像和一所教堂，讲述着这个虔诚小镇的历史。

世界手工艺纪行㊲（法兰西共和国）

盛行于勒皮的
棒槌蕾丝

采访、撰文、摄影／石泽季里　协助编辑／春日一枝

话说，现在已被联合国教科文组织列入世界文化遗产名录的勒皮的大教堂里有一座圣母玛利亚雕像。1407年，伊莎贝尔接受了为玛利亚雕像重新制作长袍的艰巨任务，但是期限将至还未能完成整件长袍的刺绣。一筹莫展的伊莎贝尔最后另辟蹊径，将亚麻线固定在木制线轴上，一边交叉线轴一边编织网格。由此诞生的精美网状蕾丝在当地语言中被叫作“蓬塔（punta的音译）”，作为精致的时尚用品逐渐被人们视若珍宝。据说这就是盛行于当地的勒皮棒槌蕾丝的起源。

法国国王弗朗索瓦一世（1494—1547年）倾心于意大利文艺复兴时期的文化，进口昂贵的蕾丝和镶边饰物搭配在身上是他的一大乐趣。他从意大利聘请了列奥纳多·达芬奇和本韦努托·切利尼等富有才华的文艺复兴艺术家，同时他还是有名的风流男子，从朋友到情人，身边总是美女如云。国王身上穿戴的各种衣品也在宫廷内屡次掀起热潮。

在1531~1534年，这位国王从王宫所在地的卢瓦尔河地区到整个法国的各个城市走访了一遍。那时，国王也拜访了勒皮，收获了当地小百货商人行会经营的优质时尚服饰。穿戴在国王身上的“勒皮蓬塔”与以前的蕾丝相比别有一番韵味，就这样蕾丝编织物逐渐在天主教的神职人员和王侯贵族之间广泛流行，深受喜爱。

到了1639年，路易十三世下令禁止进口和穿着昂贵的时尚服饰，只有教会的室内装饰和神职人员的法衣上允许使用。因此，为教会相关人员设立的勒皮小百货商人行会依然可以继续制作蕾丝。而且，这些蕾丝经由萨伏依公国（现在属瑞士）、德国、荷兰、波尔多以及西班牙的港口被出口到马耳他岛和南美地区，大获好评。

勒皮之所以能够继续制作出上等的棒槌蕾丝还有另外一个原因，那就是近些年才结束运营的“BEATES”体系。1665年，效力于国王的检察官的女儿安妮·玛丽·马特尔成立了“BEATES”，为的是帮助没有产业的奥弗涅地区的城镇少女和其他女性谋求生计。“BEATES”在拉丁语中的意思是“有教养的女性”。安妮与神学院的汤森牧师商量，在城镇的集会所简单地教授她们读书写字、计算，以及基督教义。农闲时，她们一边祈祷或唱着赞美歌，一边编织棒槌蕾丝。在“BEATES”的扶持下，到17世纪末，城里的女性大都学会了精湛的棒槌蕾丝编织技艺。即使1881年法国开始推行初等义务教育，勒皮“BEATES”也有777人登记在册，甚至到了1990年还有2~3人登记在册。

这是19世纪用金线编织的面纱，除了勒皮棒槌
中典型的“叶子”技巧，还使用了近10种编织技
盒子里装的是用来编织蕾丝的优质麻线，如今
无法买到。

A

B

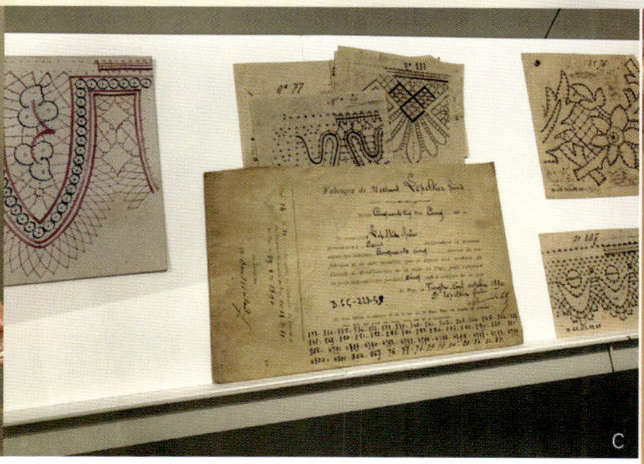

C

E

A / 用“凸纹蕾丝”的连续图案和“克鲁尼蕾丝”的饰边表现出天使和教堂圆形花窗的这款杰作是教堂的祭坛装饰物（IRIDAT收藏） B / 在20世纪初期之前，勒皮有很多手工艺人就是将这样的半圆筒形垫子放在膝盖上灵活地操作500多根棒槌 C / 19世纪的棒槌蕾丝图样。在这个图样上插针戳出小孔是制作棒槌蕾丝的第一步 D / 偏好轻快优雅等女性特色的18世纪洛可可时期的淑女肖像画。穿着大量昂贵的蕾丝服饰曾经是王侯贵族的身份象征 E / 为了致敬那些对蕾丝产业做出贡献的名人名士而制作的彩绘玻璃（克罗扎捷博物馆收藏）

D

人气的衰落和复苏

18世纪后半期，王后玛丽·安托瓦内特钟爱的巴黎近郊的尚蒂伊金色真丝棒槌蕾丝备受欢迎，而盛极一时的勒皮蕾丝逐渐被人遗忘。

不过，法国大革命结束40年后，巴黎一位年轻的蕾丝设计师特奥多尔·法尔康让勒皮蕾丝重新绽放出了魅力。他在思考新模式时，巴黎的美术馆和图书馆中收藏的古董蕾丝给了他灵感。这时，以勒皮为代表的上卢瓦尔省的棒槌蕾丝因其特别复杂细腻的花样让他惊叹不已。除了法国的编织技艺，其中还凝聚了比利时的布鲁日蕾丝的编织技巧和素材。

1838年，他召集了1400名勒皮蕾丝手工艺人，成立了蕾丝编织培训学校。当时恰逢万国博览会时代即将开启。经过近30年的反复尝试，勒皮的棒槌蕾丝在1867年的巴黎世界博览会上作为“更胜于阿朗松针绣蕾丝的法国最精美的蕾丝”引起了轰动，迅速发展为拥有12万蕾丝手工艺人的一大产业。运用阿尔及利亚的技巧、用金银线编织的金属蕾丝，用羊毛和马的鬃毛、稻草等不同材质编织的蕾丝，20世纪装饰艺术时代风靡一时的机织彩色蕾丝……这些都是在当地发展出来的各种蕾丝。然而，后来购买蕾丝和工具的女性越来越少，加上20世纪70年代的经济不景气，最后只剩下3名老艺人还在用粗麻线编织着粗糙且平平无奇的棒槌蕾丝。

现在也能看到在屋前编织棒槌蕾丝的手工艺人。

面临棒槌蕾丝技艺后继无人的状态，勒皮市成立了“勒皮棒槌蕾丝教育中心”（IRIDAT），旨在考察、改革和发展传统的棒槌蕾丝。通过重新出版20世纪初期编著的教科书，每年4期面向19个国家发行名为《蕾丝》的杂志，该中心一直致力于勒皮棒槌蕾丝的传承。除此之外，中心还长期开设面向儿童到大人各种年龄层次的课程。现在，当地的棒槌蕾丝作品还加上了序列号和“勒皮蕾丝”的商标，以示与其他蕾丝的区别。

世界手工艺纪行37
（法兰西共和国）

棒槌蕾丝

新时代的棒槌蕾丝

一直以来，勒皮的蕾丝产业从未接受过国家的资助，但是1976年在吉斯卡尔·德斯坦总统的领导下，国家第一次伸出了援助之手。法国文化部管辖的“勒皮国立棒槌蕾丝工作室”由此诞生。

目前，在工作室制作棒槌蕾丝的专业人员有8名。她们都拥有国家公务员身份，而且承担着各种艰巨任务，比如科学地分析和研究盛行于上卢瓦尔省的300多种技巧，绘制纸型并尝试制作，保存和继承各种编织技法等。

她们还与那些在全国比赛中获得殊荣的杰出艺术家合作，一起制作当代的棒槌蕾丝作品。这些作品将被用于总统府爱丽舍宫和总理府马提翁宫以及大使馆的室内装饰，使国内外的政府要员和大使都能欣赏到它们的魅力。另外，有时也会根据香奈儿和卡地亚等法国历史悠久的高级时装和珠宝首饰品牌、海外王室和政府的订单需求制作蕾丝。其中尤为重要的一项工作就是修复17世纪以来王立和国立工作室制作的国家重要文化遗产、凡尔赛宫和枫丹白露宫以及拿破仑皇帝的马尔梅森城堡（CHÂTEAU DE MALMAISON）等宫殿里的装饰日用品。

采访当天，蕾丝手工艺人娜塔莉女士正在为爱丽舍宫银厅（Salon d' Argent）的改装项目忙着用银色线编织525朵小花。拿破仑被流放到圣赫勒拿岛之前就是在这个房间签署的退位书，银厅也因此出名。工作室与国立家具用品工作室的布艺装饰部门商量后，决定在原来刺绣制作的新古典主义风格的窗帘边缘加上棒槌蕾丝的装饰，需要制作4片385cm×290cm的窗帘。虽说“如今可以用机器将线缠绕在棒槌上，轻松了不少”，但是棒槌的数量多达1400根，预计需要2100个小时的工作量实在是太大了。

另一位蕾丝手工艺人弗朗索瓦女士正在挑战用棒槌蕾丝技法表现近代艺术家弗朗索瓦·泽维尔·拉兰内的杰作《云》。她告诉我们，在编织方法中寻求创新的同时完成立体、轻巧的作品最能展现精湛的技术。要想保护手工艺这一国家非物质文化遗产，国家的扶持、手工艺人坚守精致手艺的意志，两者缺一不可。

IRIDAT的建筑外观别有特色，仿照了凸纹蕾丝的花样。在这里，除了可以购买教科书和材料，还会定期举办教学课程。

F / 现代作品在编织时需要不规则地将线交叉30~50次，所以比传统作品更加劳神费力　G / 勒皮国立棒槌蕾丝工作室致力于在传统技艺的基础上不断创新发展　H / 棒槌上缠绕的是十分稀少的纯银线　I、J / 在爱丽舍宫的银厅改装项目中负责制作窗帘饰边的蕾丝手工艺人娜塔莉女士及其编织的作品。“P”是政府授予工作室的商标。与半圆筒形的垫子不同，为了使棒槌操作起来更加顺滑，现在使用的是几块正方形的垫板，一边移动上面的皮革一边编织　K / 克罗扎捷博物馆，在这里可以看到上卢瓦尔省的棒槌蕾丝珍品　L / 工作室负责人伊莎贝尔女士（右）与手工艺人弗朗索瓦女士（左）。工作室也向一般民众开放，不过需要提前预约

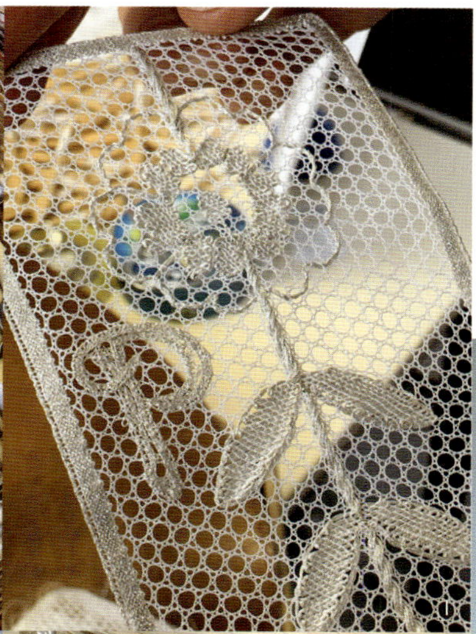

石泽季里(Kiri Ishizawa)

文化沙龙“Petit CENACLE”的负责人，法国古董和工艺的专业撰稿人。已出版《法国手工艺和名品物语：玛丽·安托瓦内特钟爱的工匠技艺》（大修馆书店）等著作。

Casual Summer
休闲的夏天

使用有夏季特色的线材和款式，编织今年夏天的毛衫吧。
就像穿着休闲的T恤一样，
穿上毫无负担、毫不拘束，而且又很漂亮的手编毛衫。

photograph Hironori Handa styling Masayo Akutsu
hair&make-up Hitoshi Sakaguchi model Mariam

绿意盎然的镂空开衫

就像花朵在盛开，蕾丝花样一点点变大、延展。清爽的颜色，清凉的开衫。用短针连接锁针线圈，花朵仿佛漂浮在锁针波浪上。从领口向下编织，无须缝合。

设计/柴田 淳
编织方法/124页
使用线/手织屋

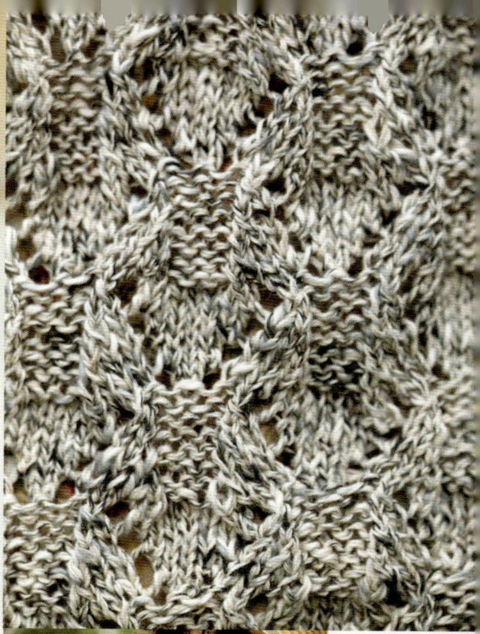

树叶花样套头衫

这是一款专注于细节的夏季毛衫，非常值得尝试。树叶花样的套头衫，开衩处设计了前后身片的差行，是今年的流行款式。法式袖穿起来很舒服，而且不需要额外的连接，编织起来很方便。

设计 / 兵头良之子
制作 / 矢部久美子
编织方法 /128 页
使用线 / 手织屋

T恤款式的混色毛衫

这件毛衫的整体款式类似T恤，斜向线条是亮点。领窝和袖口原样保留，给人浑然天成的感觉。用2种不同颜色的线自创混合色，编织效果很妙。

设计/野口智子
编织方法/130页
使用线/手织屋

多色套头衫

这件套头衫，只需简单地套上就可以。不同区块使用不同的颜色，很有特色。款式宽松，很通风、透气，夏天穿着也毫无负担。胁部增加了帮片，方便穿脱。

设计/yohnKa
编织方法/129页
使用线/手织屋

三角形花样
长款套头衫

这是长款的套头衫。分开编织挂针和扭加针，三角形花样呈锯齿形展开，很有趣。编织花样自然形成的荷叶边袖口，给这款休闲套头衫增添了几分可爱的感觉。

设计 / 笠间 绫
编织方法 /132页
使用线 / 毛线 Pierrot

镂空花样船领毛衫

奇妙的镂空花样既像花蕾，也像水面的波浪，编织符号简单好记。船领加法式袖，是夏季毛衫的经典搭配，并且为女性增添了优雅魅力。

设计/兵头良之子
制作/山田加奈子
编织方法/131页
使用线/毛线 Pierrot

向日葵胸针

使用柔和的色调，编织向日葵胸针，很适合成人佩戴。将纤细的花片重叠在一起，使向日葵呈现出优美的立体感。

编织方法/134页
使用线/奥林巴斯

Tralalala.楚坂有希女士编织的夏日首饰

将应季花朵编织成小饰品，形状和颜色丰富多样，把它们随意点缀在衣服上，有画龙点睛之效。用极细蕾丝线编织，纤细的植物风情饰品，极具魅力。

photograph Shigeki Nakashima styling Kuniko Okabe,Yumi Sano hair&make-up AKI model Lilly

绣球花胸针

雨中，姿态优美的绣球花，还会随着时间改变颜色，这点也很有趣。和有特色的叶子组成一枚胸针。

编织方法 /135 页
使用线 / 奥林巴斯

紫花耳饰

小巧的花朵做成的耳饰，使用了有品位的紫色。改变线材的粗细和颜色，制作有个人风格的小饰品。

编织方法 /135 页
使用线 / 奥林巴斯

凌霄花项链

细长的藤蔓上盛开着大朵大朵的花朵，将这种优美的姿态直接运用到项链上。因为是用线织成的，所以佩戴起来很轻巧。

编织方法 /136 页
使用线 / 奥林巴斯

凌霄花帽饰

用别针将项链上的花朵别在帽子上，凌霄花华丽的橙色和沉静的绿色，看着就会让人心情明媚。

编织方法 /136 页
使用线 / 奥林巴斯

条纹花样的开衫

简单的条纹花样往返编织成U形，进而向袖子延展。无须缝合，织片有着适中的弹性，穿脱和肢体活动都很方便。

设计 / 今泉史子
制作 / 田野准子
编织方法 / 140页
使用线 / 芭贝

Crochet Technique

织物自由变化研究❷：短针方眼钩编和序号钩编

编织毛衫吧

用短针钩织方眼花样就是“短针方眼钩编”。这是大久保蓉子女士研究出来的简单编织立体织片的针法，比想象中有趣。2020年夏刊《毛线球34：美丽的蕾丝世界》中介绍了第1期包包的制作方法，今年我们来挑战一下毛衫。

photograph Hironori Handa styling Masayo Akutsu hair&make-up Hitoshi Sakaguchi model Mariam

监修 / 大久保蓉子、今泉史子、坂本裕代、关水惠子

什么是短针方眼钩编?

这是大久保蓉子研究出来的编织方法。将通常由长针和锁针组成的方眼编织中的长针换成短针，1针短针和1针锁针计为1格（1K）。这样的1格编织2行就是正方形的方眼花样，这就是短针方眼钩编的基本方法。可以挑起针目的端头连接，一边编织一边连接，无须缝合就可以完成立体织片。

改变颜色

编织课堂

34页作品的编织方法

这个作品使用了短针方眼钩编的技法。
它涉及挑针、换线、拉针，请按照下面的解说进行编织。

身片的编织方法

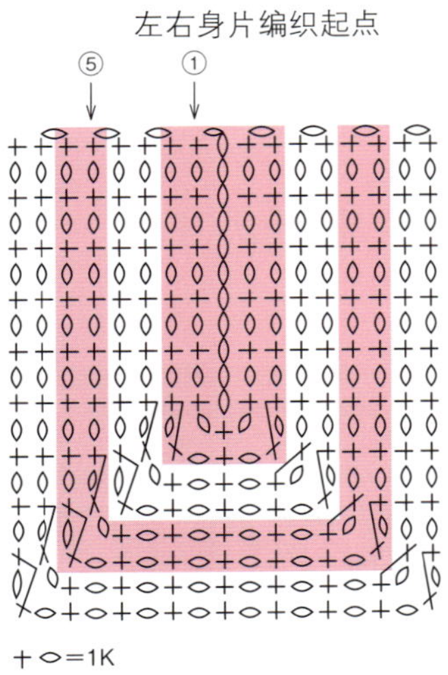

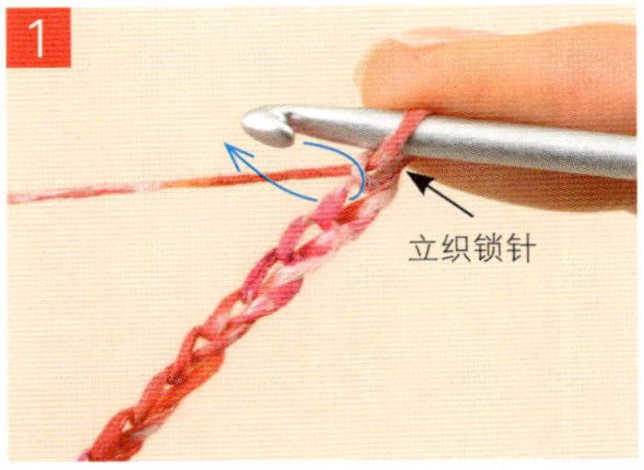

从左身片开始编织。左肋线钩织11针锁针起针，然后立织1针锁针。将钩针插入起针的半针和里山，钩织短针。

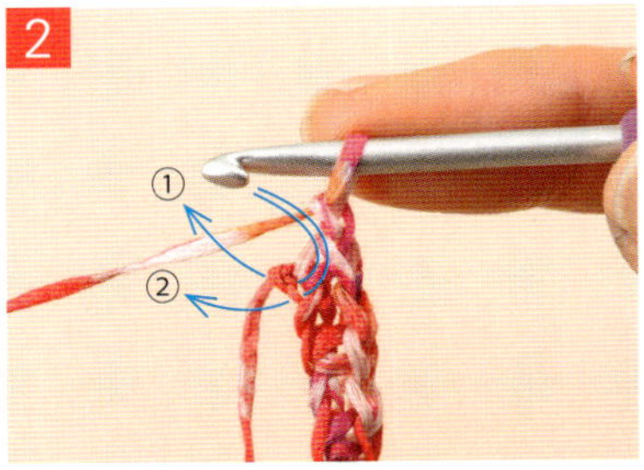

重复钩织1针锁针、1针短针。钩织6K后，在同一针中再钩织2K。

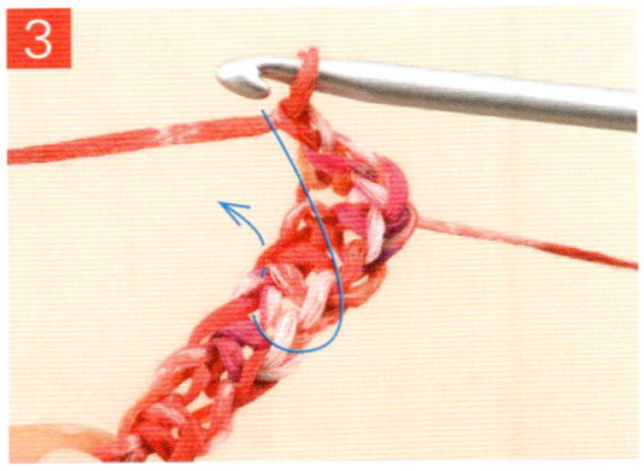

接着钩织另一侧。如箭头所示，将钩针插入剩余的半针和左边针目，挑针。

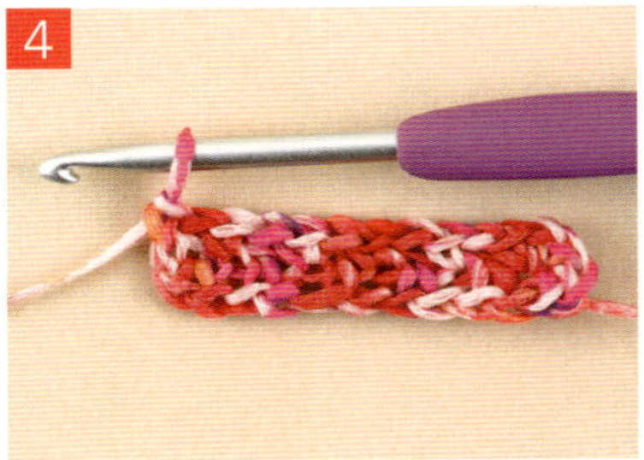

第1行完成。翻转织片，按照第2行编织符号图钩织。

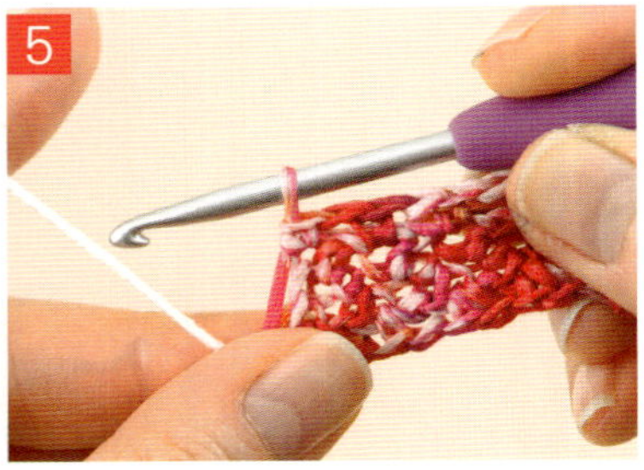

第2行完成。第3行用原白色线立织1针锁针。

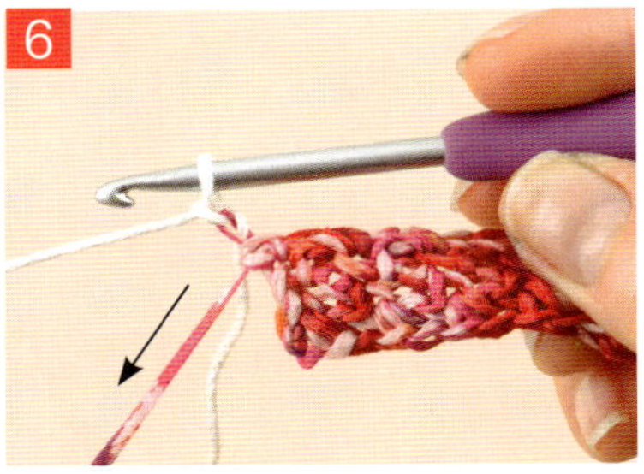

如图所示拉紧段染线，下面的锁针也轻轻地拉紧。然后翻转织片，第3行按照编织符号图钩织。

用原白色线钩织第3、4行。一边在角部加针，一边钩织身片。

在右身片最终行连接。右身片钩织1针短针后，取下钩针，插入左身片短针的头部。

拉出线圈，钩织1针锁针。重复步骤8、9。

后中心的连接方法

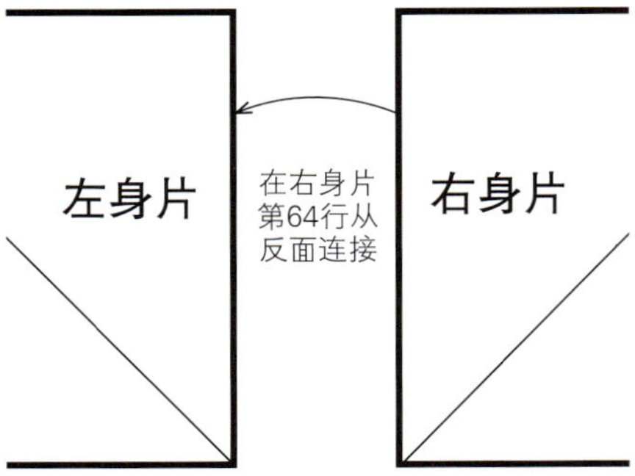

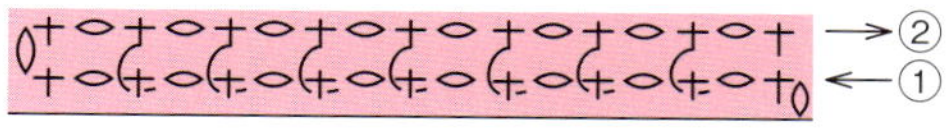

短针方眼钩编条纹花样B第1、2行

钩织育克。从身片挑针。按照图示插入钩针。

挂线并拉出，钩织短针。每2行挑织1K。

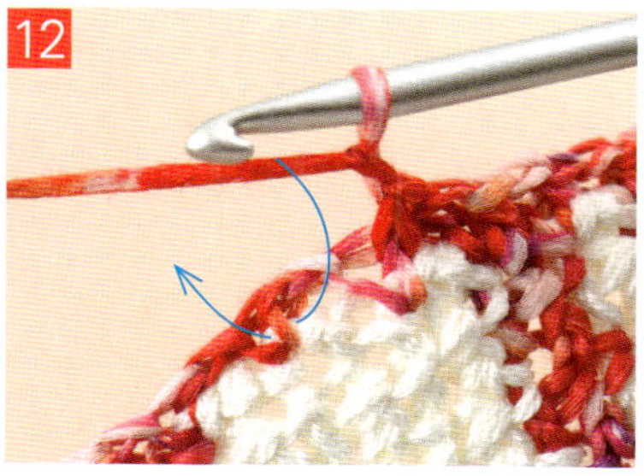

第2行钩织短针的拉针。如箭头所示，将钩针插入短针底部2根线（前面1根、后面1根）进行钩织（=挑起根部）。

第2行完成。挑针的短针根部变短，看起来很清爽。

袖下的加针

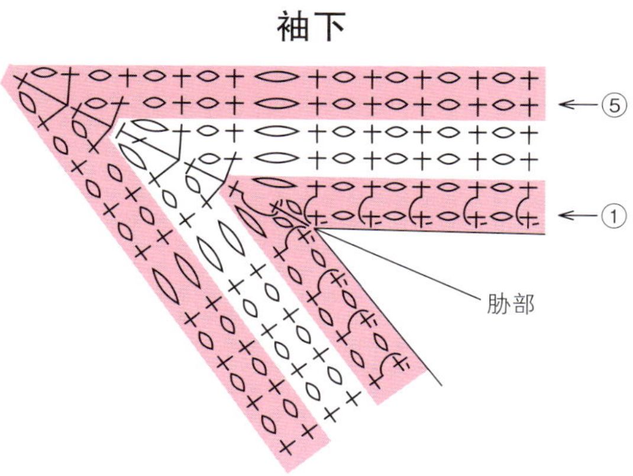

第3行以胁部1针为中心钩织袖下的加针。在1K中钩织3K。

第4行在胁部1针中钩织1K，然后钩织1针锁针、1针长针。

钩织好了长针。然后钩织1针锁针，在同一针中钩织1K。

按照这种方法完成袖下每行的加针。有织入长针的行，需要按照编织符号图钩织。

短针方眼钩编条纹花样B第9行的拉针

短针方眼钩编条纹花样B第9行每隔1K钩织1次拉针。将钩针插入2行下方的短针。

插入钩针的状态。挂线并拉出。

将线拉至第9行的高度，挂线并从钩针上的2个线圈中引拔出。

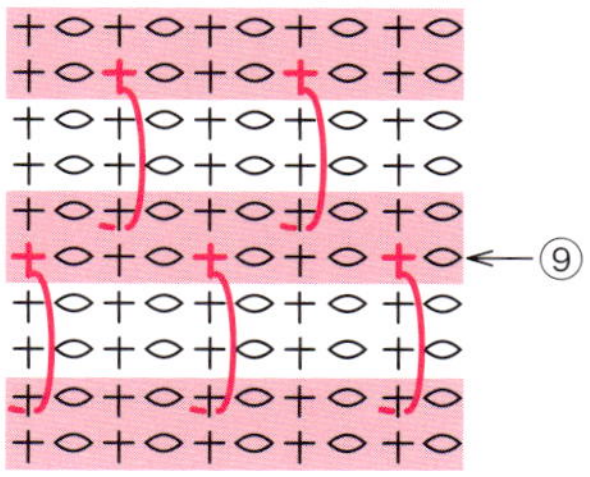

Crochet Technique

小木屋花样的毛衫

从小正方形开始钩织，在周围钩织一个个长方形织块将其围在中间，就像拼布里的小木屋图谱。织块大小随意。小织块和大织块组合在一起形成的图案很有趣。

设计／今泉史子
制作／藤原直子
编织方法／142页
使用线／和麻纳卡

改变颜色

什么是序号钩编?

短针方眼钩编是通过小织块不断扩展的钩织方法，每个织块都有序号，按照序号的顺序钩编即可，因此叫作“序号钩编”。可以一边钩织一边连接，这是短针方眼钩编的特点。1针短针和1针锁针为1格，不断钩织短针方眼钩编，然后钩织下一个织块。每个织块都要改变方向钩织，所以织块四个方向都有张力，造型不容易塌陷。而且，方形织块组合在一起，可以完成立体作品，这点也很有意思。

编织课堂

38页作品、花片的编织方法

本作品是由织块连成的花片组成的。
从基本的花片开始，快乐地编织吧。

第1个织块的钩织方法

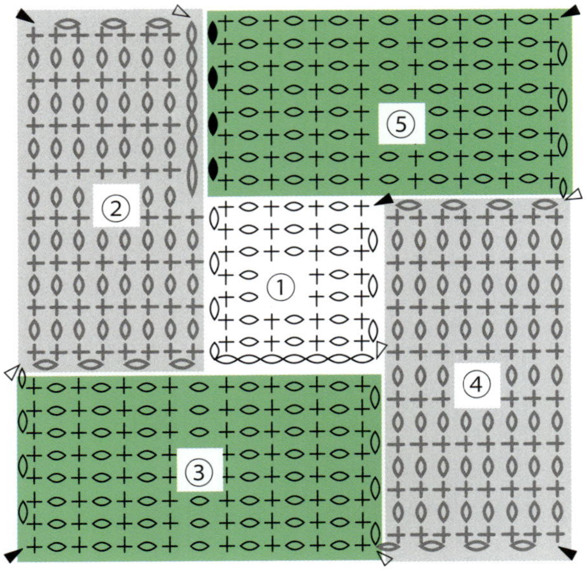

＋ ○ ＝1K

钩织花片A。钩织7针锁针作为织块1的起针，立织1针锁针。（这里的锁针为第1行）

第2行将钩针插入起针的半针和里山，钩织短针。

重复钩织1针锁针、1针短针，第1行上钩织4K。

织块1钩织完8行后剪线。

第2个织块的钩织方法

第2个织块钩织7针锁针作为起针，然后将钩针插入织块1第8行立织的锁针头部的2根线。

挂线并拉出，完成1针短针。然后重复钩织1针锁针、1针短针。

钩织好了第1行。翻转织片钩织第2行。

将钩针插入起针行第7针锁针的半针和里山，钩织1针短针。

继续钩织3K。

第2行完成。剩余6行按照编织符号图钩织。

织块2完成了。

第3、4个织块的钩织方法

第3个织块从织块2的立织锁针和织块1的起针挑针。将钩针插入起针行剩余的半针锁针和左边1针。

织块3的第1行完成了。剩余7行按照编织符号图钩织。

织块3完成了。

按照相同方法钩织织块4。

第5个织块的钩织方法

织块5的第1行完成后，如箭头所示将钩针插入织块2的起针行，挂线并拉出。

挂线并拉出钩织引拔针。翻转织片，钩织第2行。剩余7行按照编织符号图钩织。

织块5完成了。按照相同方法钩织织块6~9。

完成织块6~9。第1个花片完成了。

花片的连接方法

花片1反面朝外，从端头起的第5K开始连接。花片2的织块7在最终行钩织1针短针，然后取下钩针。

将钩针插入花片1的第5K，将花片2的线圈从中拉出。

钩织1针锁针、1针短针。
重复步骤20~22。

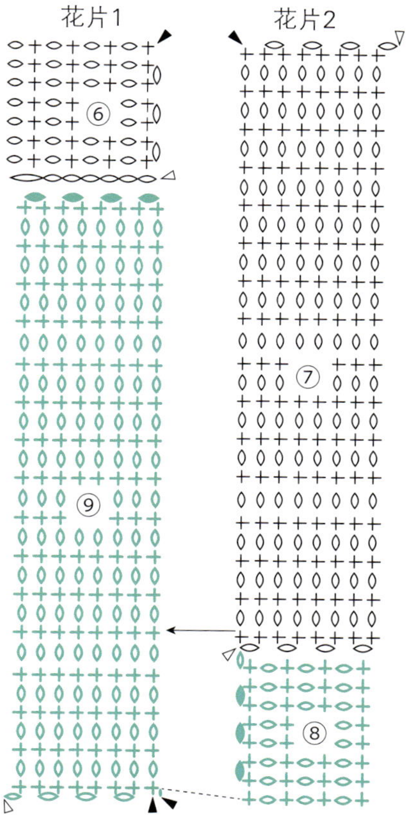

行边也按照相同要领连接。剩余的织块按照编织符号图钩织。

花片1和花片2连接在了一起。图为从正面看的状态。

非相册形式留存至今的蕾丝样本。款式多样。推测其完工于1880~1890年。

从19世纪到20世纪初期，西方国家的少女们，通过在学校学习或者请教亲友，学会了钩编蕾丝的技法。这里我们介绍的"样本"，便是她们精心制作、珍藏的花片和饰边。

1823年，荷兰杂志*Penélopé*首次刊登了钩编蕾丝作品。以此为开端，1830年以后出版、发行的手工教材及时尚杂志，陆续开始介绍钩编蕾丝。通过参考这些书刊，或者借鉴亲友的编织样本，她们收集了各种款式。据说，还有一些是看着店里陈列的蕾丝织出来的，甚至有相关轶闻流传至今。

她们把织好的样本放到箱子里，或者放在笔记本及相册里，或者收纳在一块很大的布里。还有人甚至收集了数百件样本，这大概是穷其一生的成果吧。这些样本既是学习的记录，又可以用作将来编织时的参考资料。有时，它们也被用作蕾丝订单的样品。

从现存的作品来看，钩编蕾丝是1800年前后开始出现的比较新颖的技法。与以前的手工蕾丝相比，它只需一根钩针即可制作，既容易掌握，又可以在较短时间里制作出结实、耐用的蕾丝。正因如此，它很快就备受青睐。还有，它可以模仿其他蕾丝的设计，是一种自由度很高的技法，这也是其魅力所在。无论是空闲时间较多的19世纪中产阶层女性，还是为了生计而制作蕾丝作品的贫困阶层，都乐意接受钩编蕾丝。

钩编蕾丝样本的快乐

撰稿 / 伊川尚子

Crochet Lace Sampler

样本中还有转角蕾丝。不仅有类似今天常见的方眼编织的设计，还有现在很少见的多用短针和花片的设计。想想留存下来的样本和消失的样本，不禁思绪万千。

19世纪90年代法国杂志《时装画报（*La Mode Illustrée*）》。在时装和室内装饰相关的报道中，夹杂着饰边和花片的编织方法。

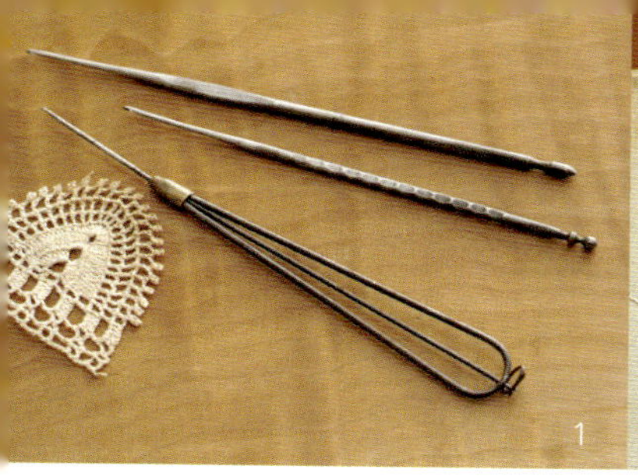

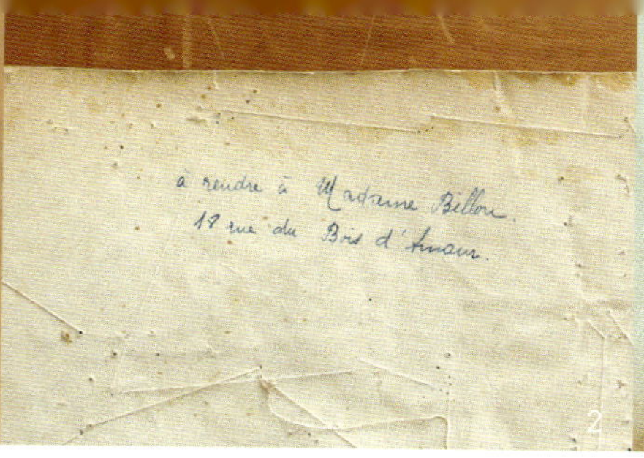

1/古老的钩子（钩针） 2/样本的衬纸反面写着归还地址和姓名 3/这是受到梭编蕾丝影响的设计

这一件件蕾丝样本，有的还借鉴了针绣蕾丝、棒槌蕾丝、方眼蕾丝（Filet Lace）、梭编蕾丝等技法，耐人寻味。另外，它们比现在更多使用短针编织，而且有些款式还会用到成品带子，只使用钩针无法完成，这点也挺有趣。

实际钩织一下蕾丝样本会发现，很多针目在挑针时不是挑起头部的2根线，而是只挑起后面的1根线进行钩织。而且，很多饰边不是横向钩织的，而是纵向钩织的，这些是它们和现代通用编织方法的不同之处。近年来，单一织片上很少使用引拔针，但在这些蕾丝样本中却经常能看到。

就这样，一边钩织，一边想象着前人的劳作，仿佛这些蕾丝样本就是针和线写成的信件。在蕾丝样本的背后，或许有人也和我们一样，兴奋地舞动着针和手。想到这里，又忍不住继续畅想钩编蕾丝的发展过程以及当时的时代背景。

在21世纪的今天，以过去的蕾丝样本为契机，重新审视古老的设计，偶尔动手钩织一下，一定会发现诸多乐趣。

1900年前后，法国布列塔尼地区正在制作钩编蕾丝的女性。这里盛行爱尔兰钩编蕾丝。还有初学钩编蕾丝的少女。

4/这是法国的样本。左上、右中的样本使用了成品带子 5/法国的样本。为了方便接收订单，还标记了序号 6/1912年发行的美国手工艺用品目录。本页是制作百带丽蕾丝（batten lace）和钩编蕾丝时使用的各种带子。款式丰富多样，可见当时很流行

夏季风物诗

外面是绿色和黑色斑纹的瓜皮，切开就是红红的瓜瓤；
还有碧波上漂浮的红色日文“氷”字，
哪怕只是在脑海中闪现，就想赶紧吃到嘴里！

photograph Toshikatsu Watanabe styling Terumi Inoue special thanks AWABEES,UTUWA

西瓜

切开的时候，就能看见鲜美的瓜瓤。整体钩织短针，西瓜子钩织枣形针，营造出立体感。

设计/松本薰　编织方法/138页
使用线/奥林巴斯

刨冰

最近很流行高级的天然冰。
在杯身上设计可爱的红色“氷”字样
（日文冰字），最后记得插上吸管！

设计/松本薰　编织方法/138页
使用线/奥林巴斯

西瓜口感比较甜，很多人都认为多吃容易长胖。其实，它90%以上的成分都是水，热量并没有想象中那么高。同时，它富含膳食纤维和矿物质，再稍微加一点盐还可以制成天然的运动饮料，有效预防中暑。在大量出汗后，吃一块可口的西瓜可以说是人间至味。不过，这个西瓜不能吃。刨冰使用松叶针钩织蓬松的日文字体，使用段染线钩织绝妙地呈现出果子露的效果。只看不吃，零卡路里♡

乐享毛线 Enjoy Keito 16

夏天的编织物还是明快的颜色更让人心情愉悦！
本期为大家介绍的两款小作品非常适合去附近购物时使用。

photograph Hironori Handa styling Masayo Akutsu hair&make-up Hitoshi Sakaguchi model Mariam

LANA GATTO
Cable 5、Cable 8

马科棉100% 颜色数/38、34 规格/每团50g 线长/约175m、约283m 线的粗细/细、蕾丝线 使用针号/蕾丝针0号、蕾丝针4号

这是Keito店内的经典品牌LANA GATTO，春夏线材也很丰富。Cable系列的颜色特别多，可以激发创作欲望。

方眼针编织的环保袋

这款环保袋的宽口设计令人惊喜。在织物中穿上细绳，只要将袋子向内侧折叠后拉紧，就可以轻松完成收纳！

设计/一色 奏
编织方法/146页
使用线/ LANA GATTO Cable 5

Keito

邮编：111-0053
地址：日本东京都台东区浅草桥3-5-4 1F
电话：03-5809-2018
传真：03-5809-2632
电子邮箱：info@keito-shop.com
营业时间：10:00~18:00
休息日：星期一（星期一为节假日时，则次日休息）

LANA GATTO NUOVO JAIPUR

马科棉100%　颜色数/31　规格/每团50g　线长/约100m
线的粗细/中粗　使用针号/棒针4~6号
使用长纤维优质棉生产的这款线材散发出雅致的光泽。
除了编织之外，还可以用来制作流苏等饰物。

手机袋

就连纽扣也是钩织的，所以这是一款只需用线就能完成的作品！改变肩带打结的位置，就可以简单地调整长度。

设计/石塚真理　编织方法/145页
使用线/LANA GATTO Cable 8、NUOVO JAIPUR

※为了满足广大客户的需求，除了简易教程，我们也准备了大量适合中、上级水平编织爱好者的作品。欢迎大家光顾Keito的网上商城和实体店铺。

2012年开业以来，本店共有14名店员参与了Keito作品的创作。转眼进入了第9年，现在有6名店员每天都在店铺勤奋工作。虽然店员更换了好几批，但是我们对“Keito”的创作理念从未改变。

就像“乐享毛线”第1期（毛线球23：永远经典的阿兰编织）中介绍的“不规则三角形披肩”，除了基础的编织方法、重复一定的操作就可以完成的“容易程度”，我们还通过外形、编织方向和配色上的设计为作品增添“可爱”的一面。

另外，我们也非常重视“用线量”。因为在私底下我们也非常喜爱编织，对于“只差5g而不得不再买1团线”的窘境深有体会。正是出于这样的感受，在设计时就会注意尽量不要剩出太多毛线，虽然有时也会优先考虑“可爱性”……本期的作品也充分考虑到了用线量。请大家一定要挑战一下！

Yarn Catalogue 16

「春夏毛线新品推荐」

即使夏天也想享受编织的乐趣，本期为大家推荐的是今夏精选线材。

photograph Toshikatsu Watanabe styling Terumi Inoue special thanks AWABEES,UTUWA

Zambia Print
芭贝

赞比亚共和国（Zambia）位于非洲中南部。该国的印染布在强烈的日照下显得格外鲜艳，此线材由此得名。无论是棒针还是钩针，都可以编织出轻柔爽滑的质感，颜色也充满了夏日气息。

参数

棉100%（使用100%有机棉） 颜色数/6 规格/每团50g 线长/约230m 线的粗细/中细 适用针号/4~5号棒针，4/0~5/0号钩针

设计师的声音

编织起来非常顺滑，不会发生劈线现象，可以快速编织。手感爽滑，夏日贴身穿着也很舒适。（芭贝下北泽店讲师 二宫英利子）

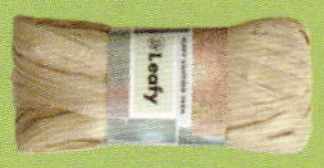

Leafy
芭贝

这款线材100%以针叶树的木浆制作的和纸为原材料。像拉菲草一样，自然亚光的质感十分吸引人。颜色分为纯色和民族风晕染色两种。柔软，容易编织，而且非常结实，成品也很轻，用来制作包包等小物件再合适不过了。

参数

和纸100% 颜色数/16 规格/每团40g 线长/约170m 线的粗细/粗 适用针号/11~13号棒针，7/0~8/0号钩针

设计师的声音

用2根线合并编织也不会太硬，很容易编织，而且手也不会痛。就像拉菲草一样，没有光泽的朴实质感也非常棒。（宇野千寻）

Sorbet
PIERROT YARNS ♪

色调柔和、过渡自然的段染色，若隐若现如极光般闪烁的金属光泽，都给人雅致的感觉。线材亲肤不扎人，手感十分舒适。清爽迷人的颜色可以广泛用于编织衣服和小物件，也非常适合编织小朋友的衣物。这是一款非常柔软且韧性适中的粗线。

参数

棉98%、涤纶2%　颜色数／6　规格／每团30g　线长／约68m　线的粗细／粗　适用针号／4~6号棒针，3/0~5/0号钩针

设计师的声音

柔和的短距离段染加上极光般隐约闪烁的金属光泽，整体色调十分可爱。因为线的捻度比较松，织物十分松软，镂空花样和起伏针也可以编织得很漂亮。（笠间 绫）

金票70号蕾丝线
奥林巴斯

从1956年开始热销半个多世纪的金票系列又添新色了。线材顺滑，容易编织，最适合用来制作纤细精美的作品。使用严格挑选的顶级埃及棉为原材料，利用深厚的技术经验打造出了这款高品质线材。

参数

棉（埃及棉）100%　颜色数／20　规格／每团5g　线长／约83m　适用针号／10~12号蕾丝针

设计师的声音

这款线材结实且富有张力，非常容易编织，70号的纤细程度也可以轻松驾驭。有的颜色特别精美，在以前的蕾丝线中并不多见，这也是我推荐这款线材的一大理由。（Tralalala. 楚坂有希）

林琴美的人物专访：玛利亚·古尔伯格女士

《神奇的钩针编织花样》带你领略：众所周知的祖母方块竟有如此丰富的可能性

VIRKAD mönstermagi
《神奇的钩针编织花样》
该书2017年在瑞典出版，上图是2020年秋天在日本翻译并出版的最新版本。也被翻译成了英语、芬兰语、俄语和西班牙语。习以为常的花片焕发出崭新的魅力

连接6个花片后，呈现出截然不同的图案

基础的祖母方块

2020年秋天，《神奇的钩针编织花样》日文版出版了。我想应该有很多朋友已经读过这本书了吧，其实瑞典语的版本早在2017年就出版了。那一年，我是收到瑞典朋友的礼物才知道这本书的。很久以前我就对祖母方块非常感兴趣，自己也收集了很多相关资料，却还是被这本书的设计震惊到了。在我的印象中，以前我看过的祖母方块都是一片一片看一眼就能了然于心的花片，不同的只是配色和尺寸，或许也正因为如此才会让人质疑作品的精美度。但是，这本书的作品是先有拼接后的成品设计，再根据设计编织其中的花片，这样的奇思妙想让我大吃一惊。不由得再次确认作者的名字。虽然对名字没有什么印象，但是作品总感觉在哪里看到过，想着有可能买过她的书吧，便在家里的书架上找了一下，没想到竟然找到了4本（其中有1本是英文版，刚好是我的一位编织朋友翻译的）。在这几本书中，我最喜欢的是*Virktekniker*，书里全是钩针编织的花样。而且，使用的几乎都是纯色线，花样新颖别致，无论哪个花样都让人想要尝试一番。另外2本是编织护腕的书，记得是作为资料买来的。因为都是瑞典语，所以只能根据图片想象着如何编织。剩下1本英文版的*Tapestry Crochet*使用的技法与科什奈斯毛衣相同，因被封面的精美作品所吸引，所以买了回来。

这么精美的钩针编织书真希望也能在日本出版啊。于是我找到了当时住在哥德堡的编织设计师八田妙子老师商量，请她帮忙介绍一位翻译老师（上月聪子：虽然不是翻译家，却是居住在斯德哥尔摩的编织行家），逐步推进了出版事宜。当我给玛利亚女士发邮件告知会在《毛线球》上介绍这本书时，她高兴地答应了我的采访。

——您是哪里出生的？童年时期是如何度过的？

我出生在斯德哥尔摩，现在也住在这里。父亲经营着一家广告设计工作室，母亲的纺织知识很丰富，也会自己设计编织，所以整个家庭环境非常有利于创造力的培养。小时候最喜欢的就是用水彩画、油画、彩色粉笔画等的各种技法绘画。也曾经到父亲的工作室在很大的厚纸板上制作剪贴画。

——编织是向谁学习的？

7岁时，我跟着母亲和一位伯母学会了钩针编织。虽然母亲也教我学习了棒针编织，但是我对棒针并没有多大兴趣。所以只是十几岁时编织了2件毛衣，从那以后几乎没有用棒针编织过。

——成为设计师的契机是什么？

21岁时我就想走美术的道路，并且在1985年考进了瑞典国立艺术与设计学院（Konstfack University College of Arts, Crafts and Design）。在大学学习期间，我发现图案和印花面料的研究十分有趣。本来计划学习印花面料的课程的，但是后来得知进入相同课题的同学很多，为了顺利取得学位，感觉选择人数比较少的课题更能发挥自己的潜力，所以选择了对自己来说完全陌生的领域，即“用古老技艺制作的棒针和钩针编织样片和衣服”。当时，钩针编织在瑞典作为一门手工艺的地位还是非常低的。校长为了我的课题帮我选了一位著名的纺织品设计师伊内兹·斯文森

Virktekniker
《钩针编织技法》
2013年出版的钩针编织花样书。汇集了大量花样，不愧是最爱短针和引拔针的玛利亚女士

VIRKA MUDDAR!
《钩针编织的护腕》
2007年出版，是一本巧妙运用短针技法编织护腕的书。编入传统花样和串珠的作品充满趣味，十分引人注目。该书还被翻译成了挪威语

Tid att virka
《钩针编织的时光》
1998年出版，刊登了护腕、连指手套、帽子等作品。虽然是钩针编织，但是也介绍了一种比较少见的扁平钩针（flat crochet hook）

Tapestry Crochet
《科什奈斯钩针编织*》
瑞典语版本的书名是*VIRKA!*（《钩针编织！》），2013年出版。英文版是在2016年出版。五彩的花片和配色花样的条纹针包袋非常新颖时尚
（*译者注：起源于芬兰科什奈斯地区的一种编织方法，英文叫作Tapestry Crochet，林琴美在其著作中用地名命名为"科什奈斯编织法"。为避免歧义，此处书名采用了地名的翻译。）

玛利亚·古尔伯格
Photo by Thomas Harrysson

Maria Gullberg

老师（Inez Svensson）。她是唯一对我的钩针编织作品发表意见的人，她还鼓励我说，既然在无人开拓过的领域找到了自己的位置，那就在这条路上倾注热情吧。斯文森老师在2005年73岁时去世了，她不仅是"10-gruppen"设计团队的创始人之一，还是瑞典代表性的、拥有杰出配色才华的纺织品设计师。

——可以介绍一下从大学毕业到今天的发展经历吗？

1989年秋天，我结束了大学的课程，参加了各种各样的展览会。1990年，受邀参加了在斯德哥尔摩的北方民族博物馆举办的一场大规模的凯菲·法瑟特（Kaffe Fassett）作品展，展会同时邀请了瑞典的多位纺织品设计师。就像我前面所说的，钩针编织在瑞典并不是什么特别优秀的技法，而且当时也没有相关的图书出版。所以，当我1998年第一次出版钩针编织的书时，不仅出版界，就连媒体的反响也非常大，甚至接受了电视台的采访。成为钩针编织设计师将近30年，除了开展许多的讲习会、技术指导、专业人员的培训以及学生的指导等活动，我还出版了5本书。其中有几本在海外被翻译成了其他语言。另外，我也在瑞典各地举办了自己的展览会。

——创作的灵感来源是什么？

比起织物的原材料，我对花样更感兴趣。不仅是北欧，我会从很多其他国家的古布和传统纹样中汲取灵感。几何图形也会让我萌生很多想法，我也经常去参观美术展览。我的愿望是继续研发钩针编织的技巧和花样，为此积累了好几本速写本，记录了多年来的各种创意想法。无论是在街道上，还是在大自然中，每天的生活中都会涌现出各种新的灵感。譬如投在建筑物正面的影子和逆光中的树枝……

——对于今后的工作，您有什么计划吗？

我在2019年获得了10万瑞典克朗（约7.6万元人民币）的荣誉奖学金。这是对手工艺的发展和知识的普及做出长年贡献的巴布洛·温斯特兰德女士（Barbro Wingstrand）在2015年设立的奖学金，授予对象是"长期致力于非物质文化遗产的传承、推广古老工艺技法知识的手工艺者"。他们每年会选出1名手工艺者，已经持续了5年，我就是第5名获得这项奖学金的人。据说授予我奖学金的理由是："1989年以来研发了许多编织技法，尝试了令人欣喜的新设计，长年为钩针编织的发展做出贡献。另外，以艺术的、简单易懂的形式证明了一向被轻视的钩针编织究竟有多大的发展可能性。作为设计师和指导员不断开展各项工作，对钩针编织的热情以及出版的著作令人感动。"我觉得这份荣誉不只是给我个人的，更是对曾经地位低下的钩针编织作为一门编织技术的认可。

目前，我最感兴趣并在推进的技法是马赛克钩针编织。我在Instagram上也有介绍，希望大家都可以去看一看。

玛利亚女士曾在2003年访问日本，并在6个城市举办了讲习会。她说日本的景色和文化都非常棒，那是一趟令人难忘的旅行。如果有机会，希望再次到日本旅行。我们也期待那一天的早日到来。

[第11回] michiyo

四种尺码的毛衫编织

阔版设计是现在的流行趋势。
通风好，很适合夏天。

photograph Shigeki Nakashima styling Kuniko Okabe,Yumi Sano hair&make-up AKI model Lilly

蝴蝶结装饰的套头衫

本期我们要用1根细线编织一款充满夏天风情的毛衫。款式很简单，再设计一个蝴蝶结装饰，这样会更容易度过夏天。蝴蝶结系住时，身片会出现自然的褶皱，前身片要留出适当的宽度。虽然款式简单，但也要费点心思，比如要让蝴蝶结更容易从身片上挑针，要适当减针以使胸口看起来更清爽，袖口的起伏针花样要一边编织身片一边编织，等等，处处彰显着匠心。

锁针起针，挑起里山钩织，所以要注意起针不要织得太紧。编织之后需要小心熨烫，以不出现褶皱为宜。蝴蝶结是下针编织的，在打结时要注意让下针编织出现在正面。蝴蝶结的底部稍微系紧一些，让身片出现美丽的自然褶。

含有亚麻成分的细线，在熨烫后会非常好看，完成时的心情大好，穿着也很舒服，所以推荐给大家。

用棉麻线编织，夏天穿起来会很清爽。Isager线色彩优美，总让人不知道该如何选择。这次，为了避免蝴蝶结看起来过于可爱，选择了带着微妙感觉的浅灰绿色线，大家可以根据个人喜好来决定。虽然是细线，但因为款式简单，所以很快就能编织好。这是一款非常轻便的毛衫。

制作/饭岛裕子
编织方法/148页
使用线/Isager

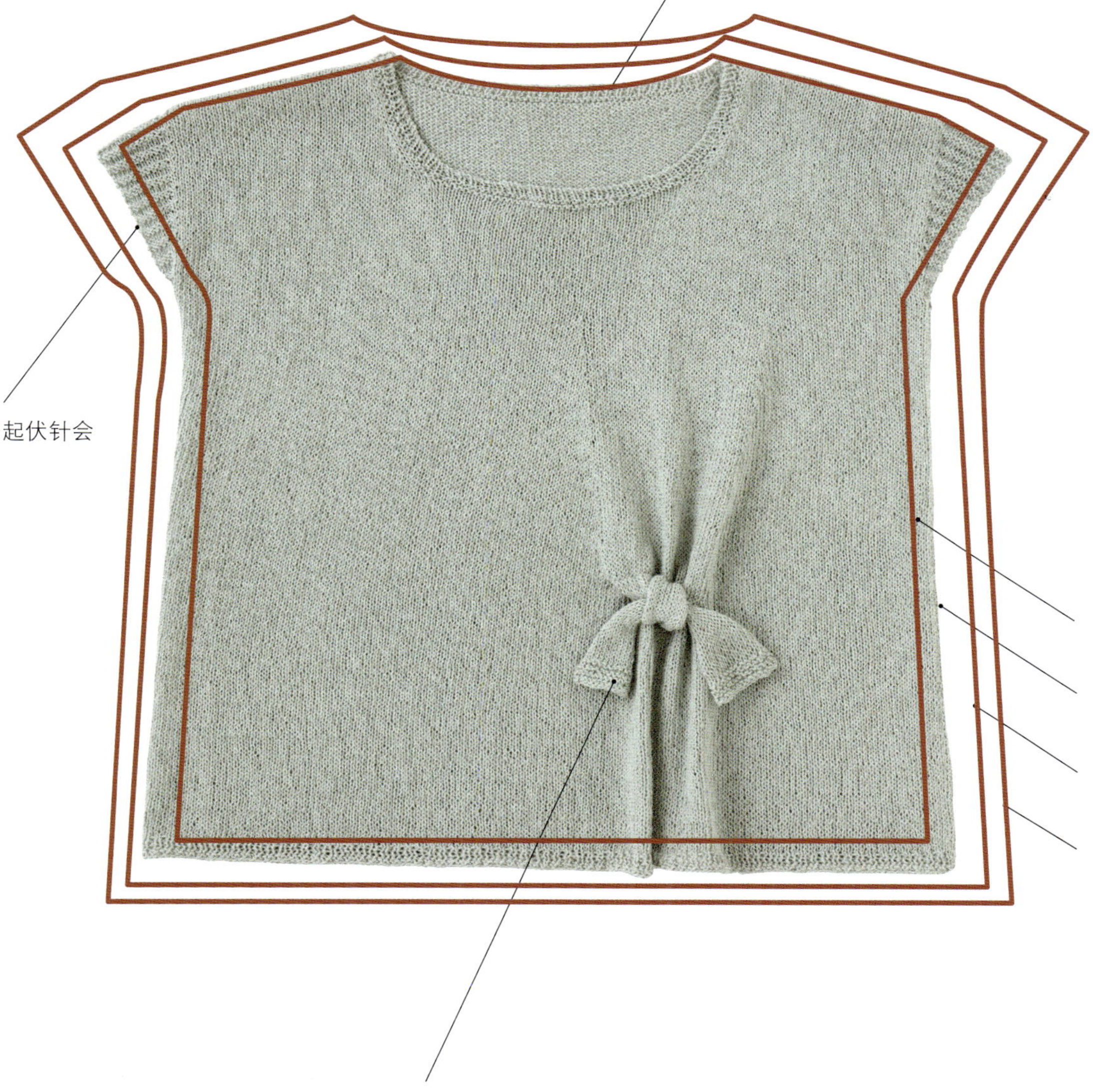

michiyo

做过服装、编织的策划工作，1998年开始作为编织作家活跃。作品风格稳重、简洁，设计独特，颇具人气。著书多部。现在主要在网上商店Andemee发布设计。

Let's Knit in English!
西村知子的英语编织

Piggyback stitch（背负针）

photograph Toshikatsu Watanabe styling Terumi Inoue special thanks AWABEES,UTUWA

Piggyback Stitch 1 (using half double crochet)

Chain a multiple of 2 sts.

Row 1: Tch2, hdc into 4th ch from hook, hdc around the post of the hdc just made,*sk 1 st, hdc into next st, hdc around the post of the hdc just made; rep from * across, until 2 sts remain, sk 1 st and hdc in last st. Turn.
Row 2: Tch1. Sc in each st across. Turn.
Row 3: Tch2, *sk 1 st, hdc, hdc around the post of the hdc just made*; rep from * to * across, until 2 sts remain, sk 1 st and hdc in last st. Turn.
Repeat Rows 2 and 3.

中长针的背负针（1）

锁针起针数为2针的倍数

第1行：立织2针锁针，在针头线圈的下方数起的第4针里钩1针中长针，在刚才完成的中长针上再钩1针中长针，【跳过1针钩1针中长针，在刚才完成的中长针上再钩1针中长针】，重复【～】至行末剩下2针，跳过1针，在最后一针里钩1针中长针。翻转织物。
第2行：立织1针锁针，在每一针里钩织短针至行末。翻转织物。
第3行：立织2针锁针，在第2针里钩1针中长针，在刚才完成的中长针上再钩1针中长针，【跳过1针钩1针中长针，在刚才完成的中长针上再钩1针中长针】，重复【～】至行末剩下2针，跳过1针，在最后一针里钩1针中长针。翻转织物。
重复第2行和第3行。

Piggyback Stitch 2 (using half double crochet)

Chain a multiple of 2 sts plus 1.

Row 1: Tch2, hdc into 4th ch from hook, hdc around the post of the hdc just made,*sk 1 st and hdc into next st, hdc around the post of the hdc just made; rep from * across, until 1 st remain, hdc in last st. Turn.
Row 2: Tch1. Sk 1 st and sc into next st and each st across. Turn.
Row 3: Tch2, *sk 1 st and hdc into next st, hdc around the post of the hdc just made; rep from * across, until 1 sts remain, and hdc in last st. Turn.
Repeat Rows 2 and 3.

中长针的背负针（2）

锁针起针数为2针的倍数+1针

第1行：立织2针锁针，在针头线圈的下方数起的第4针里钩1针中长针，在刚才完成的中长针上再钩1针中长针，【跳过1针钩1针中长针，在刚才完成的中长针上再钩1针中长针】，重复【～】至行末剩下1针，在最后一针里钩1针中长针。翻转织物。
第2行：立织1针锁针，跳过1针，在每一针里钩织短针至行末。翻转织物。
第3行：立织2针锁针，在第2针里钩1针中长针，在刚才完成的中长针上再钩1针中长针，【跳过1针钩1针中长针，在刚才完成的中长针上再钩1针中长针】，重复【～】至行末剩下1针，在最后一针里钩1针中长针。翻转织物。
重复第2行和第3行。

Piggyback中的piggy是小猪的意思，是英语圈的小朋友经常使用的一个单词，相当于日语中的"小猪酱"，语气较可爱。除了piggyback以外，还有piggy bank一词，也成了"小猪储蓄罐"或所有储蓄罐的总称，我想大家都应该听说过。本期介绍的piggyback stitch中的piggyback指的是"背在背上""扛在肩上""驮在背上搬运"等意思。

（顺便说句题外话，最近几年也把那些未经允许擅自使用他人无线网络的人叫作"piggybacker"，所以piggyback也有"蹭便宜"的意思。）

言归正传，让我们回到piggyback stitch，我想从名称上也可以想象出这是什么样的针目。如果是针法符号或许很难想象怎么操作，但是英文说明更容易从单词的含义上去理解，这也是英语编织的特点之一。

Piggyback stitch是在中长针（或者长针）的上面再钩织相同的中长针（或者长针），就像一个针目"背"着另一个针目的状态。

这里虽然以"中长针"为基础花样进行讲解，但是像"长针"和"长长针"等有一定高度的针目也同样适用。所以，并不是指特定的某一个花样，凡是使用"一针背着另一针"的技法编织的花样都叫作piggyback stitch，而且把这些花样统称为piggyback stitch family。

作为"中长针"的基础花样，这里列出了两种编织方法。（1）是我最初学习piggyback stitch时的花样。不过，用这种方法编织的织物会发生斜行现象。为了修正这个问题，便有了（2）的编织方法……虽说是修正，其实也就是多加了1针。笔直端正的花样更加实用，这次之所以把斜行的花样也放在这里，是考虑到这个花样或许可以用在无须加减针斜向编织的围巾等织物上。

Piggyback stitch通过"一针背着另一针"的编织技法使织物产生空隙。不妨将这一针法运用在棉麻等春夏线材编织的衣服或小物中吧……一边编织，一边想象着"小猪酱"。

编织用语缩写一览表

缩写	完整的编织用语（美国）	中文翻译	缩写	完整的编织用语（英语）
tch	turning chain	立织的锁针	—	—
sc	single crochet	短针	dc	double crochet
hdc	half double crochet	中长针	htr	half treble crochet
dc	double crochet	长针	tr	treble crochet
sk	skip	跳过	—	miss
st	stitch	针目	—	—
rep	repeat	重复	—	—
—	post	针脚	—	—

※此处介绍的花样中使用的是美国英语的钩针编织用语

Piggyback Stitch 3 (variation using double crochet)

Chain a multiple of 2 sts

Row 1: Tch 3, dc into 5th ch from hook, dc around the post of the dc just made, *sk 1 st and dc into next st, dc around the post of the dc just made; rep from * across, until 2 sts remain, sk 1 st and dc in last st. Turn.
Row 2: Tch 3, *sk 1 st and dc into next st, dc around the post of the dc just made; rep from * across, until 2 sts remain, sk 1 st and dc in last st. Turn.
Repeat Row 2 until work is at desired length.

西村知子 (Tomoko Nishimura)

幼年时开始接触编织和英语，学生时代便热衷于编织。工作后一直从事英语相关工作。目前，结合这两项技能，在举办英文图解编织讲习会的同时，从事口译、笔译和写作等工作。此外，拥有公益财团法人日本手艺普及协会的手编师范资格，担任宝库学园的"英语编织"课程的讲师。新作《西村知子的英文图解编织教程+英日汉编织术语》(日本宝库社出版，中文版由河南科学技术出版社引进出版) 正在热销中，深受读者好评。

长针的背负针 (3)

锁针起针数为2针的倍数

第1行：立织3针锁针，在针头线圈的下方数起的第5针里钩1针长针，在刚才完成的长针上再钩1针长针，【 跳过1针钩1针长针，在刚才完成的长针上再钩1针长针 】，重复【 ~ 】至行末剩下2针，跳过1针，在最后一针里钩1针长针。翻转织物。
第2行：立织3针锁针，在第2针里钩1针长针，在刚才完成的长针上再钩1针长针，【 跳过1针钩1针长针，在刚才完成的长针上再钩1针长针 】，重复【 ~ 】至行末剩下2针，跳过1针，在最后一针里钩1针长针。翻转织物。
重复第2行。

不同的配色演绎出别样的视觉效果！

玩转色彩的拼布风编织“小木屋图谱坐垫”

photogragh Toshikatsu Watanabe,Noriaki Moriya(process) styling Terumi Inoue special thanks AWABEES,UTUWA

小木屋图谱坐垫的编织方法（使用环形针编织）

❶ 用“一边编织一边起针”的方法起8针，编织14行起伏针。这就是中心的方块①（边缘形成7个隆起的线圈）。

❷ 从右端每个隆起的线圈（2行）中挑出1针，一共挑取7针，第8针在方块①编织终点的边针里插入棒针。

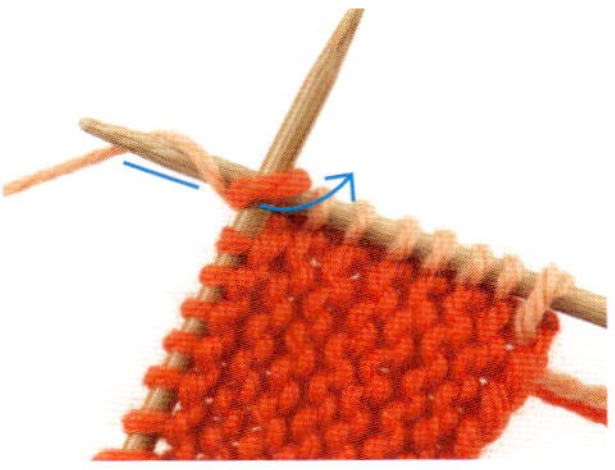

❸ 挂线后拉出。

❹ 原来的针目保留在左棒针上。将方块①的针目移至环形针的针绳上，接着编织方块②。

❺ 编织14行起伏针后，方块②就完成了。

❻ 从①的起针位置挑取8针，然后从②的右端每个隆起的线圈（2行）中挑出1针（共6针），再从编织终点的边针里挑取1针。

❼ 一共挑取15针，编织14行起伏针后，方块③就完成了。

❽ 方块④从①和③的边上挑针，再从前一个方块编织终点的边针里挑取1针（共15针）。

❾ 方块④编织完成。

❿ 方块⑤的挑针完成（共22针）。

⓫ 方块⑤编织完成。

⓬ 按此要领，一边换色一边继续编织。

2016年2月，我正在为秋天计划出版的一本多米诺编织书思考着各种设计。我有一位编织朋友是住在西雅图的瑞典人，她邀请我参加一个编织活动“马德罗纳纤维艺术静修会（Madrona Fiber Arts Retreat）”，因为以前就对这个活动很感兴趣，于是欣然决定参加。这位朋友时常在编织活动中担任讲师，家里收集了许多编织书，告诉我可以随便看，所以我在那里度过了非常愉快的时光。

在她的藏书中有一本*Number Knitting*（《序号编织》）。我从多米诺编织老师薇薇安·霍克斯布罗（Vivian Høxbro）那里早就听说过这本书。薇薇安老师也曾经参考这本1952年出版的书构建了属于她自己的多米诺编织世界，如今仍在不断研究。我也想过购买这本书，但是这本书出版时间实在太早了，听说现在已经很难买到。不过，朋友还是将整本书复印后送给了我。翻阅时，我突然被类似小木屋拼布图谱的编织图吸引住了。顿时觉得豁然开朗！那时我正在为多米诺编织的新书考虑设计，而且做了很多尝试，希望能找到更好的办法连接花样。薇薇安老师也出版了一本类似小木屋设计的编织书。因为这本书是丹麦语，所以很多重要的内容都看不懂。或许有什么方法可以编织得更加漂亮，但是我只能参照书中的图片，反复编织，逐渐摸索出了自己的方法。与多米诺编织一样，只是编织起伏针，所以非常简单。拼布的小木屋图谱似乎在用色上有一定的讲究，但是这里可以不用太在意，一边编织一边考虑下一个连接方块的颜色吧。调整颜色的搭配，就可以变幻出无数种设计。

这两款坐垫都是从中心部分的小方块开始向外编织。编织方法虽然相同，但是颜色的搭配和边缘的变化使作品给人的印象大相径庭。选择自己喜欢的配色，享受更多的编织乐趣吧。

设计 / 林琴美
编织方法 / 150页
使用线 / 芭贝

林琴美(Kotomi Hayashi)

从小喜爱编织，学生时代自学缝纫。孩子出生后开始设计童装，后来一直从事手工艺书的编辑工作。为了学习各种手工艺技法，奔走于日本国内外，深入与众多手工艺者交流。著作颇丰，新书有《你也可以成为袜子编织能手》（暂译名，河南科学技术出版社已引进，即将出版）。

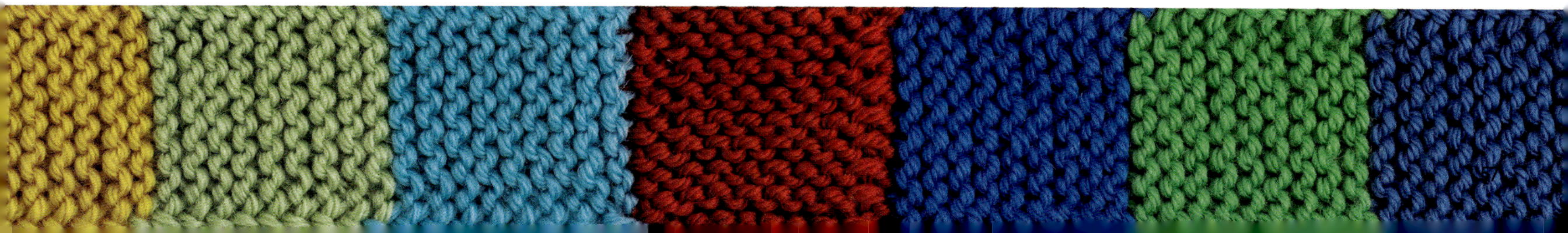

乐享夏天的包包和帽子

对于织女们来说，编织小物不像毛衣那样费时间，而且可以马上用上，是一种非常棒的调节心情的方法。编一款小物，快乐地度过每一天！

photograph Shigeki Nakashima styling Kuniko Okabe,Yumi Sano
hair&make-up Hitoshi Sakaguchi model Sara R

Enjoy Summer!

样本风情手提包

这是一款将各种不同织片组合在一起的样本风情的手提包，要装点什么出门呢？无论是重要的东西，还是小秘密，都可以放到包里，它比想象中容量更大，是专属于我的小宇宙。

设计 / 宇野千寻
编织方法 /155 页
使用线 / 芭贝

花朵花样方形包

这是一款双色编织的花朵花样包包。换色编织的花朵，是加线编织在底色的方形花片上的，无论是编织，还是线头的处理，都很方便。很快就可以编织好，再编织一个配套的小包，幸福感倍增。

设计/大田真子
制作/须藤晃代
编织方法/152页
使用线/芭贝

复古风情遮阳帽

复古风情的帽子，是用2根线细细密密编成的。宽大的帽檐可以起到很好的遮阳防晒效果，使用拉针编织了树叶花样。

设计/桥本真由子
编织方法/158页
使用线/芭贝

树叶花样大挎包

通过使用拉针，树叶花样呈现出蓬松的立体感。包底钩织长针，提高了编织效率。单色线和段染线并在一起用，一圈圈钩织，就会自然地呈现出色彩变化，仿佛被施以神奇的魔法。

设计 / 桥本真由子
编织方法 /156页
使用线 / 芭贝

树叶花样手提包

换一种颜色，相同的花样给人的感觉截然不同，仿佛是一款全新设计的包包。海绵般的轻柔的毛线和段染线并在一起编织，四季皆宜。主体部分的编织方法相同，提手设计得稍短。

设计 / 桥本真由子
编织方法 /156页
使用线 / 芭贝

菱形华夫格针手提包

菱形华夫格针，仿佛是从网眼编织中露出了五颜六色的里布，让人忍不住想用各种颜色尝试一番。真不想从小物的魅力中走出来。

设计/ Hobbyra Hobbyre
编织方法/161页
使用线/ Hobbyra Hobbyre

花边帽子

钩针编织的帽子，即使卷起来塞在包包里，也不容易起皱，很适合戴着出门。在心情美美地出门时，戴上一顶散发金银丝线的闪闪光泽的帽子吧。

设计 / Hobbyra Hobbyre
编织方法 /160页
使用线 / Hobbyra Hobbyre

Color Palette

夏季的三角巾

调色板

大、中、小形状各异，色彩各异的三角巾来了。
自由自在的三角巾，魅力全开！

photograph Shigeki Nakashima styling Kuniko Okabe,Yumi Sano hair&make-up AKI model Lilly

设计/大田真子(5款) 制作/冈千代子、真野章代
编织方法/162页 使用线/奥林巴斯

暖色

配色编织的话，编织花样立刻有了层次感，忍不住想要尝试更加复杂的组合。以长针为基础，随意搭配松叶针和网眼针，编织富有变化的条纹花样，简单而优美。

原白色

用原白色线钩织经典款大披肩。从底边中央开始钩织，每织完1行三角形就会增大一点，可以根据个人喜好调整大小，自由度很高。

冷色

乍看之下，似乎每个三角巾都是全新的设计，其实它们都是按照相同的编织方法图钩织的。仅仅改变配色和行数，就会给人焕然一新的印象，这就是编织的神奇魔法。

驼色

行数和64页的暖色披肩相同，使用最经典的驼色线钩织，就完成了这款看起来完全不同的色调沉稳的披肩。三角巾的魅力太大了！

黑色

这是一款俄罗斯婆婆经常戴在头上的三角巾，充满怀旧风情。它只编织了寥寥数行，也可以装饰在颈部，用作装饰领。

Couture Arrange

志田瞳优美花样毛衫编织新编⑩

圆育克法式套头衫

photograph Hironori Handa styling Masayo Akutsu hair&make-up Hitoshi Sakaguchi model Mariam

选自中文版《志田瞳优美花样毛衫编织2：优雅的镂空花样》17页作品

原作也是一款套头衫，比起花样，段染线更加富有魅力。

这次是本专栏连载以来首次尝试改编成圆育克套头衫。本着“花样不要太难，容易改动”的想法，从《志田瞳优美花样毛衫编织2：优雅的镂空花样》中选择了一款法式套头衫进行改编，原作是用段染线编织的，所以花样略显模糊不清。

圆育克的形状本身就偏可爱，所以这次的圆育克设计得比较大方雅致。线材选择了含真丝成分的线，颜色选择了略带棕色的色调。为了突出育克和下摆部分的花样，在中间加入了下针编织。

顺便提一下，我试着数了数在日文版《志田瞳优美花样毛衫编织》系列图书中共有多少件圆育克作品。在1~10册中比较少，只有3件。在11~20册中有6件，在春夏刊的7册中有8件。加起来一共有17件，越往后越多。这样看来，圆育克应该是我非常爱用的设计元素。

这次我只是想简单地缩小单元花样，但是圆育克的设计可以更加深入和有趣，比如将花样变得复杂一点，或者将不同的花样排列组合在一起。今后我将尝试再寻找一些可以改编的花样。

detail（细节说明）

下摆和育克的花样相同。下摆部分是直接向上重复编织花样，而育克部分就像堆放砖块一样错开半个花样重叠着编织，越往上，花样越小。

在下针与花样、育克与边缘的交界处编织条状蕾丝花样时，为了避免花样变得太宽，要使用小1号的棒针编织。育克部分请参照编织图减针。需要注意的是，有的地方将下滑编织的5针的泡泡针改成了3针的泡泡针。

领口和袖口的边缘按相同花样进行环形编织，结束时做扭针的单罗纹针收针，注意连续上针的部分在最后一行编织成罗纹针。下摆的边缘编织条状蕾丝花样，结束时松松地做上针的伏针收针。

选自《志田瞳优美花样毛衫编织2：优雅的镂空花样》
制作 / Keiko Makino
编织方法 / 166页
使用线 / 钻石线

冈本启子的Knit+1

第28回

夏季毛衫，要不要尝试一下珍贵的真丝材质？
下面我们一起看一下手感光滑、细腻，色泽优美的毛衫吧。

photograph Shigeki Nakashima styling Kuniko Okabe,Yumi Sano hair&make-up AKI model Lilly

桑蚕丝，单看名字就很美。桑树会结出类似覆盆子的红色果实，它的叶子是蚕最爱的美食。桑叶养殖的蚕吐出的丝，叫作桑蚕丝。

蚕不是在自然中天然生长的，而是一种家畜化的昆虫。成虫虽有翅膀，却已退化，不会飞。蚕不喜欢潮湿的环境，因此过去的蚕农经常把阳光充沛的朝南房间用来养蚕。精心养育的桑蚕，被亲切地称作“蚕宝宝”。吃桑叶长大的蚕宝宝，会吐出洁白的蚕丝结成蚕茧，这就是桑蚕丝的原材料。桑蚕丝是蛋白质纤维，有着优良的吸水性和保湿性，有益于美容养颜和身体健康。K's K Sucre线便是以珍贵的桑蚕丝为原料纺成的。本期讲了很多与蚕有关的内容，如果我是蚕宝宝的话，我还想吃桑叶之外的叶子……

冈本启子

Atelier K's K的主管。作为编织设计师及指导者，活跃于日本各地。在阪急梅田总店10楼开设店铺K's K。担任公益财团法人日本手艺普及协会理事。著作《冈本启子钩针编织作品集》《冈本启子棒针编织作品集》中文简体版已由河南科学技术出版社引进出版，正在热销中，深受读者好评。

毛线/Sucre

波莱罗黑白色短上衣

68页作品/用黑白戏剧性配色，编织值得珍藏的配色花样。波莱罗短上衣，无论是套在连衣裙外面，还是搭配半身裙、裤子，都很好看。

制作/宫崎满子　编织方法/168页　使用线/K's K

大花片时尚马甲

左图作品/用流行的大号花朵花片钩织一件时尚的马甲，很适合套穿在外面。Sucre 线中含有金银丝线，散发着闪闪微光。穿上这件马甲，就像佩戴了一件精美的首饰。

制作/山本惠美子　编织方法/170页　使用线/K's K

编织机讲座 part 18

可以快速编织，
乐趣十足

本期为大家介绍的是灵活使用花卡编织机SK280编织的作品，透薄的感觉充满了夏日气息。

photograph Hironori Handa styling Masayo Akutsu hair&make-up Hitoshi Sakaguchi model Mariam

设计独特的蝉翼短上衣

这款细线编织的短上衣轻薄通透，只需等针直编2块织片即可。使用机器很快就能编织完成。缝合时将前身片扭转一次，胸口便形成了自然下垂的褶子。穿搭起来，可休闲可优雅。

设计/奥村利惠子（银笛编织研究会）
编织方法/171页
使用线/钻石线

交错花样套头衫

用不同粗细的线材一边换线一边编织的套头衫运用了下针的架空编织。斜向交错排列的花样以及细线编织部分的通透感，使作品看上去更加凉爽。使用花卡后，花样编织起来也变得轻松自如。

设计 / 奥村利惠子（银笛编织研究会）
编织方法 / 172页
使用线 / 钻石线

双面可穿的连衣裙

这款连衣裙是用粗细不同的2种黑色线编织而成。真丝的光泽加上细线的通透感，使整件作品显得高贵典雅。灵活利用花样的特点，制作出波浪形的下摆。作品使用了上针的一面作为正面，由于是拉针花样，也可以将下针的一面穿在外面。大家可以按自己的喜好选择。

设计 / 奥村利惠子（银笛编织研究会）
编织方法 / 174页
使用线 / 钻石线

防止缠线的换线方法

摄影／森谷则秋

在右侧每2行换一次线的情况
（也可以在左侧换线）

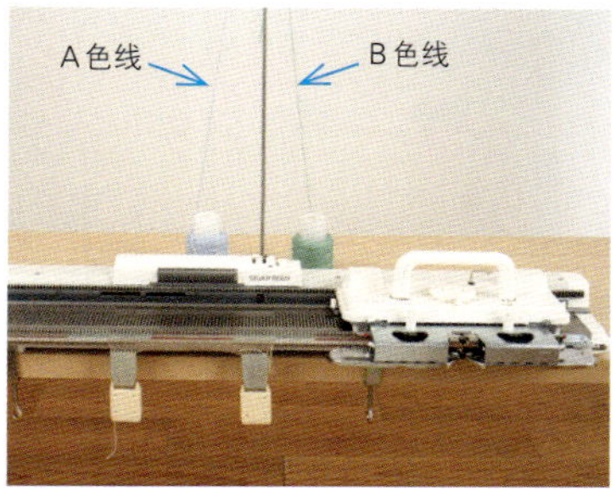

1
将A色线放在左侧，将B色线放在右侧。

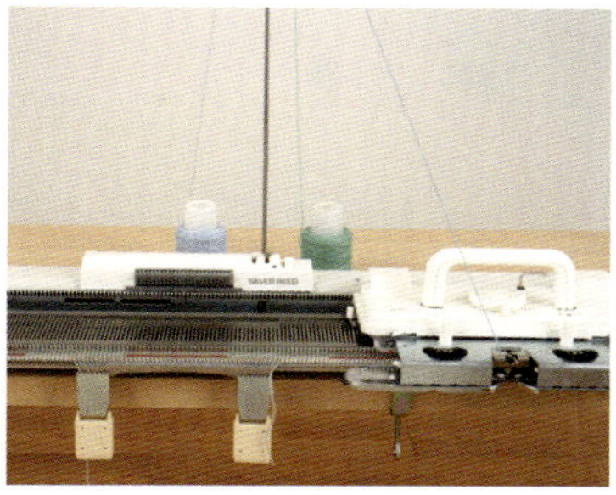

2
用A色线编织2行。

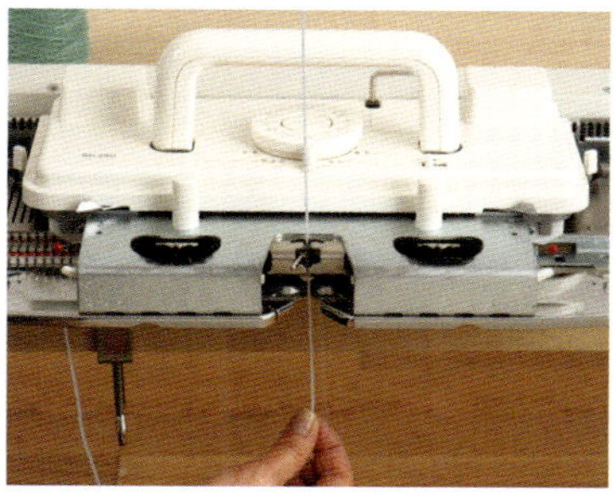

3
将A色线径直往前拉，从送线口上取下。

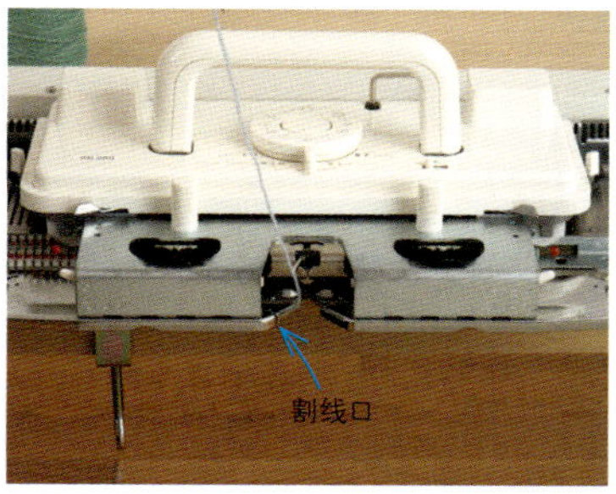

4
需要注意的是，如果向左侧拉紧会碰到割线口导致断线。

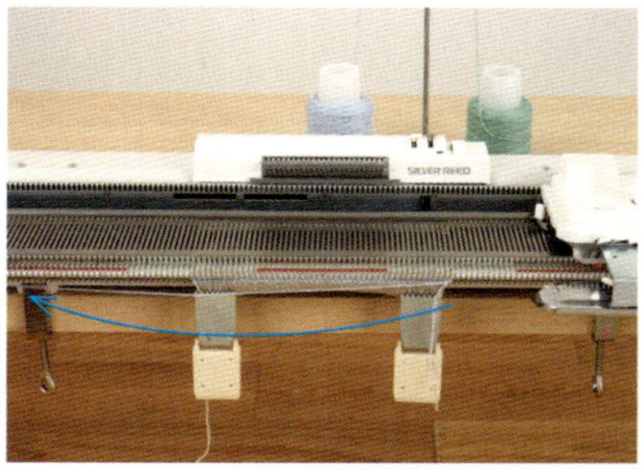

5
将送线口上取下的A色线从织物的前面绕到编织机的左后方暂停编织。

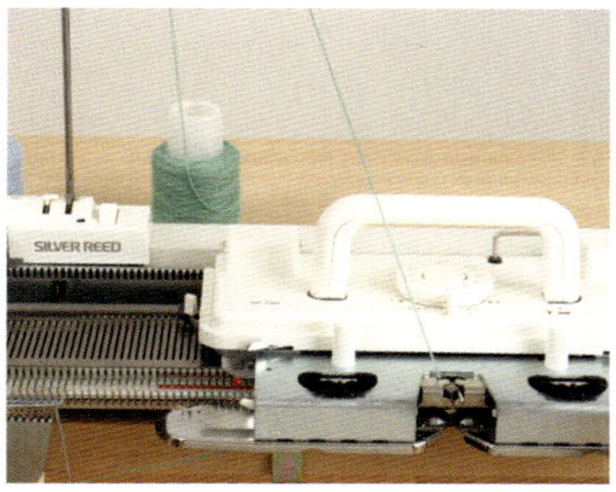

6
换成B色线。

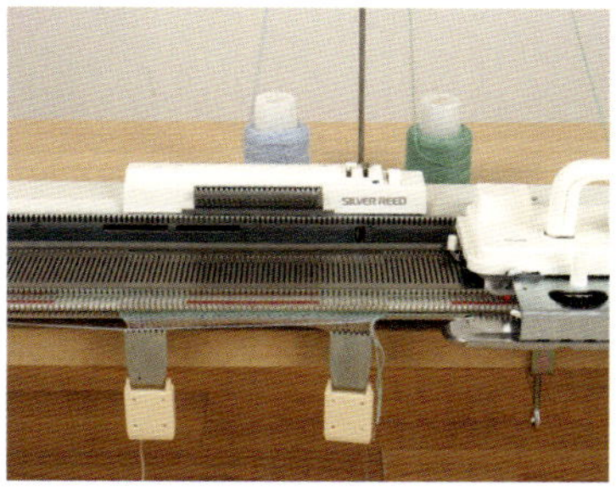

7
用B色线编织2行。

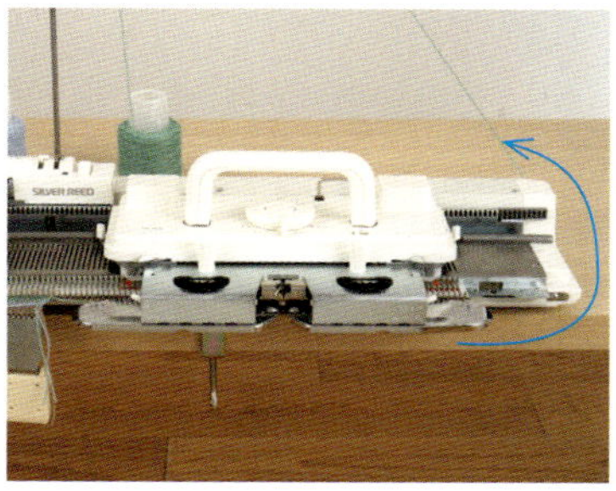

8
将B色线从送线口上取下，绕到编织机的右后方暂停编织。

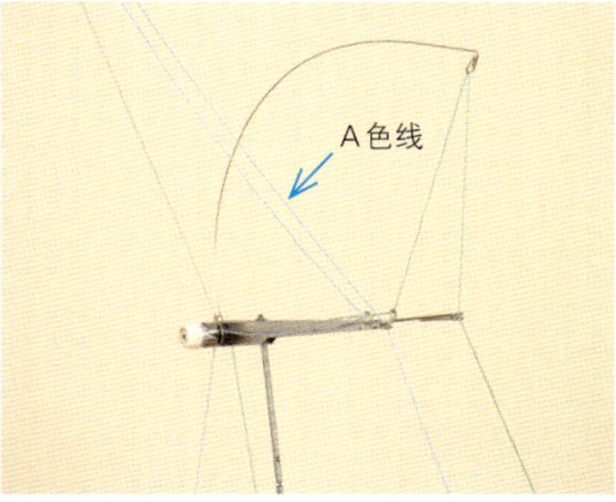

9
换成A色线，此时张线架上的线呈松弛状态。

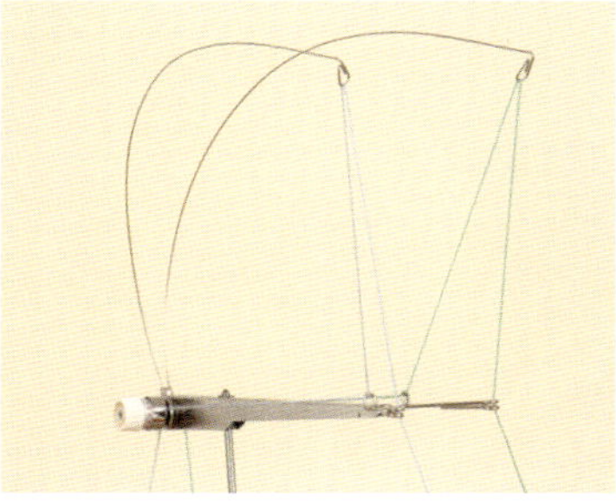

10
如果在松弛状态下直接编织，线很容易缠在插入板上，或者引起针目的脱落，所以要将线稍微拉紧一点。

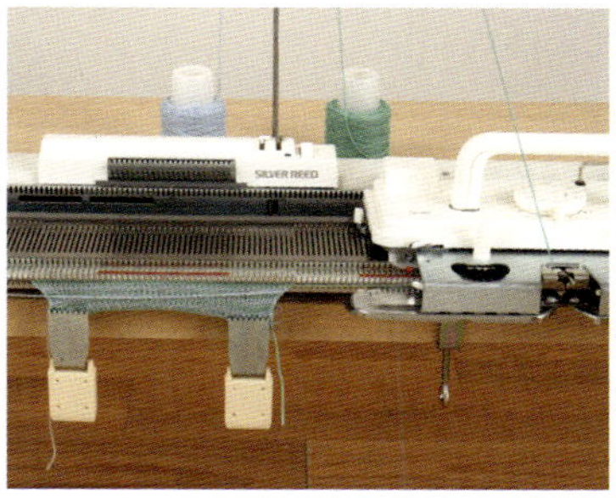

11
重复步骤2~10继续编织。

12
如果将线拉到另一侧，或者将2种颜色的线都放在同一侧暂停编织，那么在编织线导入送线口时，线就容易缠在一起。

编织师的极致编织

【第38回】编织折纸艺术的风景

38

一张纸，折叠
再折叠
展开，再折叠
反复折叠后，平面的纸
就会变成不可思议的立体造型

从传统的纸鹤、气球、头盔
到传说中的飞龙、独角兽
在折叠中变得雅正

一针一针地编织
实现从平面到立体的变化
只需要一根线

然后，继续
一针一针地编织下去

文、图/203gow　参考作品

编织师203gow：

持续编织非同寻常的“奇怪的编织物”。成立让编织充满街头的游击编织集团“编织奇袭团”，还涉足百货店的橱窗、时尚杂志背景、美术馆、画廊展示、舞台美术以及讲习会等活动。

编织符号真厉害

第16回 整段挑织是什么意思?【钩针编织】

你是否正在编织?我是对编织符号非常着迷的小编。又到夏号了?如果不好好编织的话,时间就白白溜走了,什么都不会留下。所以,赶紧打起精神吧。前面的刨冰和编织组合,是不是很妙?

本期的话题是“整段挑织”。在钩针编织时,挑织分为“插入针目挑织”和“整段挑织”两种情况。它们在编织符号上也略有差异,你发现了吗?

“插入针目挑织”,就是将钩针插入前一行针目的头部挑针钩织;“整段挑织”,则是将前一行的锁针或其他针目全部挑起钩织。为了搞清楚它们的区别,我还特意查了资料,已经铭记在心了。它们在编织符号上的不同,主要是根部。如果根部是连在一起的,则是“插入针目挑织”;如果根部是分开的,就是“整段挑织”。这是基本的编织符号的区别,枣形针和爆米花针也是如此。

一般来讲,即使只编织1针,只要前一行是锁针,通常都可以整段挑织。大概只有从起针行的锁针和立织的锁针上挑织时是例外吧。这也是为了让针目稳定,所以一定要插入针目挑织。有的编织花样和作品会明确说明挑针位置“需要从这里挑针”。不过,整段挑织也可以。标记出细微区别的编织符号图,细致得有些过分了。

了不起的符号 1 插入针目挑织?整段挑织?要核查针目根部!

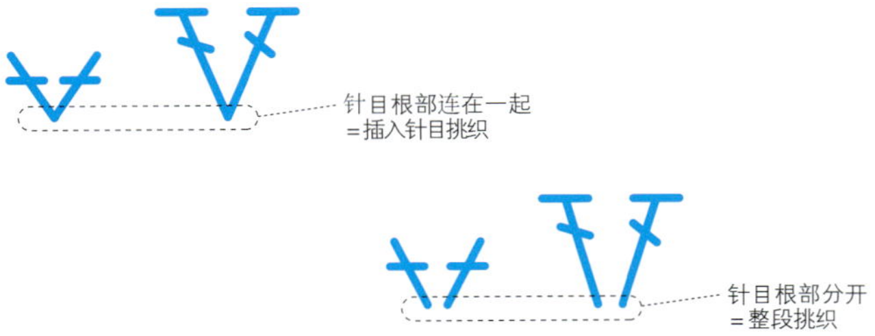

了不起的符号 2 基本规则都一样

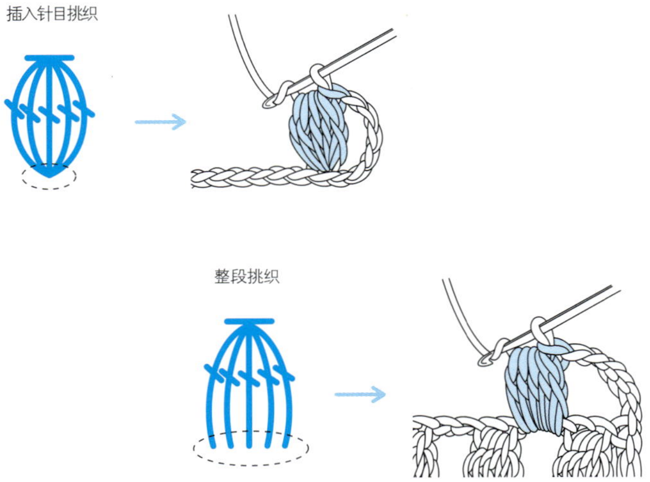

了不起的符号 3 前一行如果是锁针,基本都是整段挑织(起针行和立织针目除外)

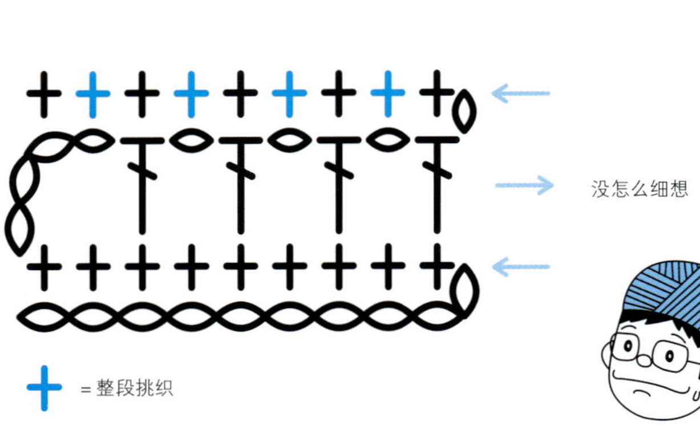

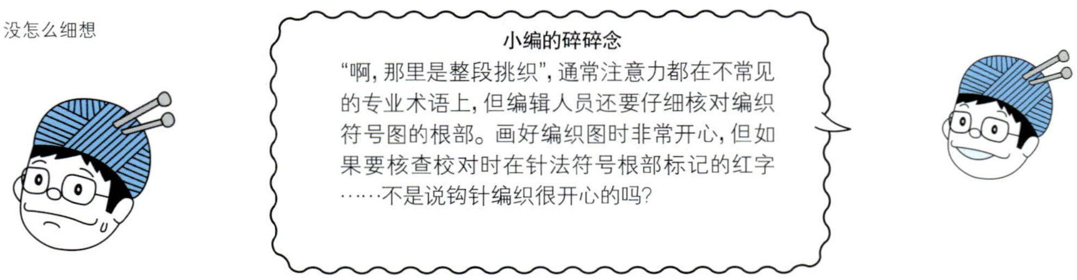

时尚达人的手艺时光之旅：

时尚的九重编造花

当时制作人造花的场景

发明“九重编造花”的寺西绿子的侧脸（左起第2位）

再现了《实用新型九重编造花》“松树卷”中的作品，也使用了橡胶管

《实用新型九重编造花》的“松树卷”。作者私藏的最初版本是用颜料上色的彩色版。“九重编造花”也因为这本书而在日本各地广泛流传

彩色蕾丝资料室 北川景

日本近代西洋技艺史研究专家。为日本近代手艺人的技术和热情所吸引，积极进行相关研究。拥有公益财团法人日本手艺普及协会的蕾丝师范资格，是一般社团法人彩色蕾丝资料室的负责人。担任汤泽屋艺术学院蒲田校区、浦和校区的蕾丝编织讲师。还在神奈川县汤河原经营着一家彩色蕾丝资料室。

用线编织的人造花最近似乎又掀起了一股小热潮。用各种技法制作的可爱花朵作品无论是制作过程还是装饰起来，都可以让我们心生愉悦，倍感幸福。本期介绍的编织人造花可以说是日本的传统手工艺，在明治时期（1868—1912年）也享有很高的人气。特别是寺西绿子创作的《实用新型九重编造花》一书曾经风靡一时。所谓“九重”，含有皇宫、宫城所在的都城、帝都的意思。就像日语修辞法中的“枕词”，有时会放在“都”字的前面，所以不如说是诞生于帝都的时尚人造花。

寺西在东京大学农学院的附属植物园和小石川植物园里对着100多种珍稀植物写生，并将它们编织成了人造花。当时还是化学医药品非常稀缺的时代，作为重要的植物经济资源，植物园栽培了许多专业人员从世界各国采集的新品种植物。当时的植物园甚至被称为资源战略总司令部、最先进的研究开发机关。

寺西的编织人造花是用蚕丝线编织完成后，再用颜料进行染色。在《实用新型九重编造花》的“松树卷”中就展示了当时的染色样本，从漂亮的色调中仿佛可以感受到大自然的温度。与节庆活动及壁龛中装饰的插花、布花和纸花不同，编织人造花无须拘泥于造型，更看重的是可以直接用于装饰这一点。另外，教材中还使用了橡胶管这种西洋造花材料，就是用橡胶管将编织人造花缠成花束后进行装饰。使用西方的编织技法和颜料制作的花束会让观看的人感觉更加时尚。

“九重编造花”曾经在各种品评会上荣获奖项并且出口到外国，也是一门值得夸耀的手工艺。在明治四十年（1907年），通过实用新型专利注册的编织人造花还作为明治天皇和皇后的御用品获得了皇室的采购。由“松、梅、樱、菊、兰”五卷组成的《实用新型九重编造花》虽然成功出版，可惜出版社的一场重大火灾导致其最终绝版。寺西的心血也在这场大火中付之一炬。

但是，在明治四十四年（1911年），《九重编造花法 前篇·后篇》经过修订又重新面世了，该书不仅使用了新的编织技法，还选择了日本本土的35种花草植物。从中我们可以感受到寺西对于编织人造花的满腔热情。大家也不妨尝试编织历经磨难的“九重编造花”，回想当时发生的诸多事情，并将其化作能量吧。

现在还不知道?

把夏线编得漂亮的秘诀

夏线的代表性材质有棉、麻、丝等,
比冬线的弹性差,很多人都不知道如何把它编织得漂亮。
不过,每个人编不好的理由都不一样,
今天我们先一起看一下小A和小B遇到的问题和解决对策吧。

摄影/森谷则秋　监修/今泉史子

小A的烦恼

这是小A非常认真编织出来的织片。仔细看一下,会发现每2行都会出现缝隙。这是上针和下针的大小不同引起的。小A在编织下针时手劲儿偏紧,编织上针时手劲儿偏松。夏线编织得紧一些会比较漂亮,所以小A只需要将上针行编织得紧一些即可。

小A的上针编织

小A的下针编织

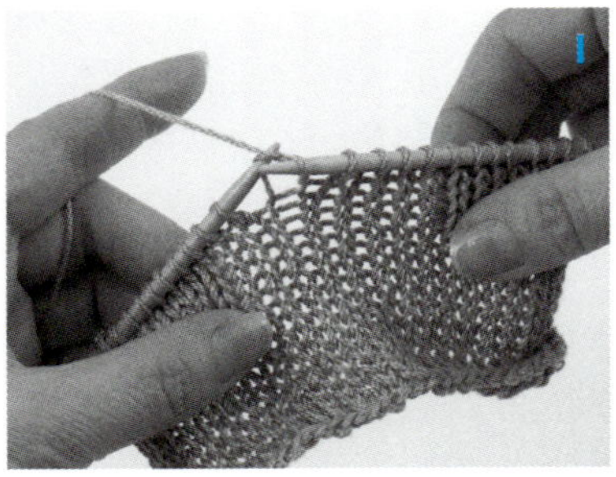

按照平时的样子编织下针。

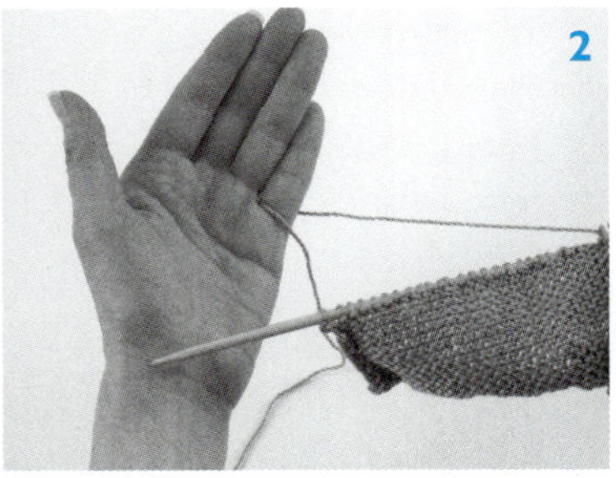

到上针行时,将线在小指上缠绕一圈,这样编织时针目就不会松了。

顺便说一下,如果边针经常会松,一定要注意将第1针编织紧,第2针以后也要继续拉紧线编织。

完成。夏线编织得很漂亮。

小B的烦恼

这样说，或许和拉线的力度有关？

麻花针的左边和双罗纹针的第2针下针等，遇到下一针编织上针的情况时，针目总是会松。我自己也比较在意，所以在编织这里的下针时，会刻意将线拉紧一些，但没用。

小B的麻花针

小B的双罗纹针

编织完下针再编织上针时，将线从后向前拉。这时，渡过织片的线会有点松，从而影响前面的下针。所以，如果要拉线，就要在编织上针之后，这样才会有效果。我们看一下小B是怎么做的吧。

1

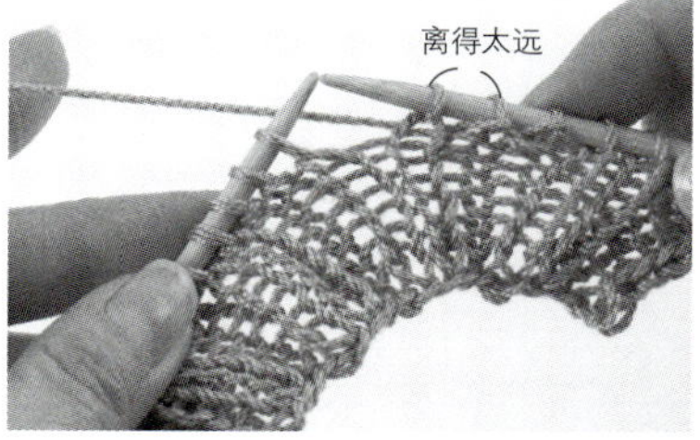

编织后右棒针上的针目，似乎比做下针编织时离得远……

2

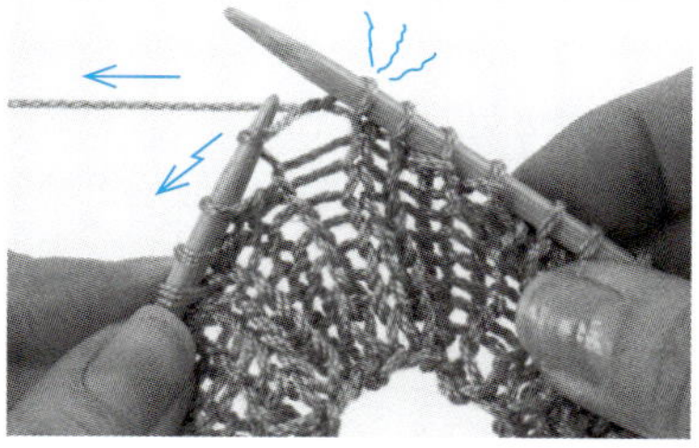

所以还是要拉紧下针吧。而且，在抽出左棒针之前拉线的话，下一行的针目就会拉伸。

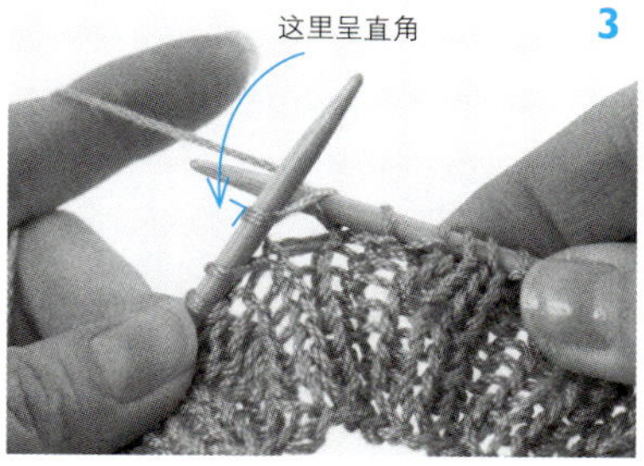

3

快速运针编织，但在入针时要让两只棒针呈直角交叉，左棒针尽量保持不动。

4

找出问题了，再编一次吧。

5

完成。虽然左边的针目还是略大，但不留意的话就看不出来。

其实，我一直都在避免使用棒针编织夏线，这次可以试一下了。

编织方法图的看法

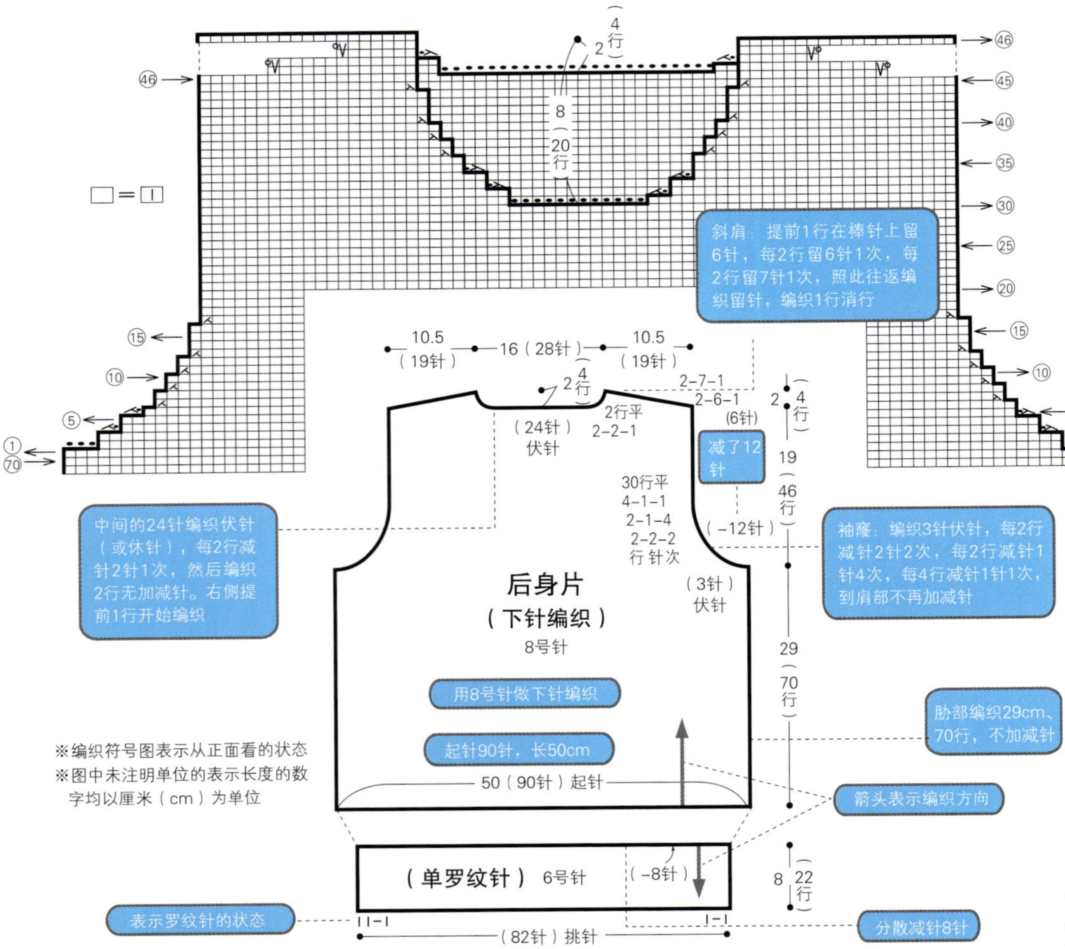

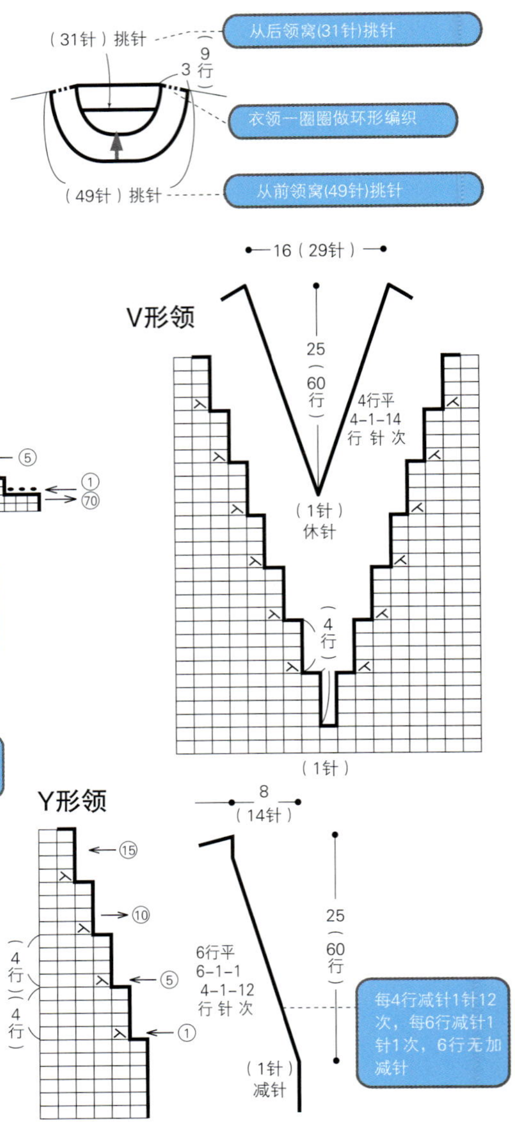

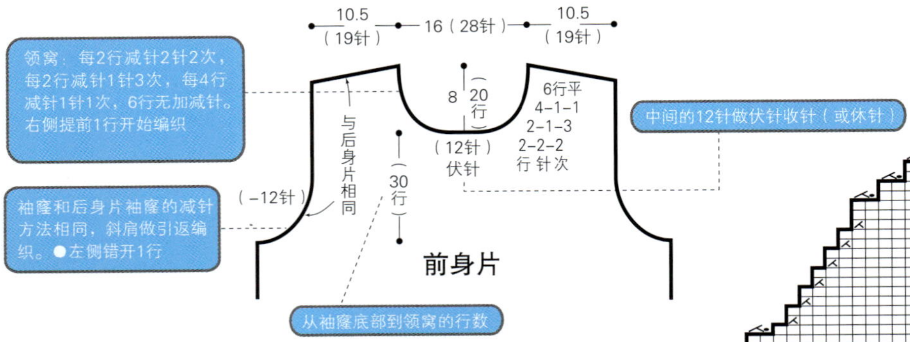

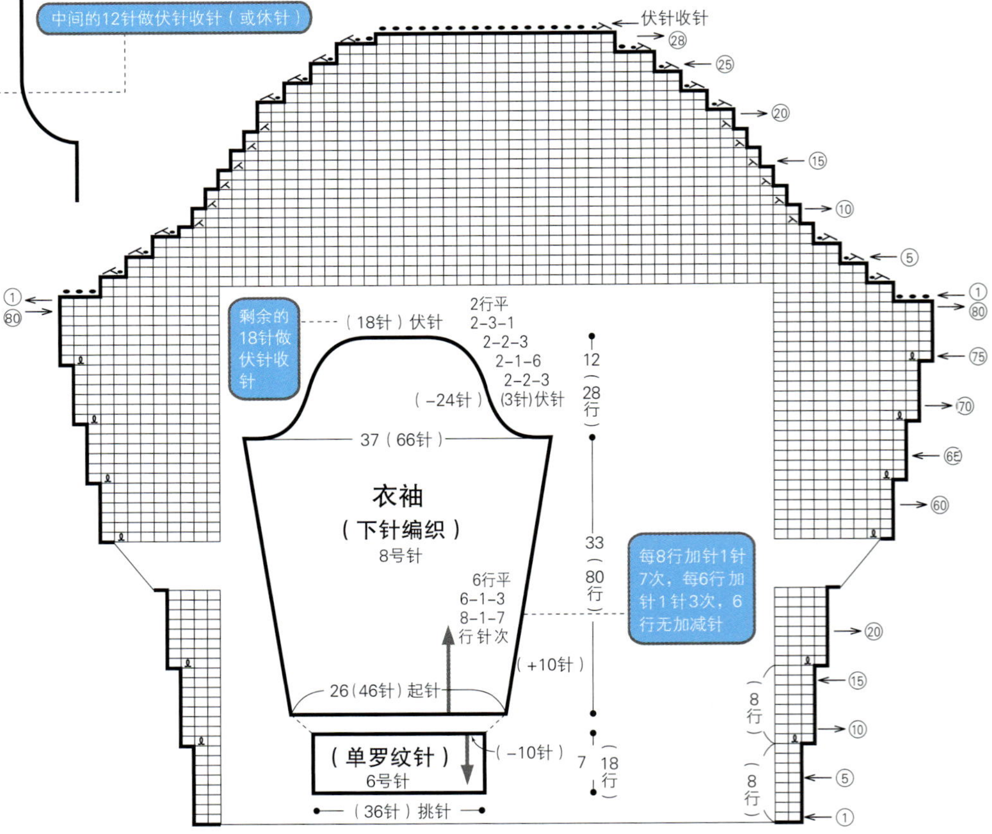

针数只表示单侧。另一侧也按照相同的针数编织加减针。只是，2针以上的加减针无法在同一行完成，左边会错开1行。领窝右侧提前1行开始操作

不同线条的含义

线条	含义
———	编织方法图的轮廓线
—·—·—	中心线
—··—··—	对折线
— — —	折叠线
———	设计、编织花样的切换线、贴边线
------- }	引导线

毛线世界

编织报道：
线下编织有话聊——电影与编织

图、文/《毛线球》编辑部

2020年秋天，宝库学园东京校区开始举办由蘑菇编织作家横山起也先生担任主持的特色谈话类活动“线下编织有话聊”。我们有幸参加了最后一期（2021年3月1日）。

担任主持的横山先生从普及编织的角度出发，与各行各界的人士积极开展合作，传播着新的编织价值。他也在YouTube的编织频道中担任主播，这个活动就是以其中的“编织有话聊”栏目为基础筹备的。宝库学园举办的这个活动并不是一般意义上的“讲座”，而是面对面的现场访谈，是一种双向交流的全新尝试，使活动更具有现场感。

邀请的嘉宾也各具魅力，经常出现在我们杂志中的北川景老师是日本近代西洋技艺史研究专家，渡边老师是费尔岛编织作家和牧师……各位嘉宾都非常有个性。最后一期邀请的嘉宾是电影撰稿人多贺谷浩子老师。讲座的主题是“反面角色不穿毛衣”，内容非常耐人寻味。多贺谷老师作为电影撰稿人忙碌之余，还为《毛线球》的连载和“男人编织”栏目提供采访撰文，拥有独特的视角。于是就“编织与电影的关联性”聊了聊他的心得体会。

2位老师轻松愉快的交谈和引人入胜的内容让人忘记了时间

比如，惩恶扬善的内容和英雄故事中的反面角色是不穿毛衣的，从这个角度出发，他抛出了一个问题：毛衣给人的印象到底是什么？然后，他一边介绍《寄生虫》《步履不停》《我啊，走自己的路》等连载中提到的几部电影，一边讲解电影与编织的关联性。随着话题的展开，“柔软”“温暖”“生活气息”等共同的关键词也一个一个跳了出来。可以确定的是，在争斗等粗暴场面的描写中，毛衣是非常突兀的。而转念一想，此时的毛衣难道不是某种象征性的存在吗？

接着，多贺谷老师又从历史的角度解读了战争与编织的关系，毛衣的作用不正是“自由”“积极”“日常”的象征吗？此外，各代人对于编织有着不同的理解，“为某人编织”这样的行为等同于认可对方的社会地位……2位老师的话题不断延展开来。

电影为我们提供了看待编织的新视角，让我们看到了一种可能性，就是通过聊天让不会编织的人们也能感受到编织的乐趣。线上的“编织有话聊”也在编织频道不断更新中，请大家一定到直播间来看一看！

作品的编织方法

★的个数代表作品的难易程度和对编织者的水平要求　★…初学者可放心选择　★★…拥有一定自信者都可以尝试

★★★…有毅力的中上级水平者可以完成　★★★★…对技术有自信者都可大胆挑战

※ 线为实物粗细

※ 图中未注明单位的表示长度的数字均以厘米（cm）为单位

材料

芭贝 Pima Basic 浅灰色(604) 215g/6团

工具

棒针4号

成品尺寸

胸围112cm，衣长54cm，连肩袖长29cm

编织密度

10cm×10cm面积内：编织花样22针，34行(将织物铺平展开，插上定位针，蒸汽熨烫后测量尺寸)

编织要点

●身片…另线锁针起针后，按编织花样开始编织。斜肩请参照图示编织，结束时做休针处理。

●组合…按指定尺寸将织物铺平展开，插上定位针，进行蒸汽熨烫。肩部做盖针接合，胁部做挑针缝合。下摆的起针方法与身片相同，一边编织边缘，一边在正面行的编织终点与身片解开另线锁针后的针目做2针并1针连接在一起。编织结束时与编织起点做起伏针的接合。领口、袖口挑取指定针数后环形编织起伏针，结束时从反面做伏针收针。

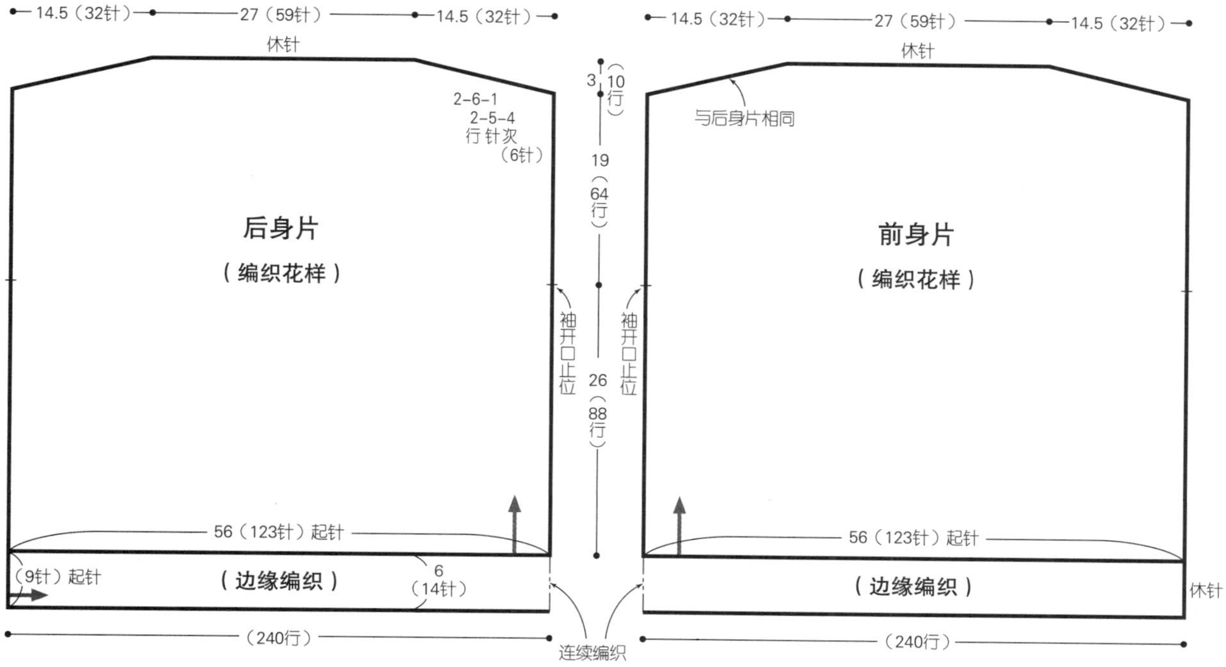

※ 全部用4号针编织

编织花样

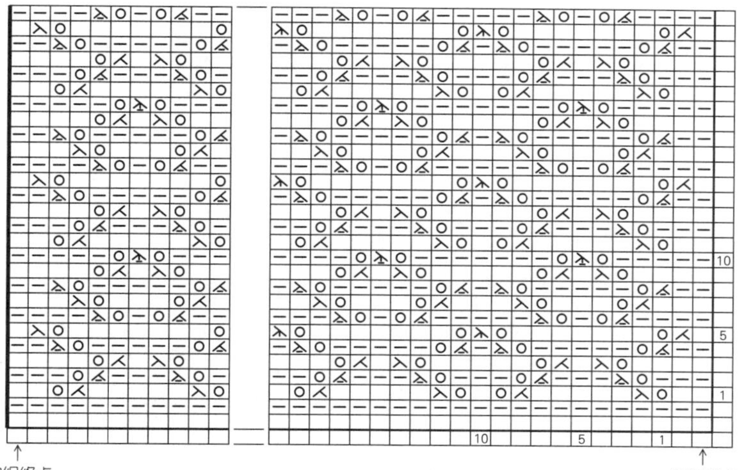

□=Ⅰ

从反面编织时

⋋=⋋

⋌=⋌

⋏=⋏

边缘编织

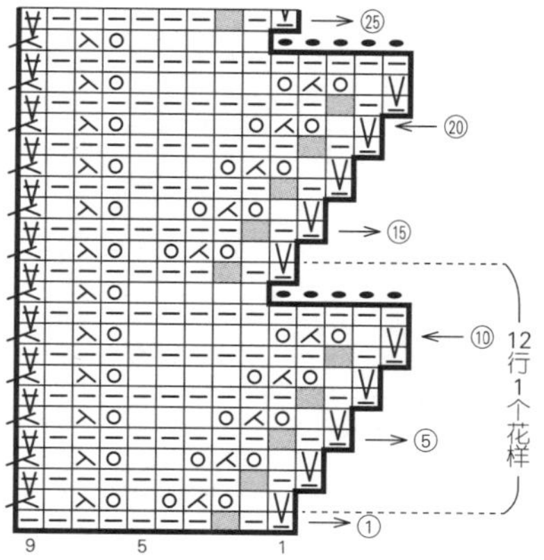

□=Ⅰ　▒=无针目处

V ← ● 上针的滑针 ×行编织上针，
　→ ×（1行） ●行将线放在后面，将针目不编织直接移至右棒针上

⊻=与身片解开另线锁针后的针目一起做左上2针并1针，在下一行（反面行）编织滑针（从正面看是浮针）

右侧的引返编织

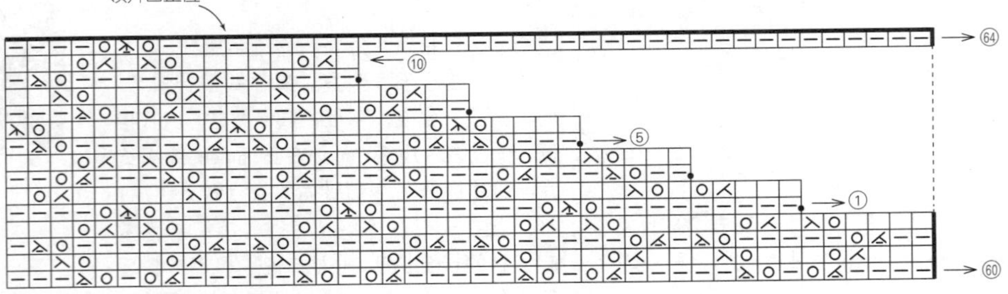

左侧的引返编织

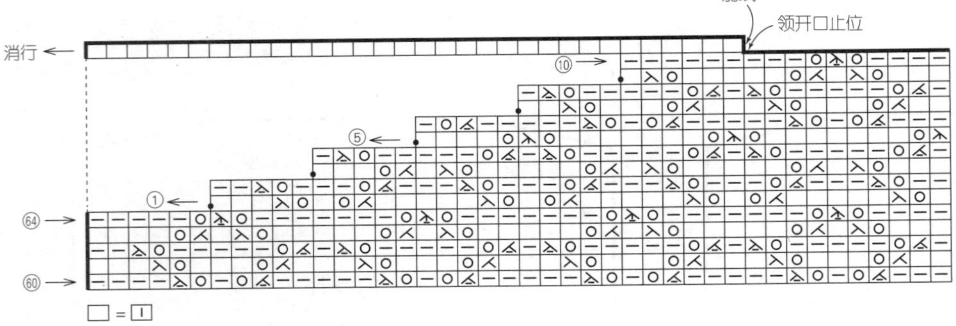

□• = 在反面行做绕线与翻面的引返编织

•□ = 在正面行做绕线与翻面的引返编织

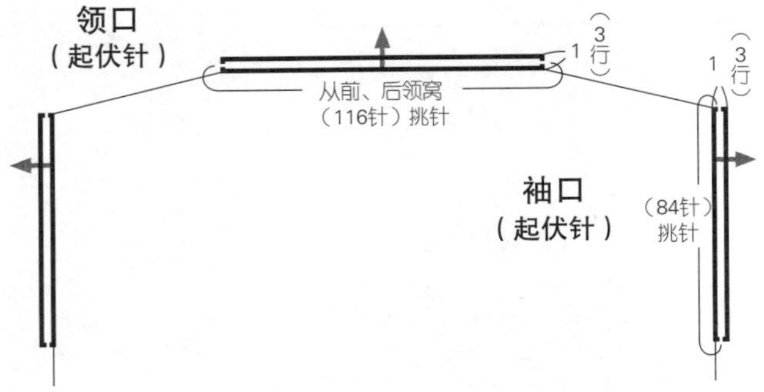

边缘编织的连接方法（后身片）

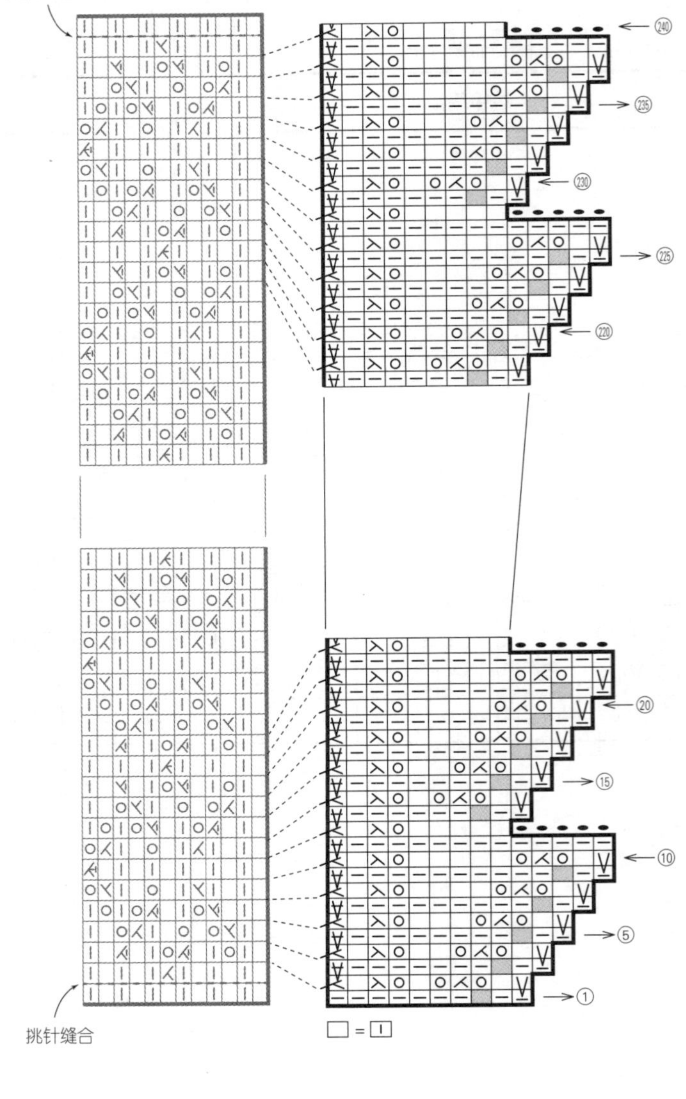

起伏针（领口、袖口）

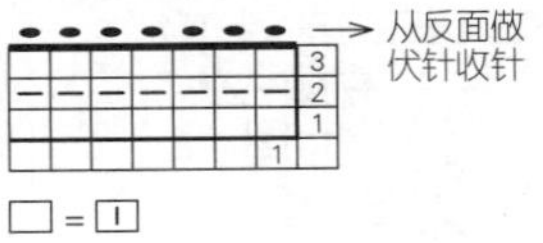

绕线与翻面的引返编织
（下针编织的情况）

1　编织至引返针目前，将线放在织物的后面，滑过左棒针上的针目。

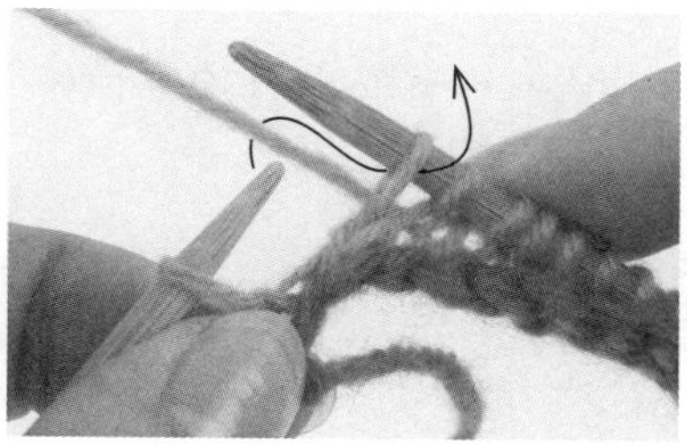

2　如箭头所示，将刚才滑过来的针目移回至左棒针上，使线位于织物的前面。

3　这样，线就夹在了左棒针上的2个针目之间。将织物翻至反面。

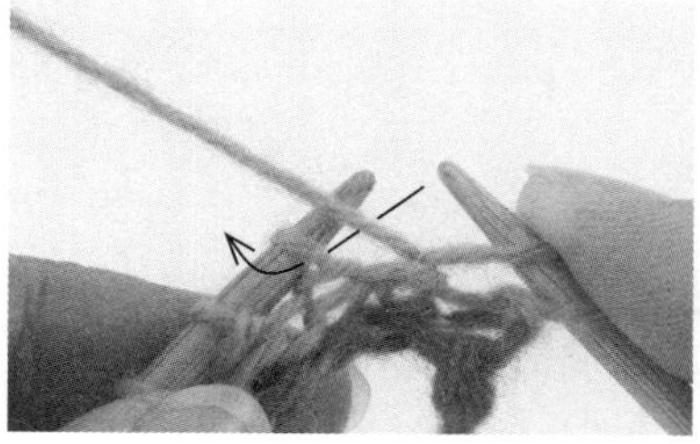

4　线就绕在了针目上。接着编织上针至下一个引返针目前。

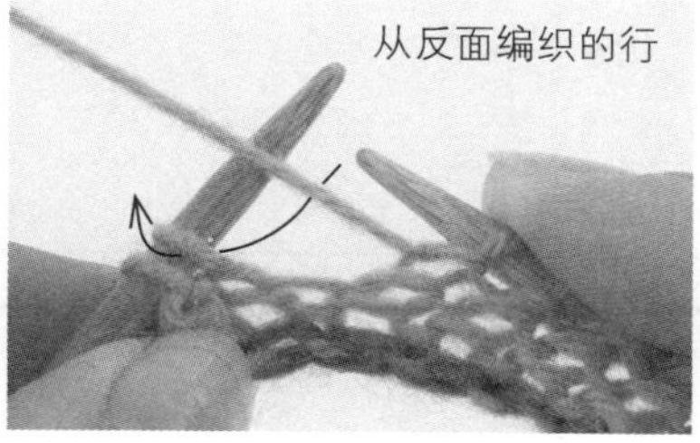

5　将线放在织物的前面，滑过左棒针上的针目。

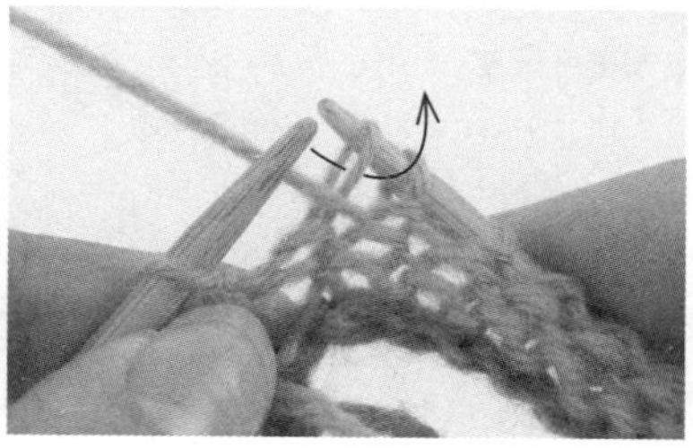

6　将线放在织物的后面，再将刚才滑过来的针目移回至左棒针上。

7　这样，线就夹在了左棒针上的2个针目之间。将织物翻回正面。

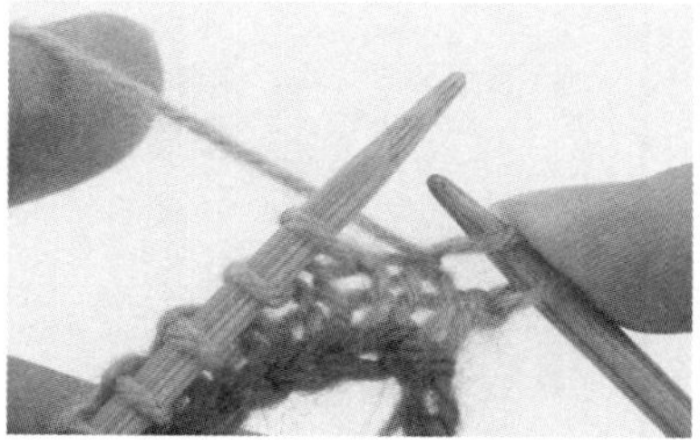

8　线就绕在了针目上。接着编织下针至下一个引返针目前。

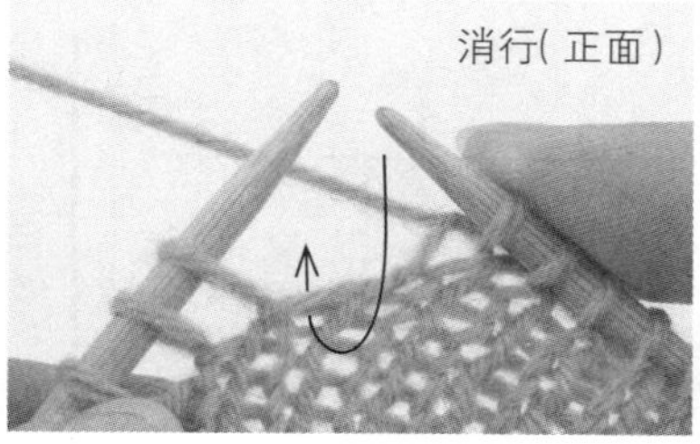

9　如箭头所示在线圈里插入棒针。

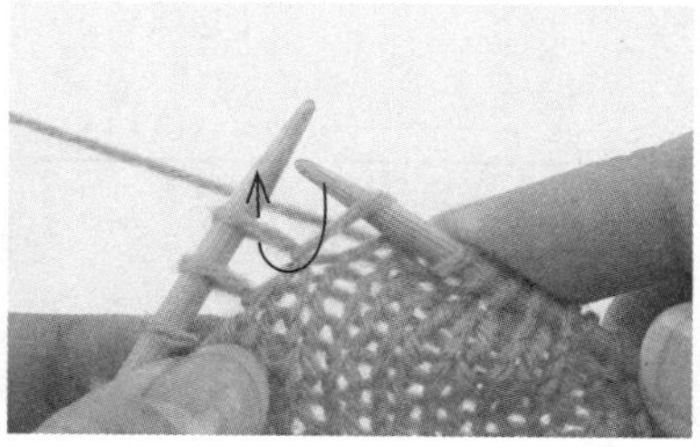

10　按下针的入针方式将左棒针上的针目移至右棒针上。

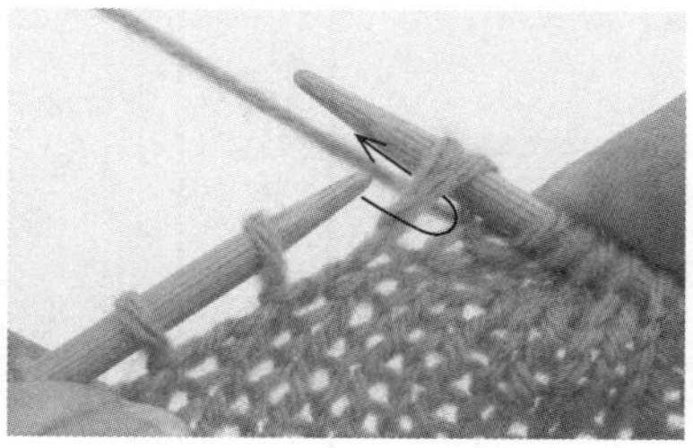

11　将步骤9、10的针目移回至左棒针上。

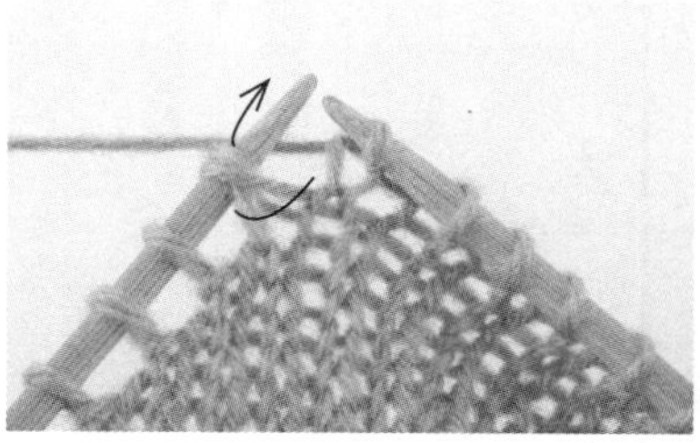

12　在2个线圈里插入右棒针，编织下针。

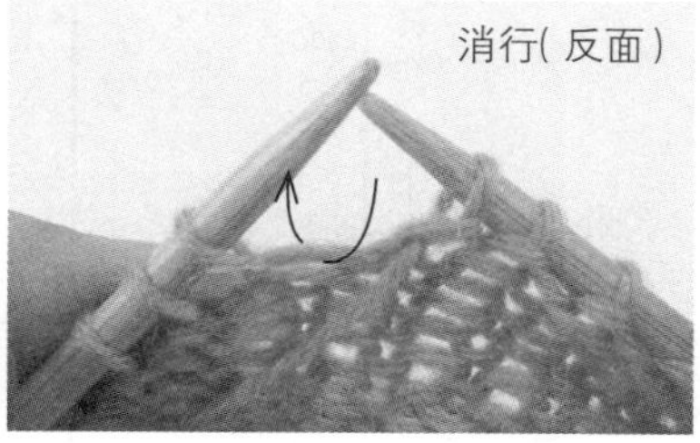

13　如箭头所示在线圈里插入棒针。

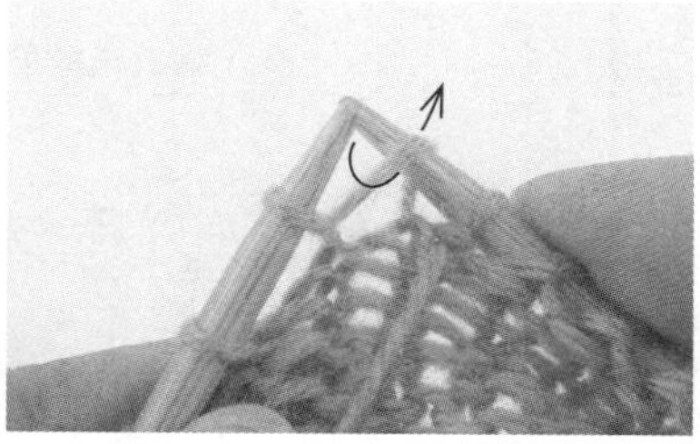

14　将该线圈挂在左棒针上。

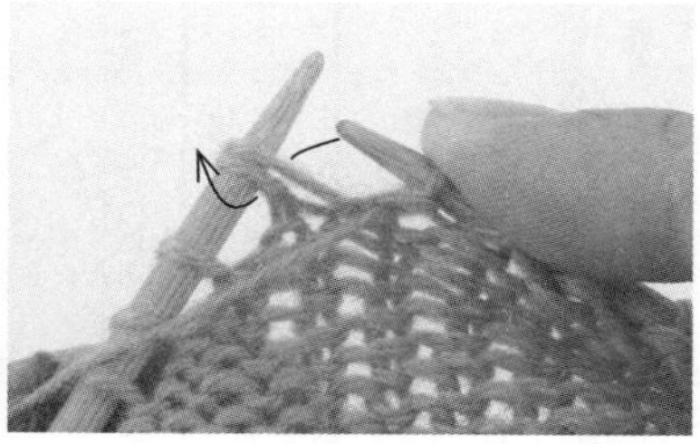

15　在2个线圈里插入右棒针，编织上针。

短针的条纹针
（环形钩织的情况）

┼

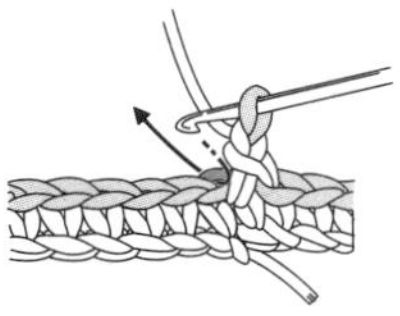

1　立织1针锁针，在前一行针目的后面半针里插入钩针，钩织短针。

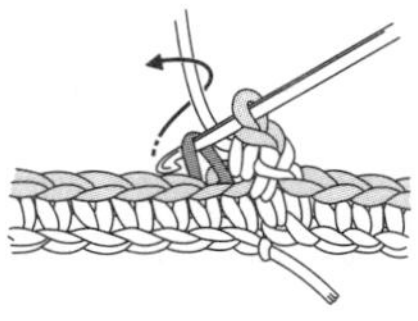

2　下一针也在后面半针里插入钩针钩织。

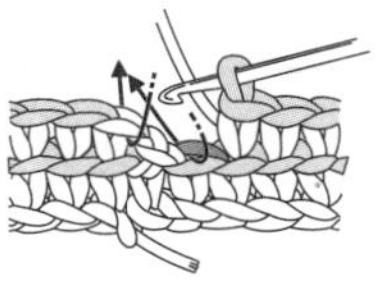

3　钩织1圈后，在最初的短针的头部2根线里引拔。

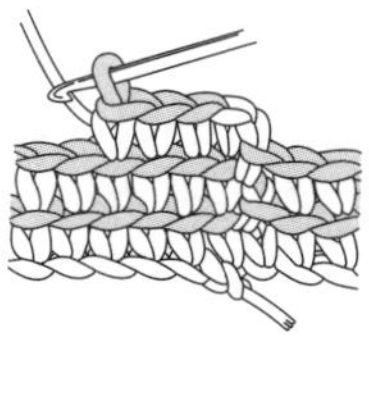

4　立织1针锁针，按相同的方法继续钩织。

┼

短针的棱针

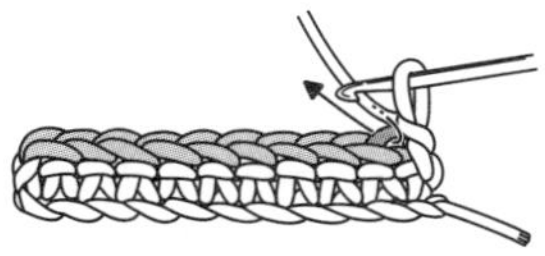

1　在前一行针目的后面半针里插入钩针，钩织短针。

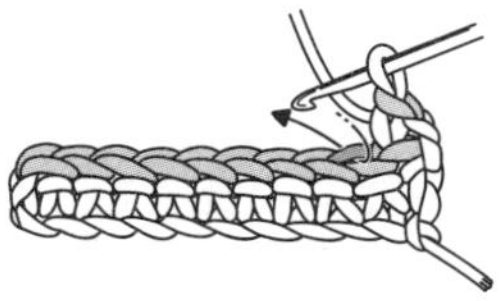

2　从下一针开始，按相同的方法继续钩织。

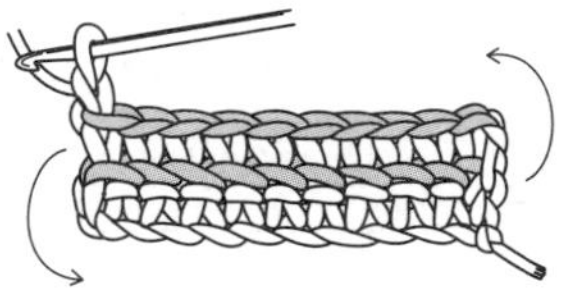

3　钩织至末端后，立织1针锁针，翻面。

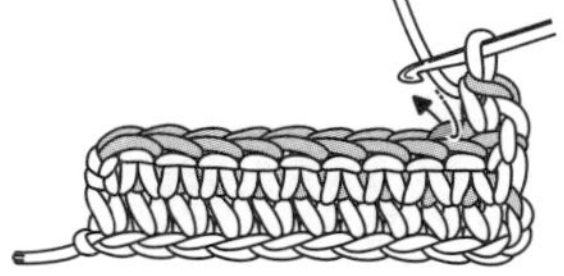

4　与前一行一样，在后面半针里插入钩针钩织短针。

材料

Jamieson's Shetland Spindrift 象牙白色（343 Ivory）275g/11团

工具

棒针9号

成品尺寸

106cm×106cm

编织密度

10cm×10cm面积内：编织花样20针，26.5行（将织物铺平展开，插上定位针，蒸汽熨烫后测量尺寸）

编织要点

●另线锁针起针后，按编织花样开始编织中心部分。接着挑取指定针数，按边缘编织A做环形编织。参照图示加针，编织结束时做休针处理。边缘编织B另线锁针起针后开始编织，一边编织，一边在正面行的编织终点与边缘编织A做2针并1针连接在一起。编织结束时与编织起点做起伏针的接合。最后按指定尺寸插上定位针后进行蒸汽熨烫。

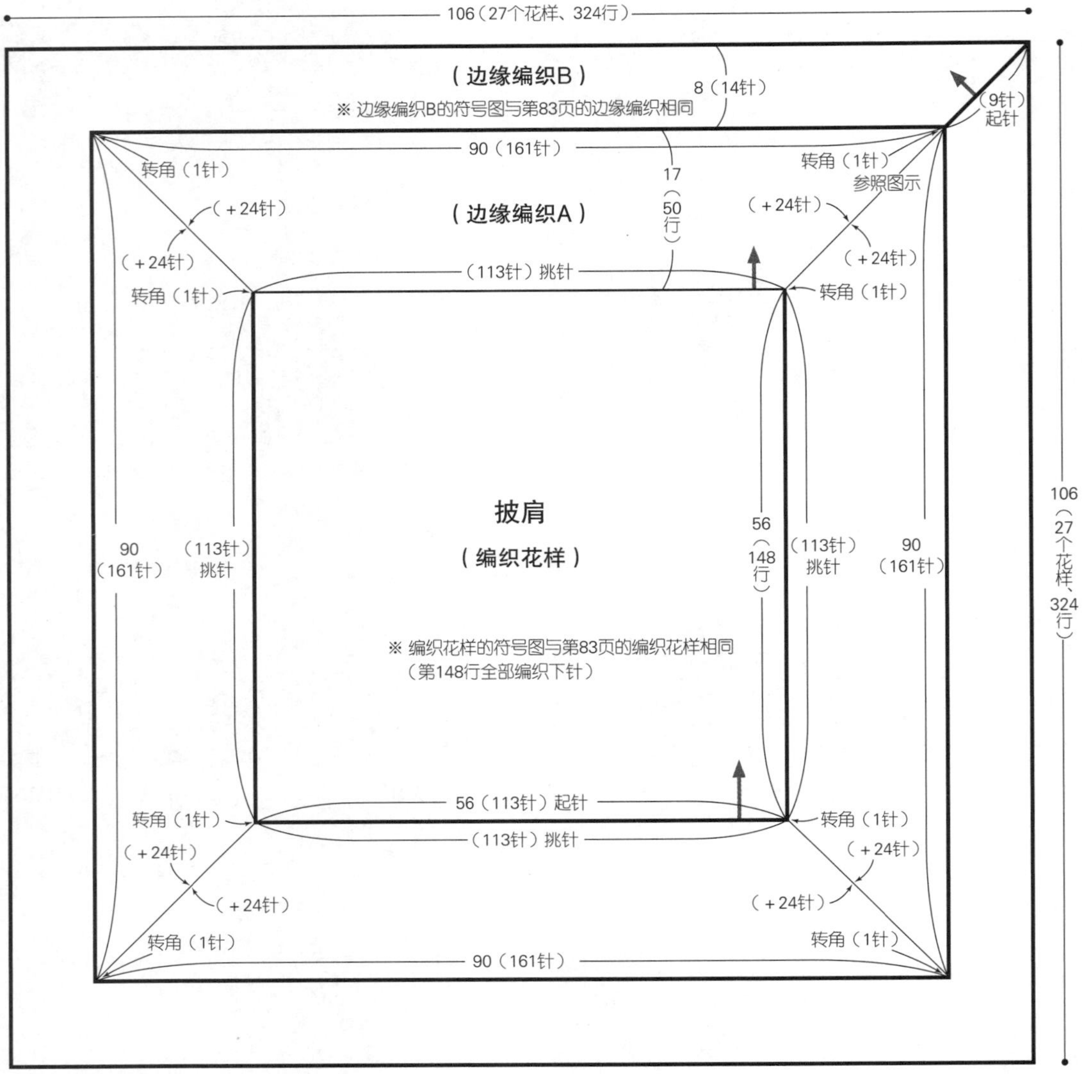

※ 全部用9号针编织
※ 边缘编织A的最后一行一共编织648针，然后做休针处理
※ 边缘编织B一边编织，一边将左端的针目与边缘编织A的休针每2行做1次2针并1针。一共编织1296行

边缘编织A

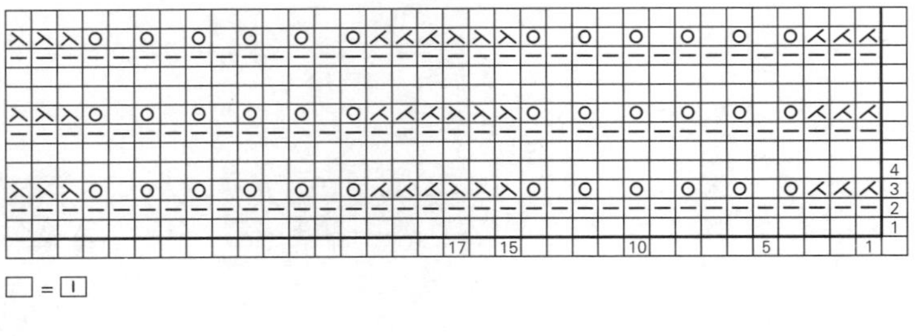

边缘编织A转角处的编织方法、
边缘编织B的连接方法

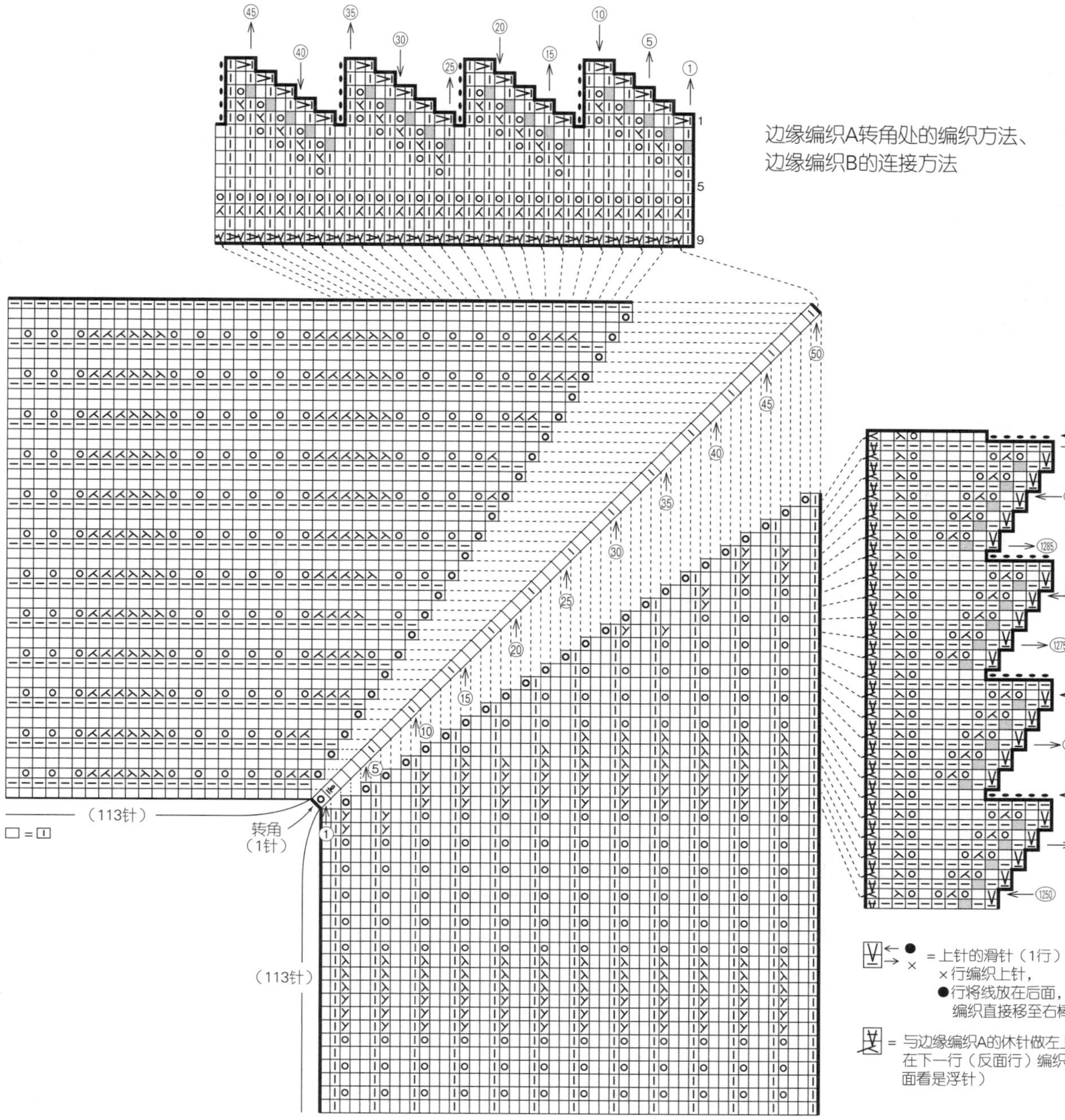

V ← ● ＝上针的滑针（1行）
→ ×
×行编织上针，
●行将线放在后面，将针目不编织直接移至右棒针上

＝与边缘编织A的休针做左上2针并1针，在下一行（反面行）编织滑针（从正面看是浮针）

短针的正拉针

（在前2行的针目里钩织的情况）

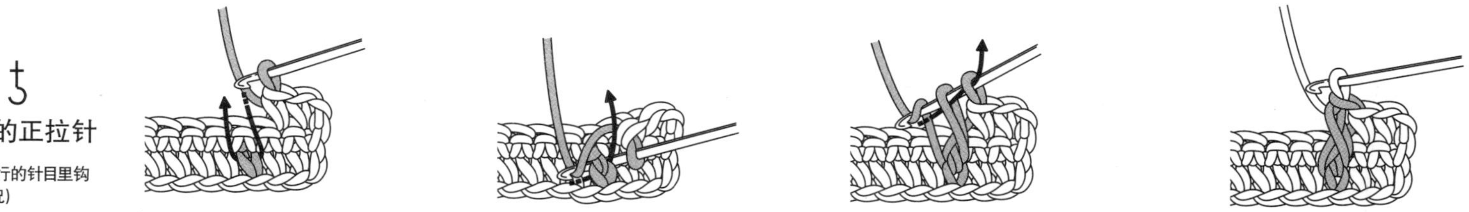

1 从前面插入钩针，挑起前2行的整个短针。

2 针头挂线，如箭头所示将线拉出得长一点。

3 针头挂线，引拔穿过针上的2个线圈。

4 短针的正拉针完成。

反短针

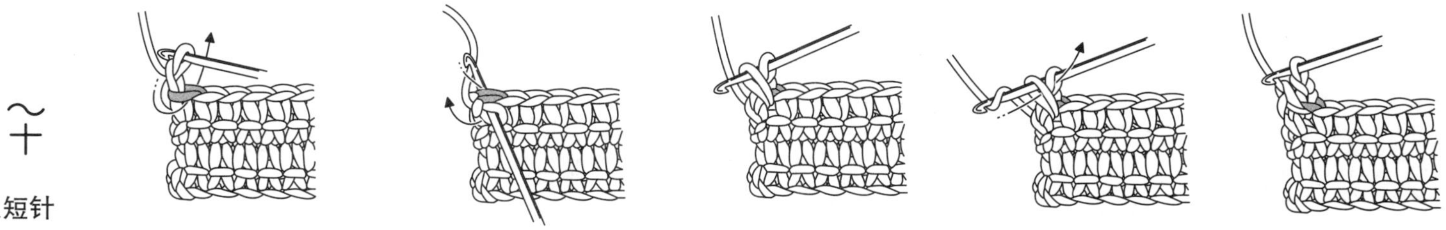

1 不要翻转织物，立织1针锁针，如箭头所示转动钩针，在前一行针目的头部2根线里插入钩针。

2 从线的上方挂线，直接将线拉出至前面。

3 将线拉出至前面的状态。

4 钩针挂线，如箭头所示一次性引拔穿过2个线圈，钩织短针。

5 反短针完成。

材料

钻石线 Masterseed Cotton 蓝色（138）485g/17团

工具

钩针3/0号、2/0号（花片C的中心环形起针时，使用7mm的棒针）

成品尺寸

胸围102cm，衣长53cm，连肩袖长60cm

编织密度

10cm×10cm面积内：棒针花样A 33.5针，17.5行；编织花样B 33.5针，17行

花片的大小请参照图示

编织要点

●身片、袖子…锁针起针后，身片按编织花样A、B、B'钩织，袖子按编织花样B钩织。加减针请参照图示。

●组合…肩部钩织引拔针和锁针接合，胁部、袖下钩织引拔针和锁针接合。下摆、袖口挑取指定数量的花样，按边缘编织A做环形钩织。领口按边缘编织B钩织。接着钩织花片，参照花片的排列图缝好。袖子与身片之间钩织引拔针和锁针接合。

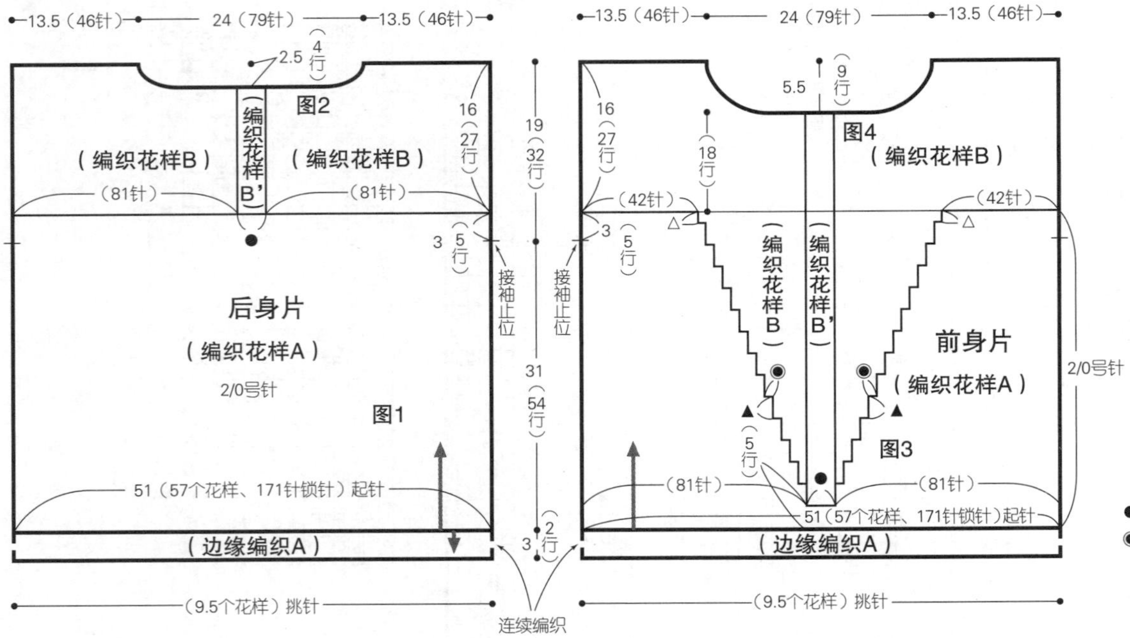

※ 除指定以外均用3/0号针钩织

※ 前身片的编织花样B呈左右对称状钩织

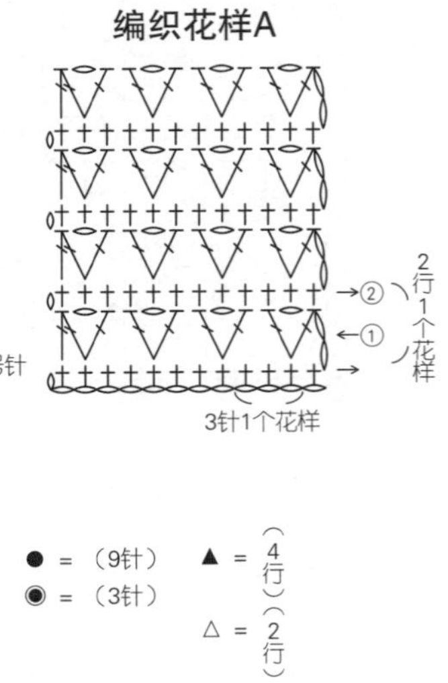

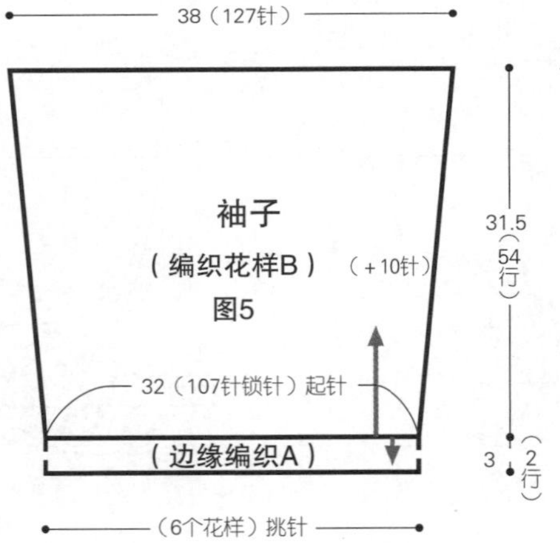

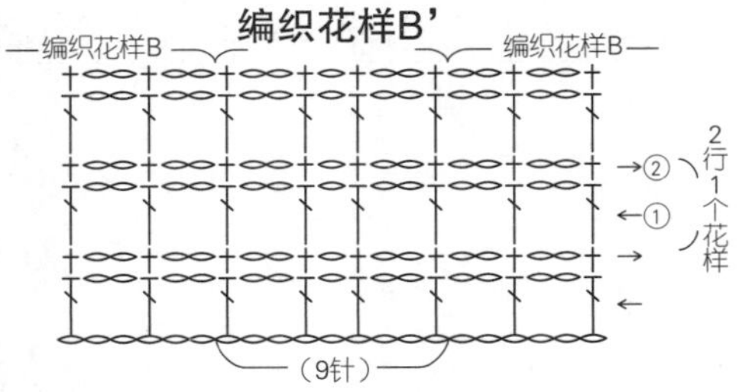

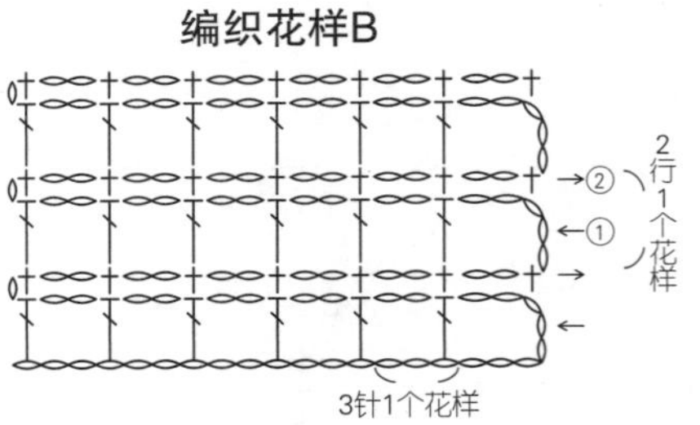

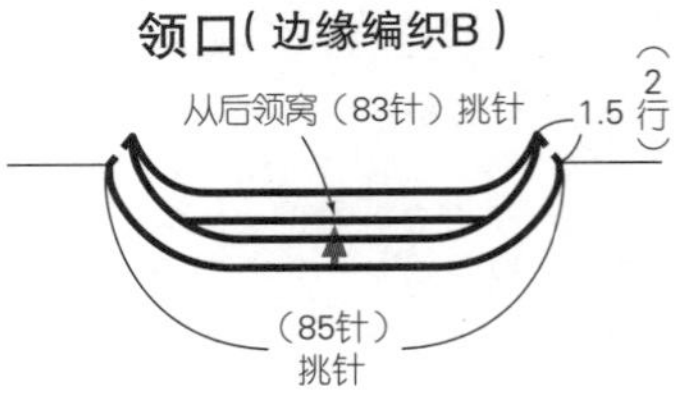

► = 剪线

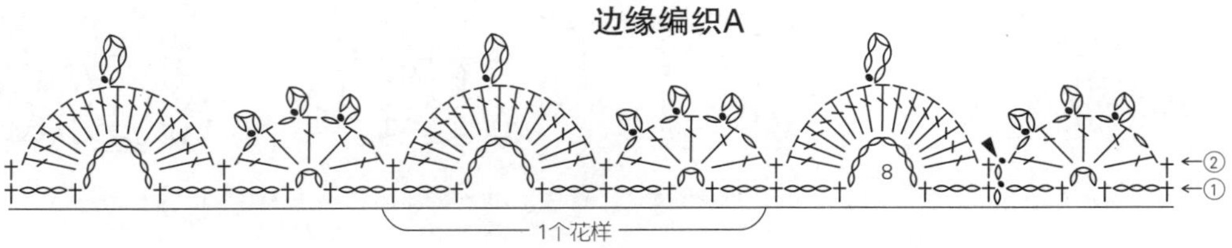

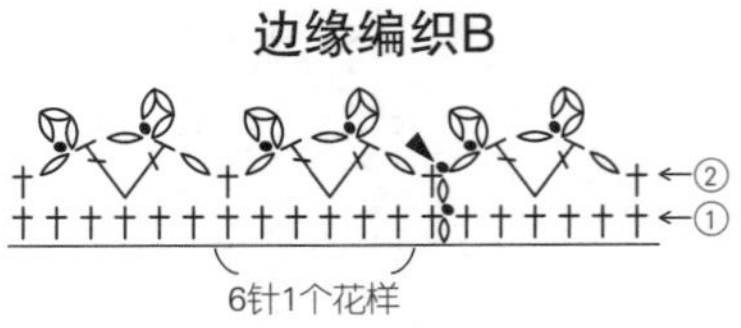

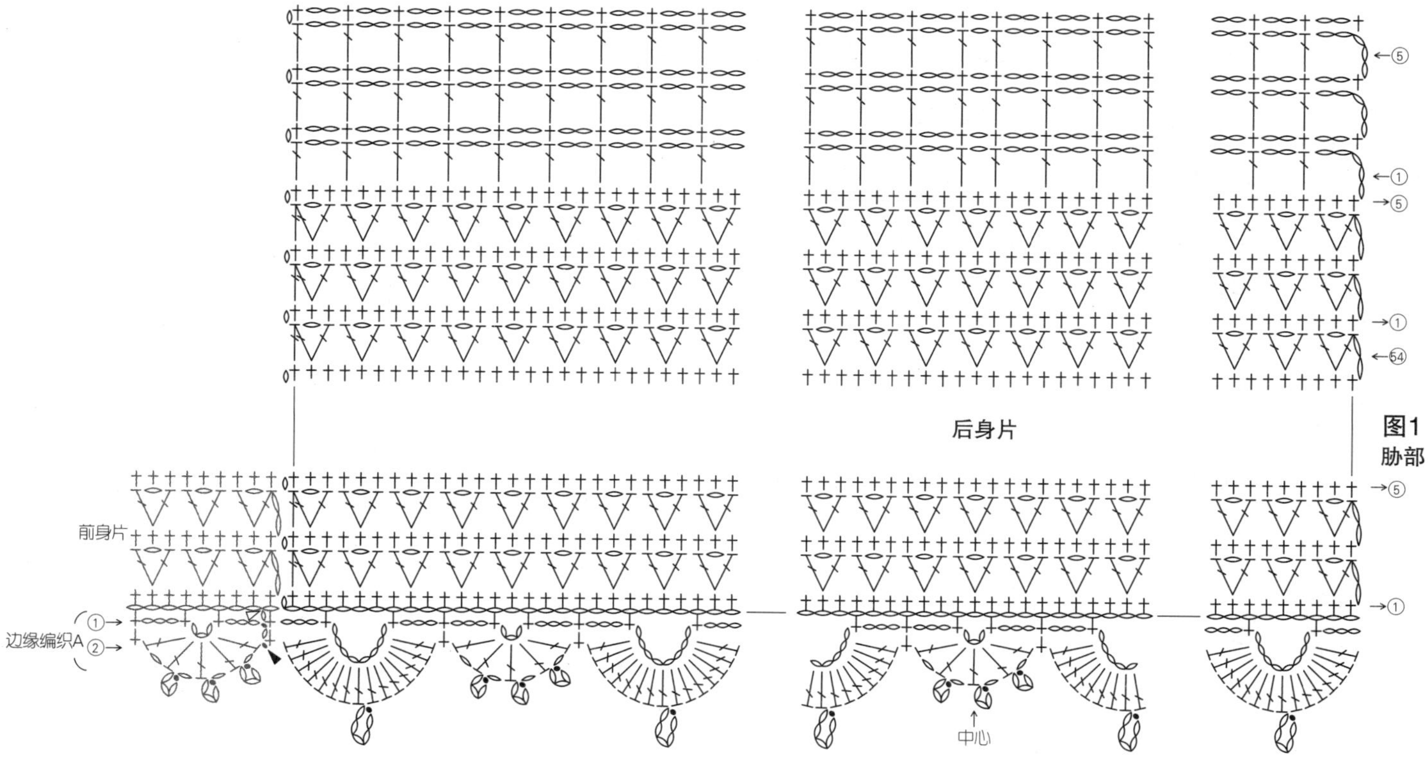

图1
胁部

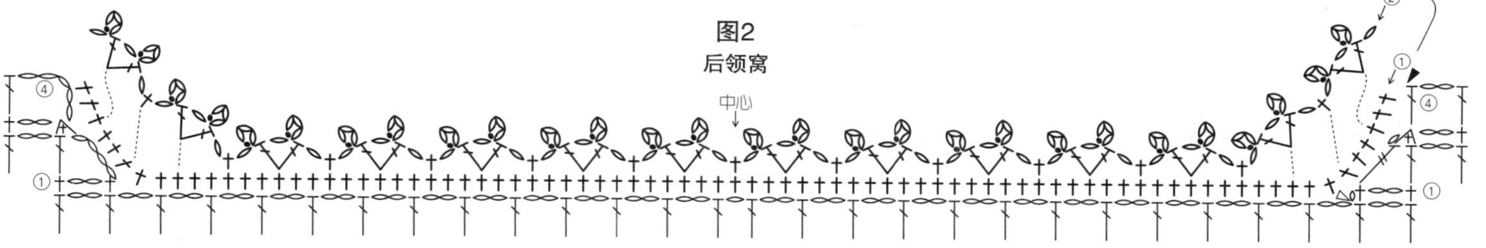

图2
后领窝

▷ = 加线
◀ = 剪线
⌒ = 渡线

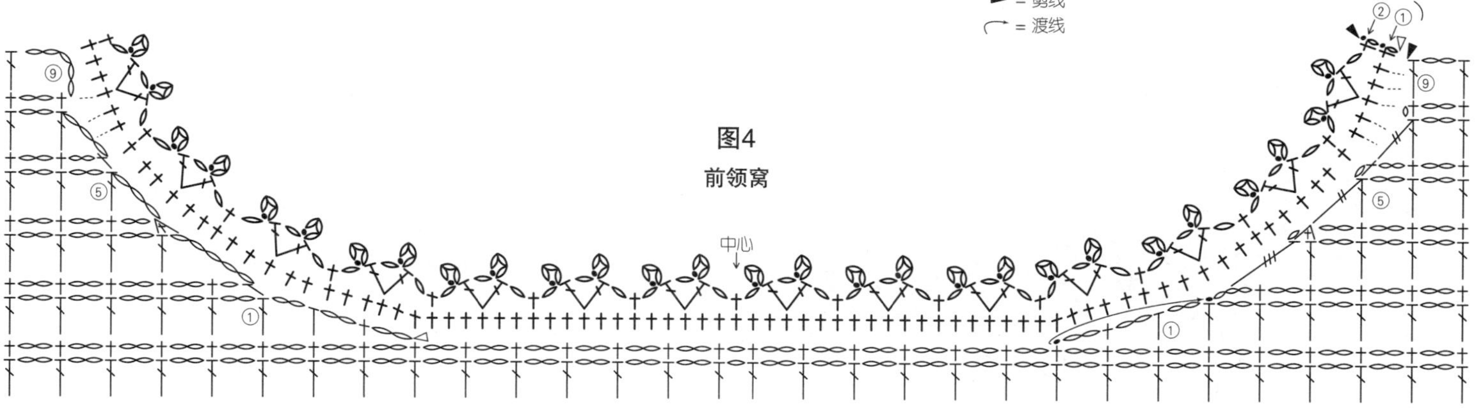

图4
前领窝

图3
前身片

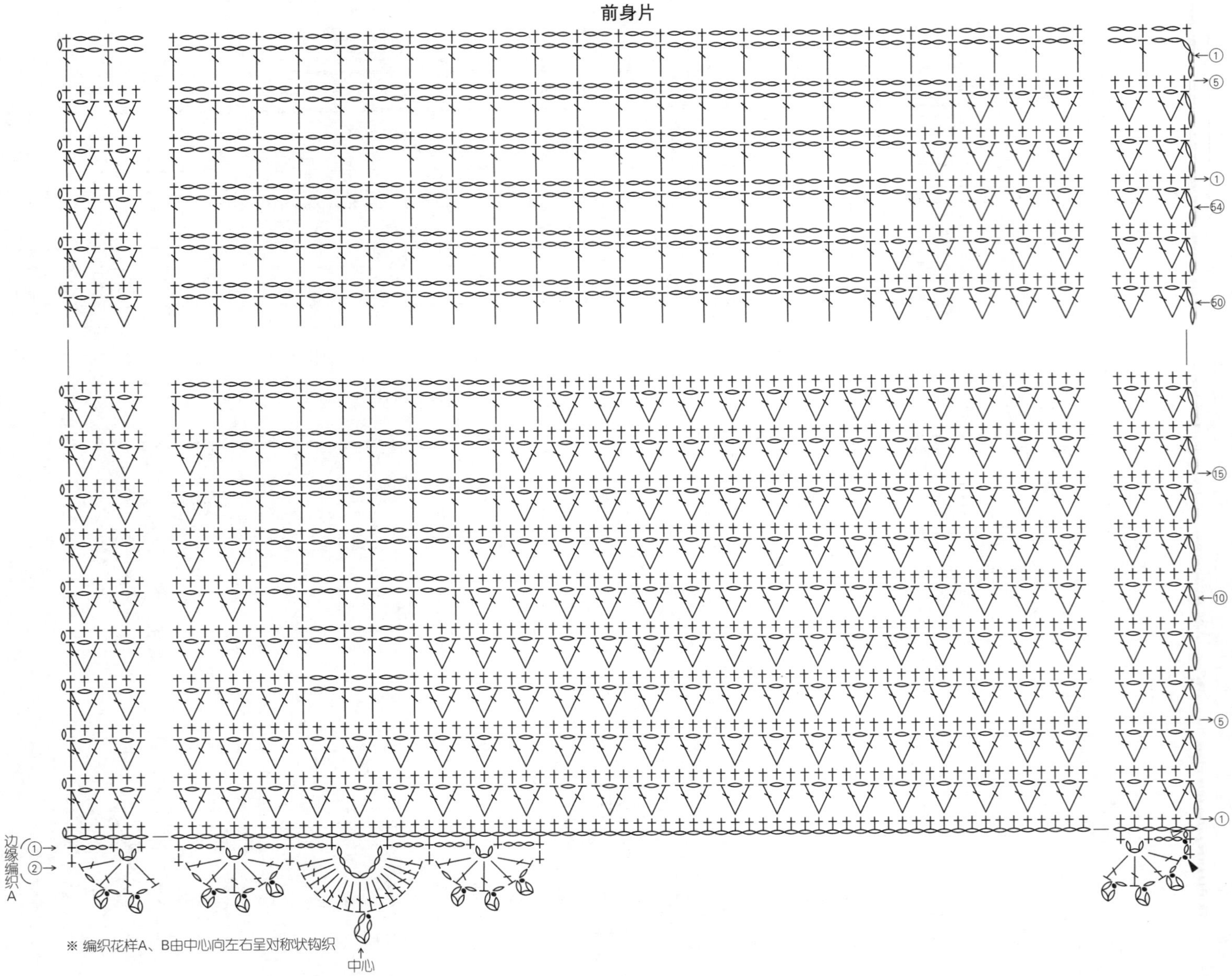

※ 编织花样A、B由中心向左右呈对称状钩织

花片C

后身片…1片
前身片…6片
袖子…2片

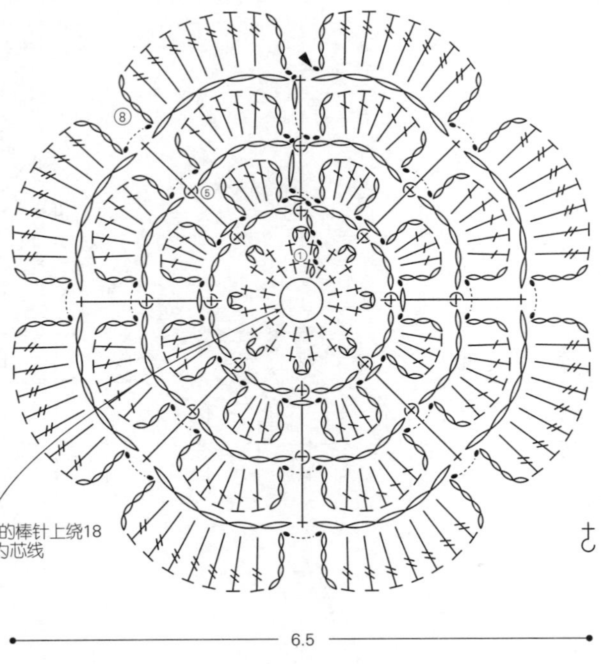

花片D

后身片…2片
前身片…8片
袖子…4片

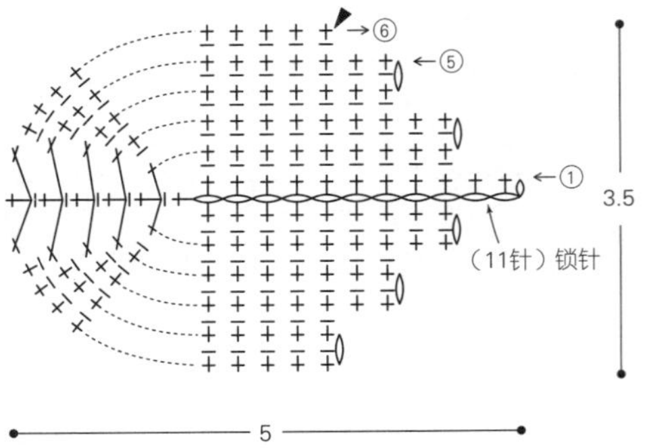

± = 短针的棱针
※钩织方法请参照第85页

▷ = 加线
► = 剪线

短针的反拉针 = 短针的反拉针
※ 从反面钩织时，按短针的正拉针钩织（钩织方法请参照第87页）

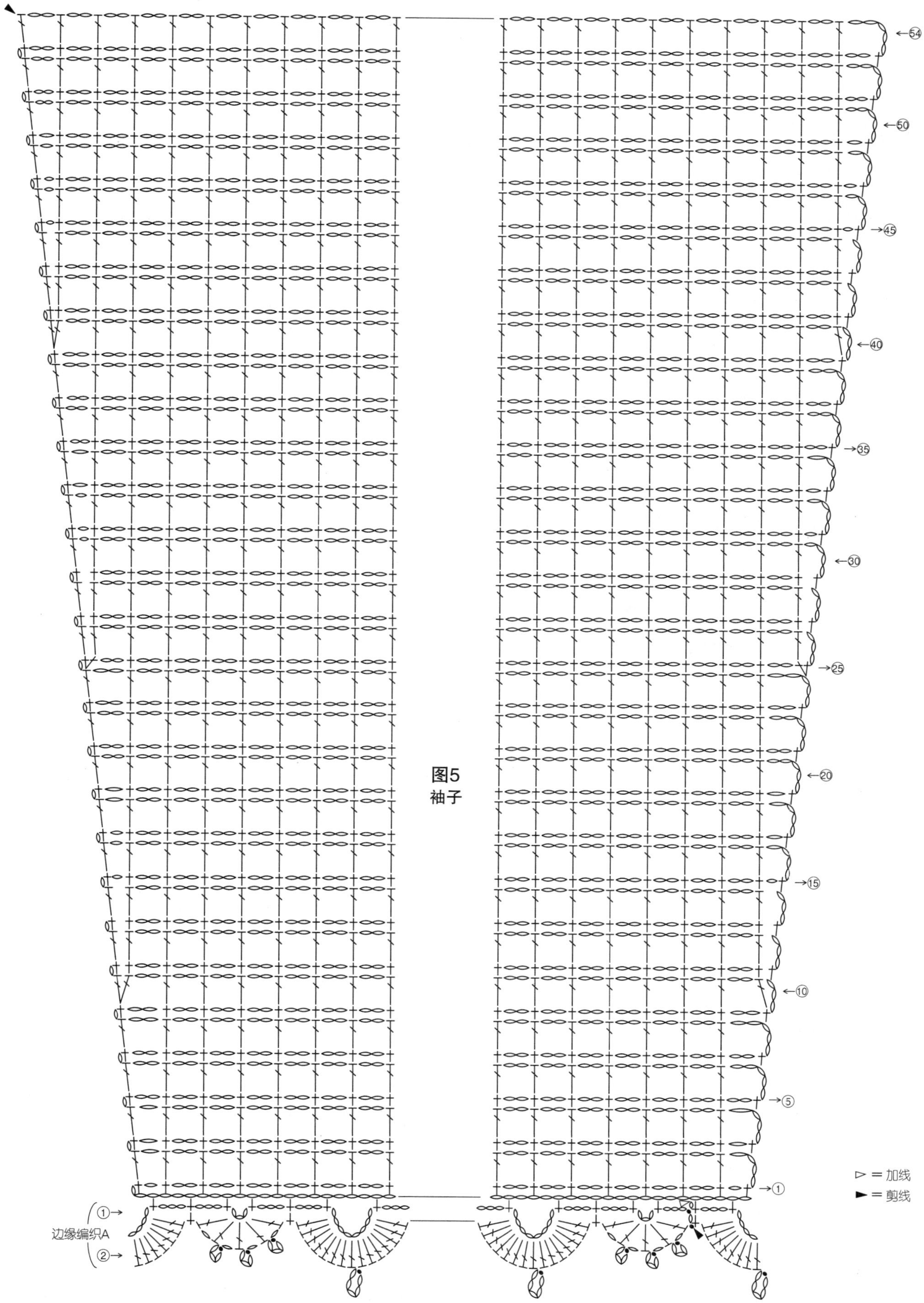

图5
袖子
①
⑤
⑩
⑮
⑳
㉕
㉚
㉟
㊵
㊺
㊿
54
边缘编织A
①→
②→
▷＝加线
►＝剪线

花片A

后身片…2片
前身片…8片
袖子…2片

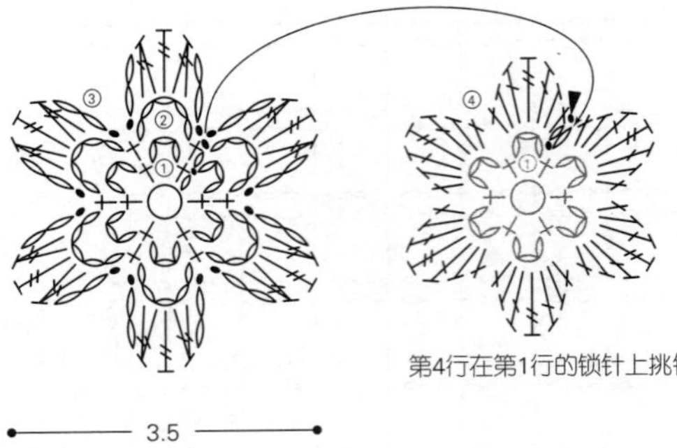

► = 剪线

第4行在第1行的锁针上挑针钩织

花片B

前身片…7片
袖子…4片

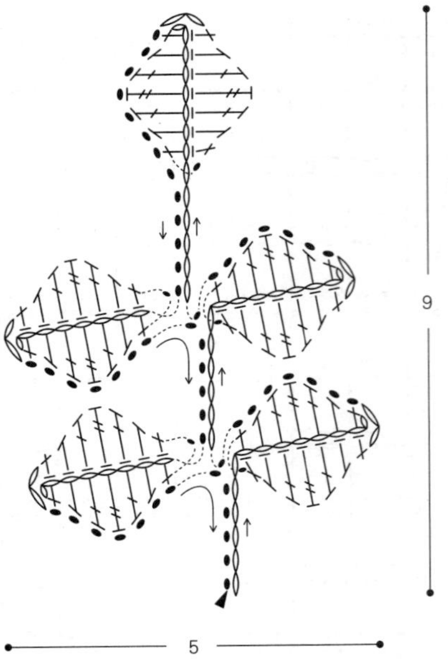

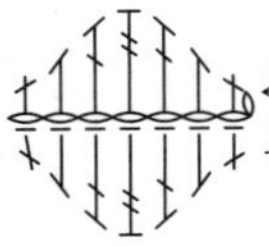

← 在锁针的里山挑针
→ 在锁针的后面半针里挑针

花片E

后身片…2片
前身片…3片
袖子…2片

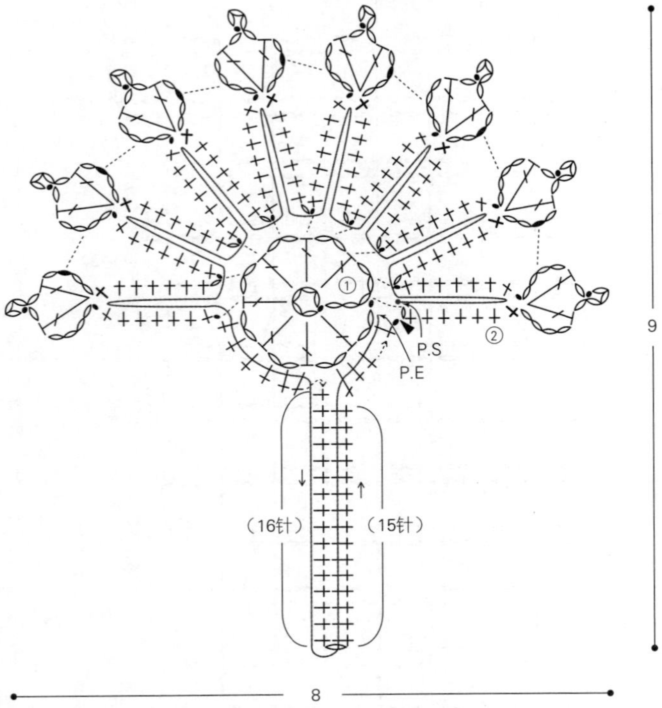

= 长针和☆处的引拔针都在短针头部的前面半针以及根部（共2根线）里挑针钩织

——— = 芯线 将170cm长的Masterseed Cotton线折成4根

P.S = 芯线的起点

P.E = 芯线的终点

※ 包裹着芯线钩织的方法请参照第97页

花片的排列图

用分股线缝上各个花片

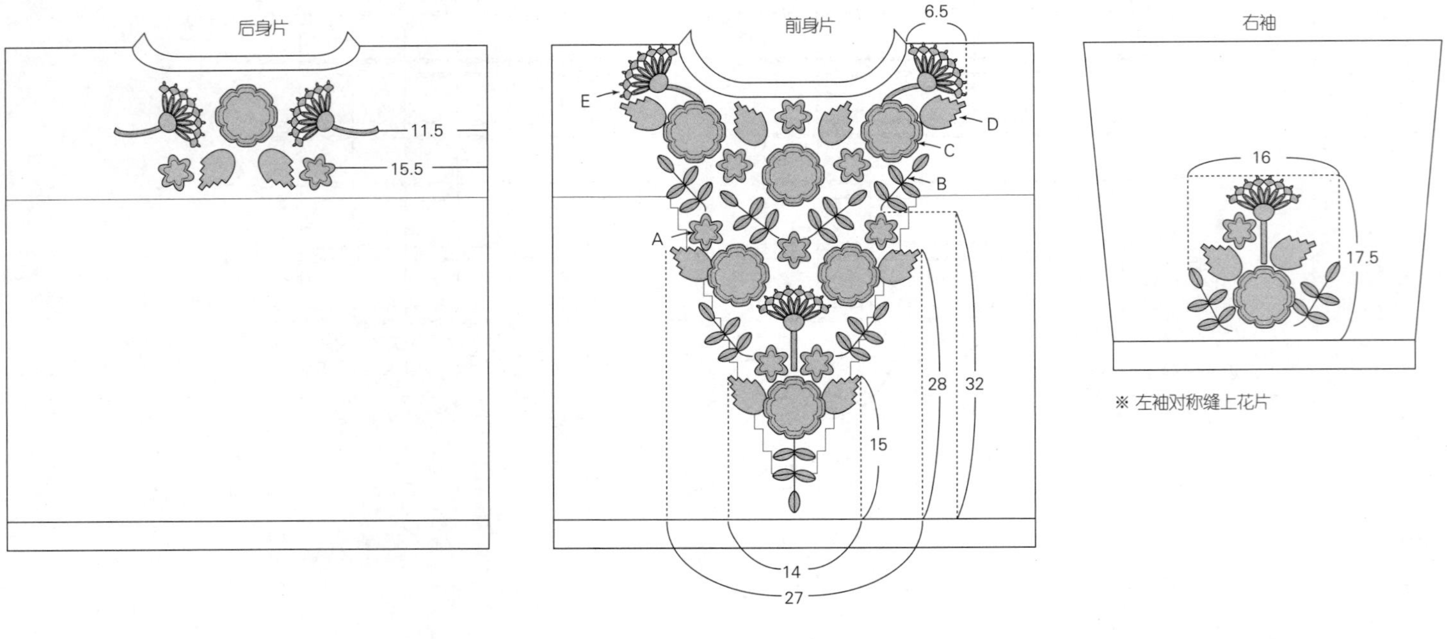

※ 左袖对称缝上花片

材料

钻石线 Diacosta Fine 原白色（1101）180g/6团

工具

钩针3/0号

成品尺寸

宽35cm，长172cm（含花片）

编织密度

10cm×10cm面积内：编织花样28.5针，9.5行

花片的大小请参照图示

编织要点

●锁针起针后，按编织花样开始钩织。接着在两侧钩织边缘。然后钩织花片，缝在指定位置。

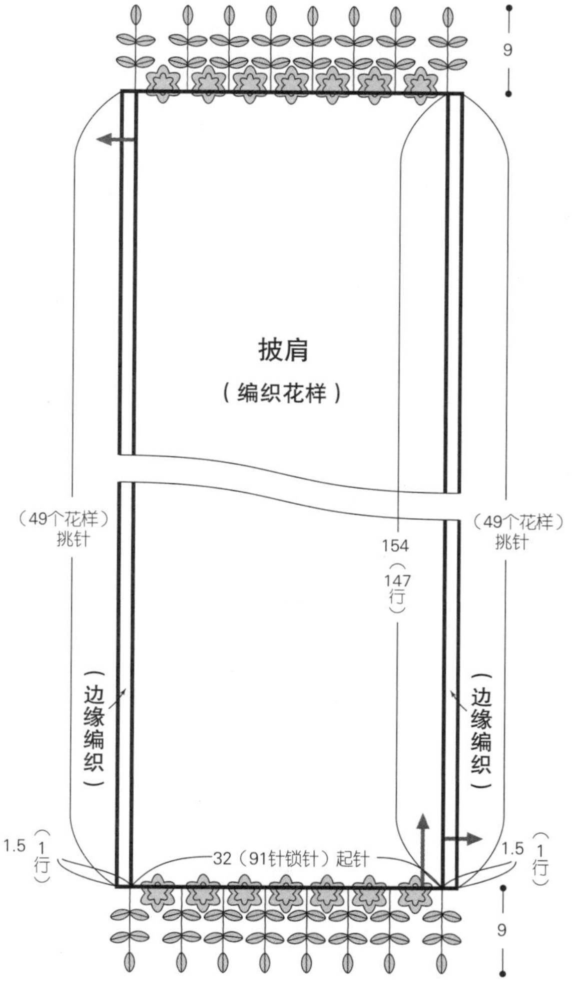

※ 全部用3/0号针钩织

花片的排列图

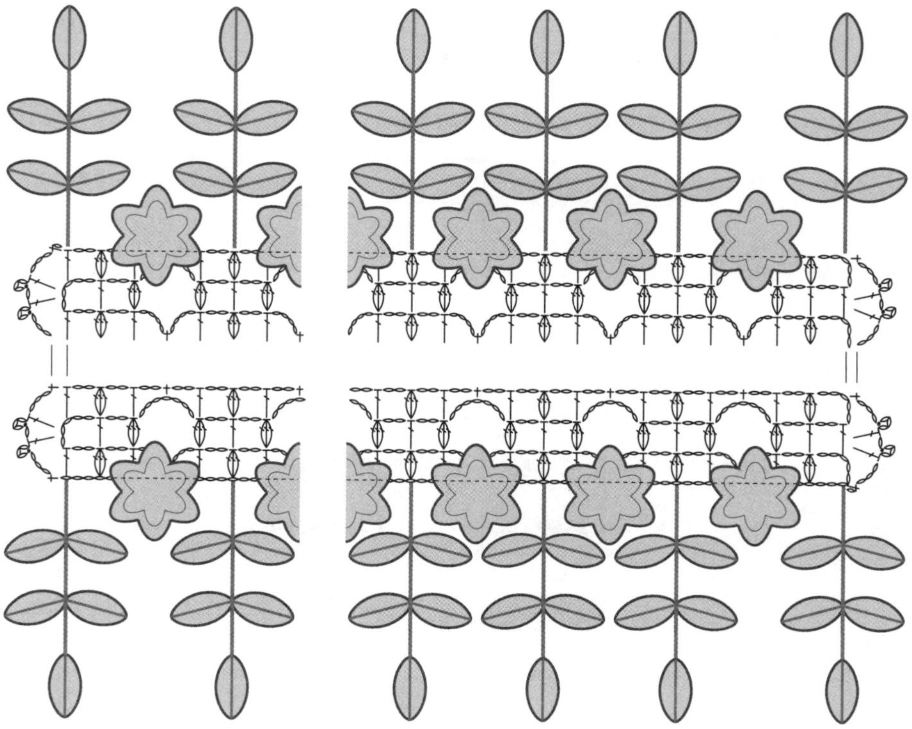

※ 在主体的两端缝上花片A、B

▷ = 加线

▶ = 剪线

边缘编织

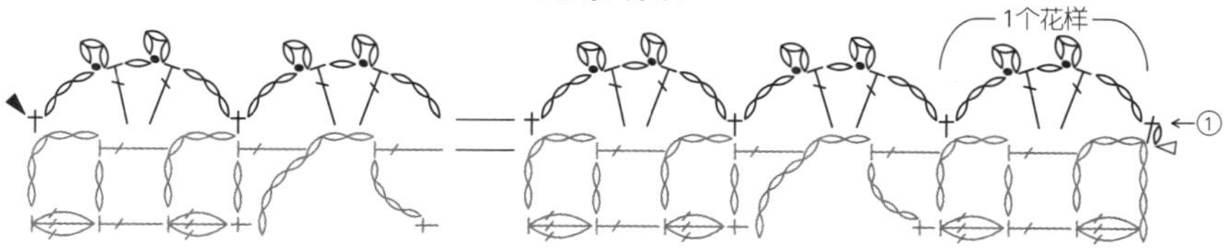

编织花样

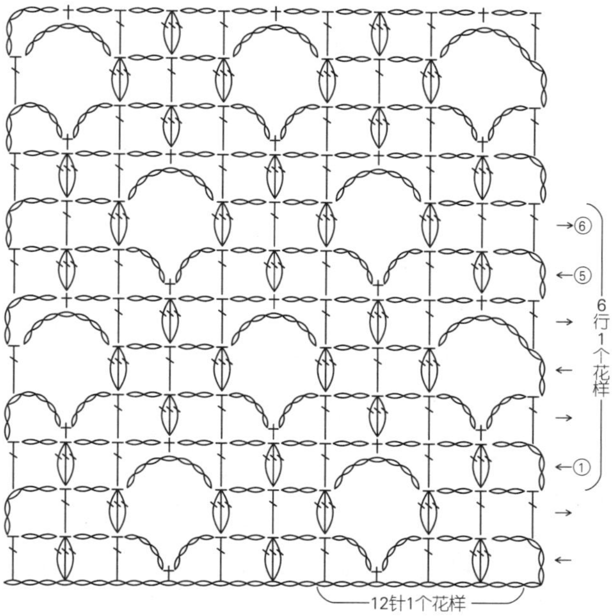

花片A 14片

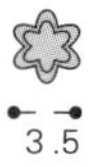

花片B 16片

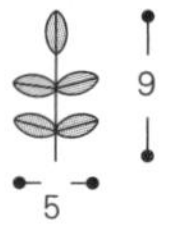

※ 花片A、B的钩织方法请参照第92页

材料

钻石线 Masterseed Cotton <Crochet> 白色(301) 50g/2团

工具

蕾丝针0号

成品尺寸

掌围16cm，长23cm

编织密度

10cm×10cm面积内：编织花样A、B均为15个网格，26行

花片的大小请参照图示

编织要点

●锁针起针后，按编织花样A、B开始环形钩织。请参照图示加针。手指从指定位置挑针后，按编织花样A钩织。钩织结束时，在最后一行针目的外侧半针里穿线收紧。从手套的编织起点一侧挑针后钩织边缘。最后钩织花片，缝在指定位置。

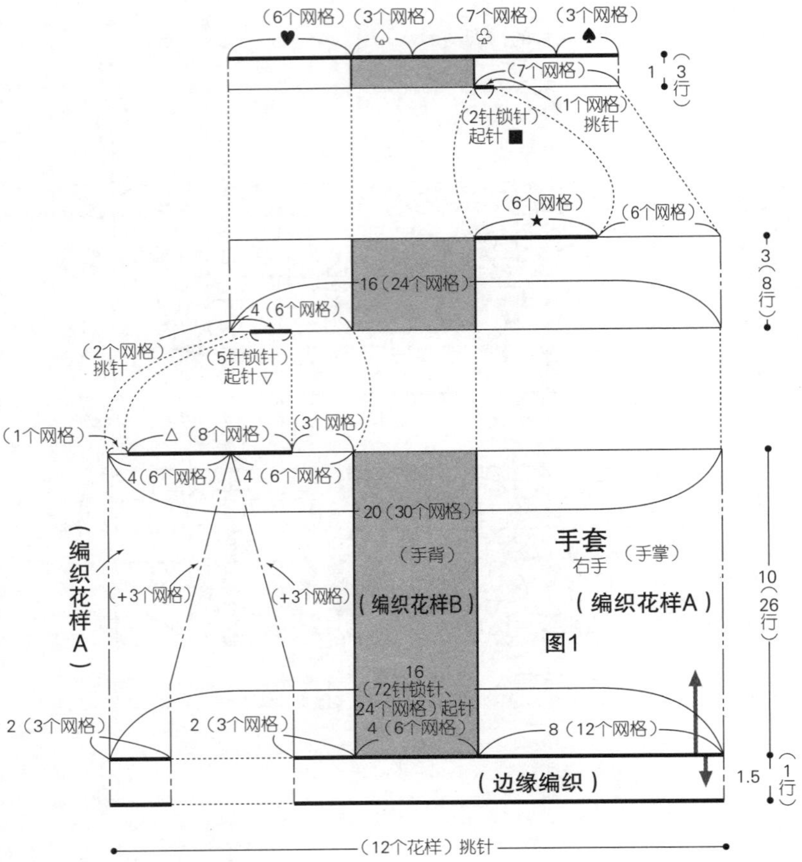

※ 全部用0号蕾丝针钩织

※ 对称钩织左手，见**图7**

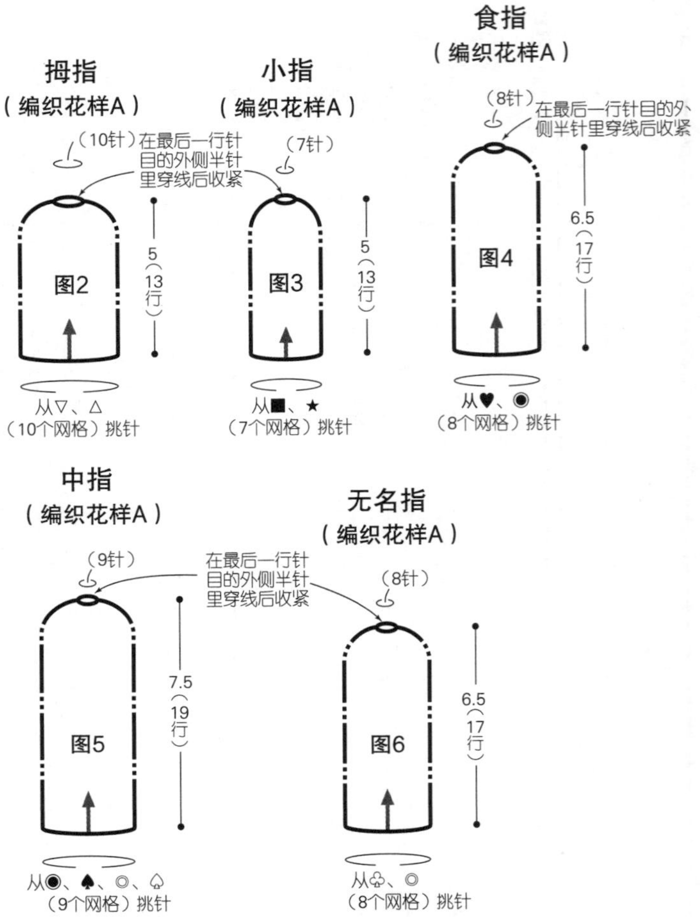

手指的挑针方法

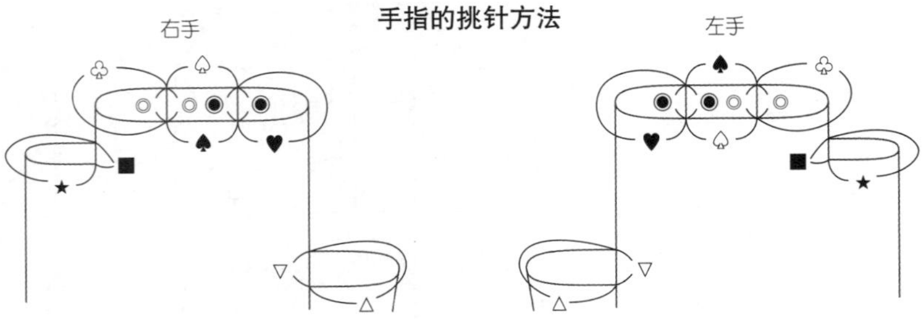

▽、◉=（5针锁针）起针、（2个网格）挑针

■、◎=（2针锁针）起针、（1个网格）挑针

♤、♠=（3个网格）挑针

△ =（8个网格）挑针

★、♥=（6个网格）挑针

♧ =（7个网格）挑针

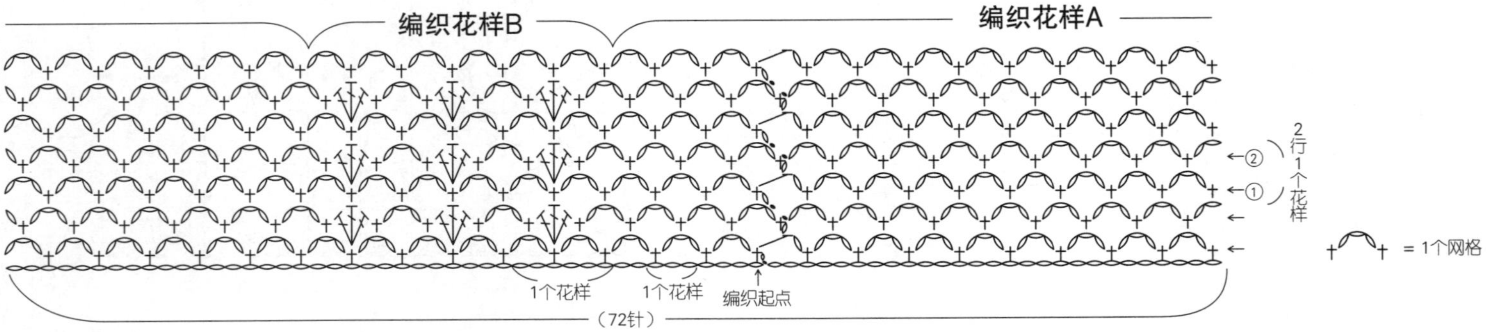

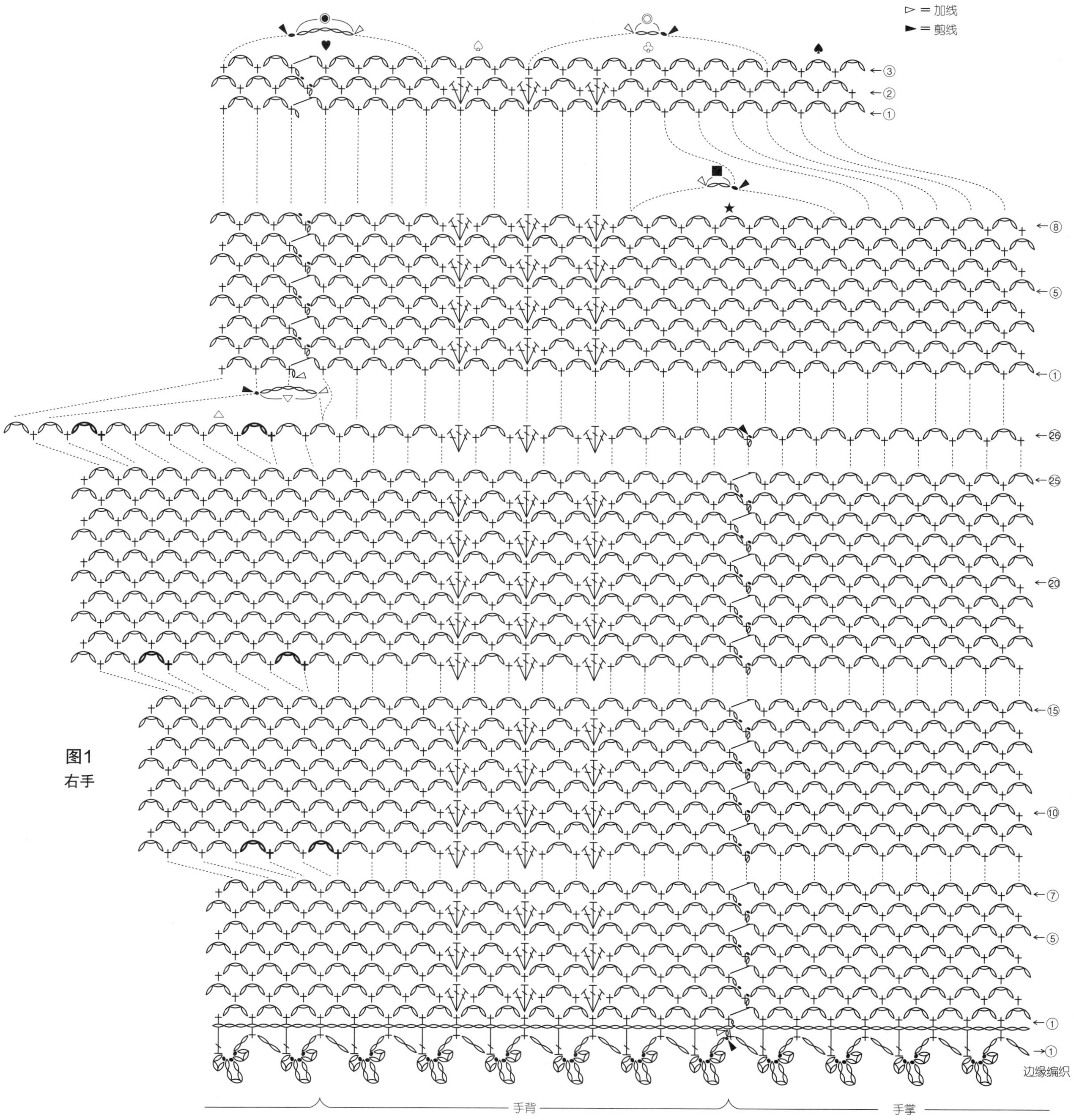
▷ = 加线
► = 剪线
←③
←②
←①
←⑧
←⑤
←①
←㉖
←㉕
←⑳
←⑮
←⑩
←⑦
←⑤
←①
→①
边缘编织
手背
手掌
图1
右手

右手手指 ※ 左手手指也按相同要领钩织

▷ = 加线
► = 剪线

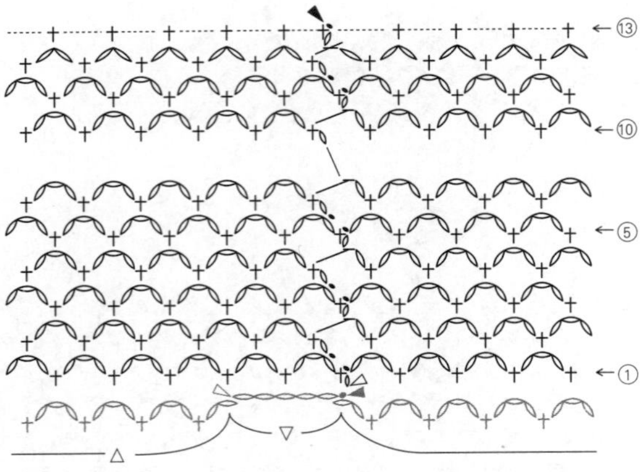

图2
拇指

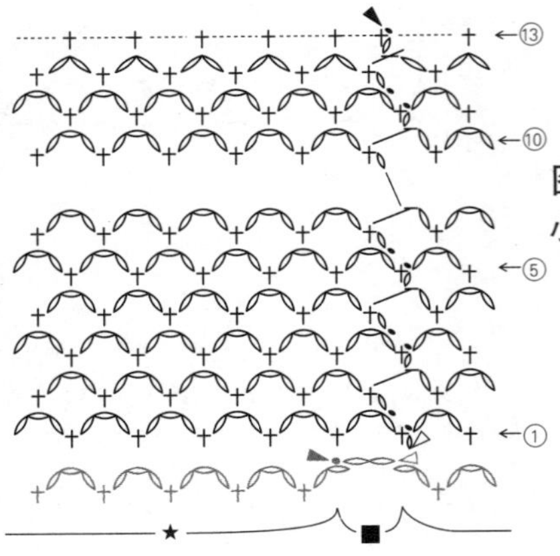

图3
小指

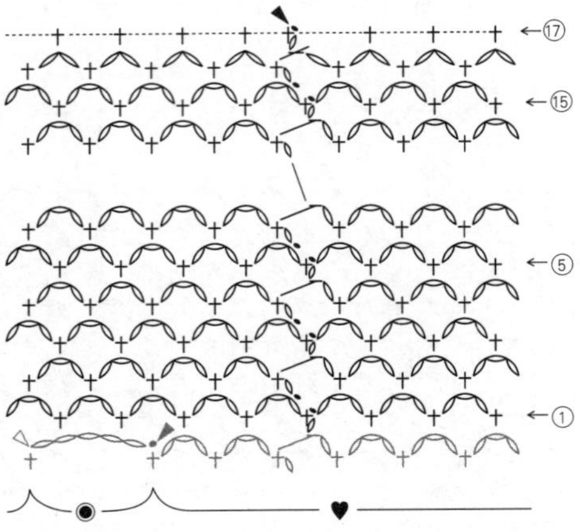

图4
食指

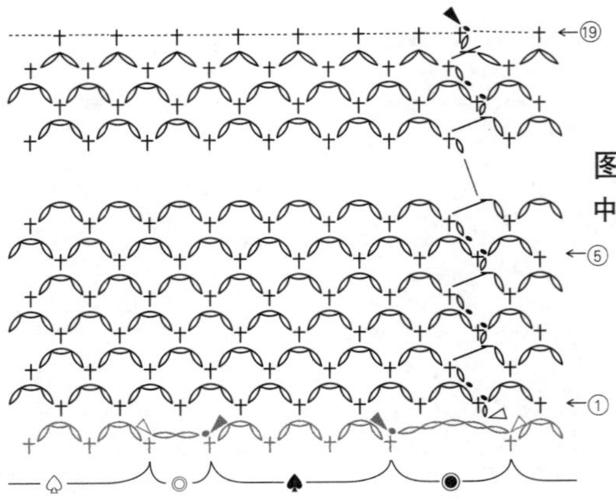

图5
中指

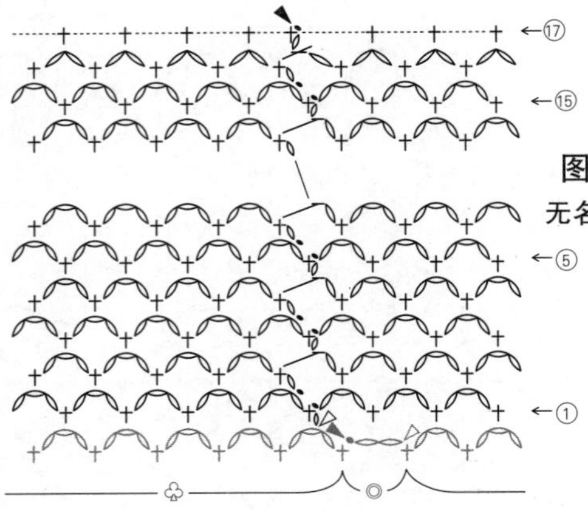

图6
无名指

花片A 2片

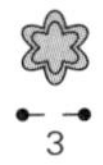

花片B 4片

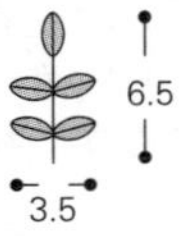

※ 花片A、B的钩织方法请参照第92页

组合方法

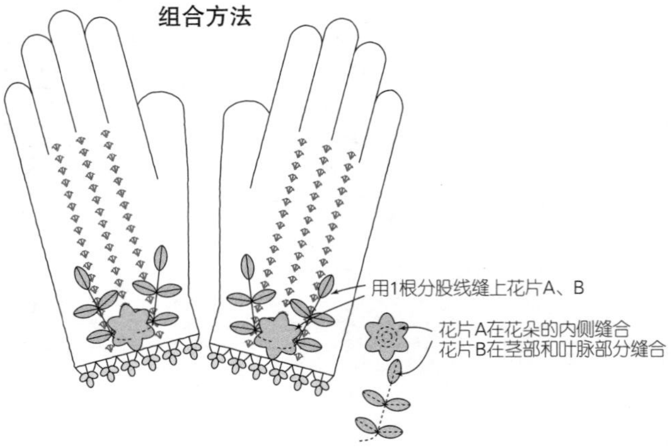

边缘编织

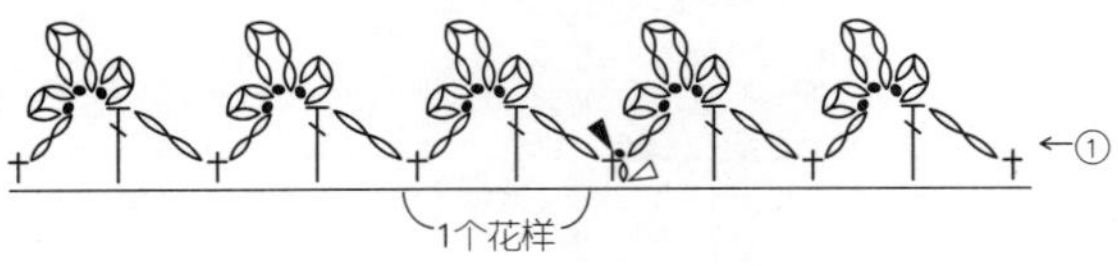

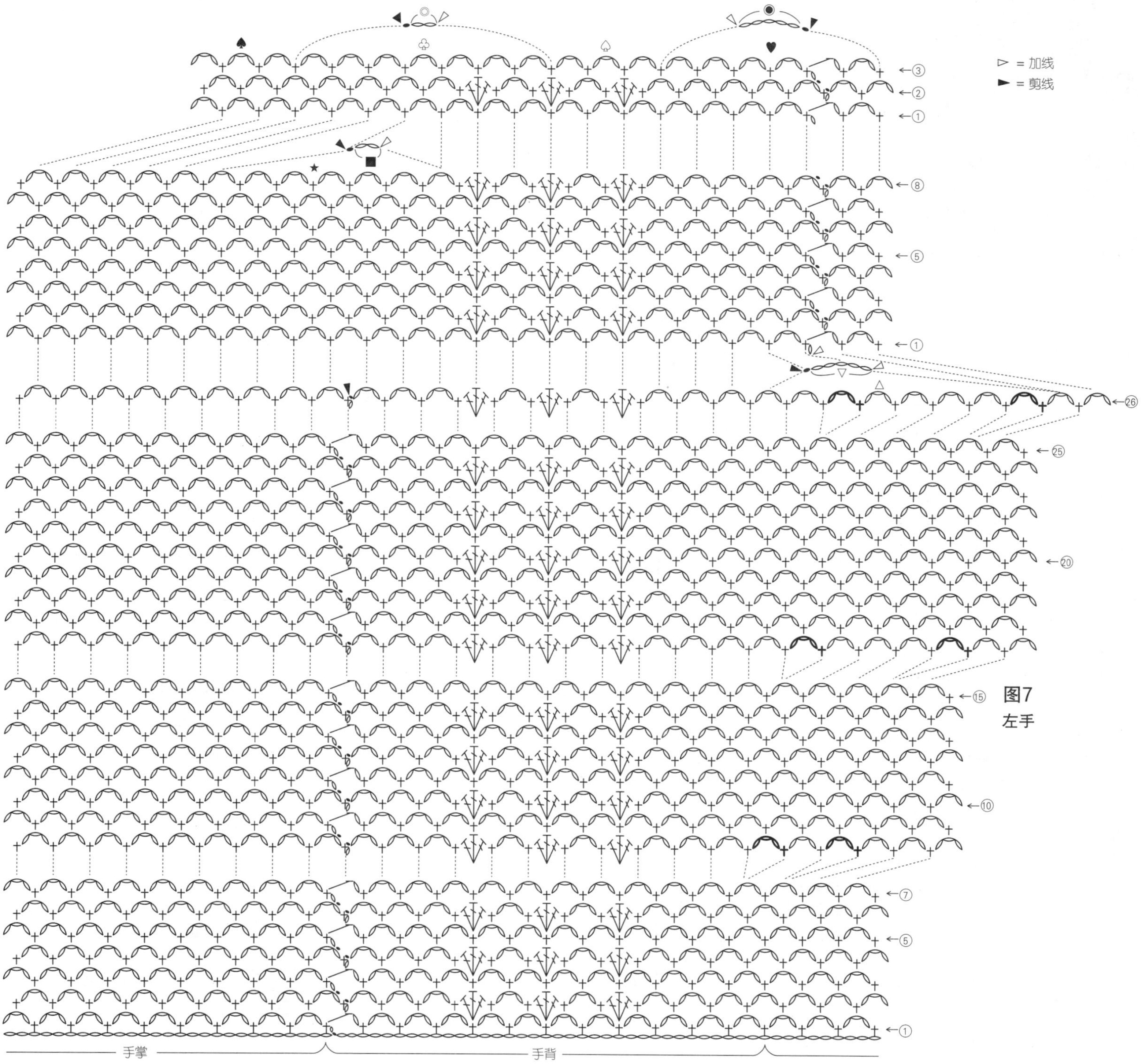

图7
左手

包裹着芯线钩织短针

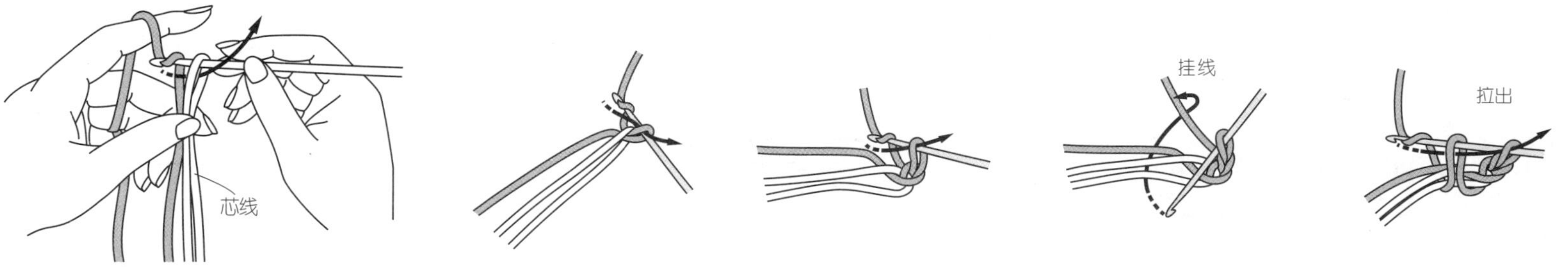

1 将芯线对折，从对折处拉出编织线。（第88页的作品中芯线折成4根。）

2 再次挂上编织线引拔。

3 接着立织1针锁针。

4 从下方挂线，包住芯线。

5 钩织短针。

材料

钻石线 Diacielo 灰色（111）190g/7 团

工具

棒针 4 号，钩针 5/0 号

成品尺寸

胸围 92cm，衣长 55.5cm，连肩袖长 37.5cm

编织密度

花片的边长为 12cm

10cm×10cm 面积内：编织花样 22.5 针，44 行

编织要点

●身片、袖子…花片孔斯特起针后开始编织，参照图示加针。编织结束时做休针处理。编织指定数量的花片后，将花片之间做下针无缝缝合。接着从花片上挑针，按编织花样编织。编织花样的减针请参照图示。编织结束时做休针处理。

●组合…胁部、袖下做盖针接合。下摆、袖口挑取指定针数后环形编织边缘，结束时一边编织上针一边做伏针收针。领窝位置花片的针目做引拔收针。领口挑取指定针数后环形编织边缘，结束时与下摆一样收针。

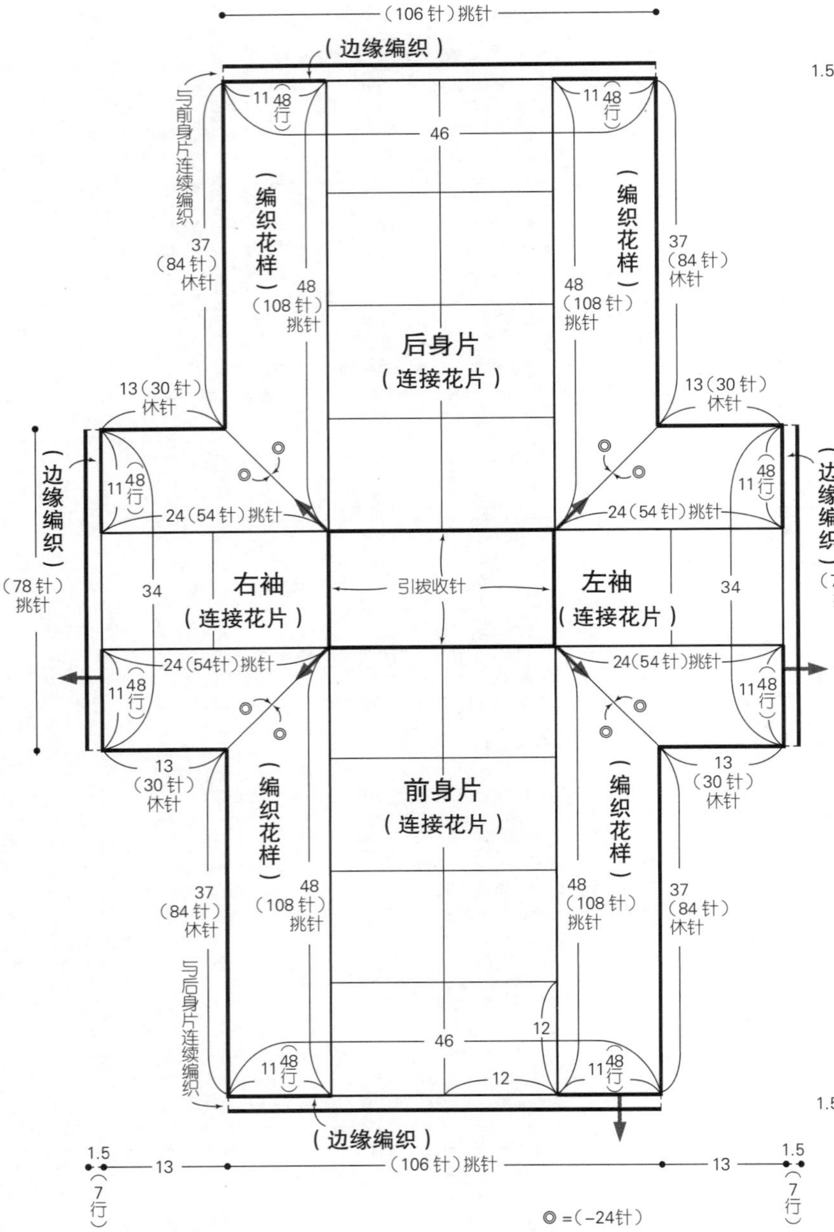

※除指定以外均用 4 号针编织

花片 20 片

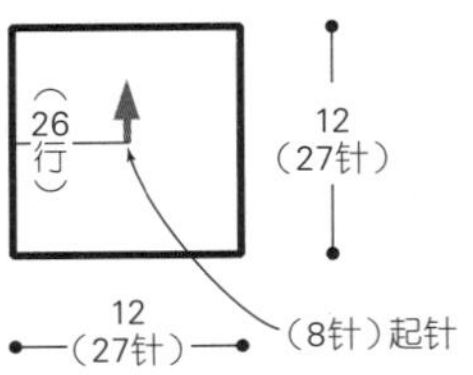

花片的编织方法

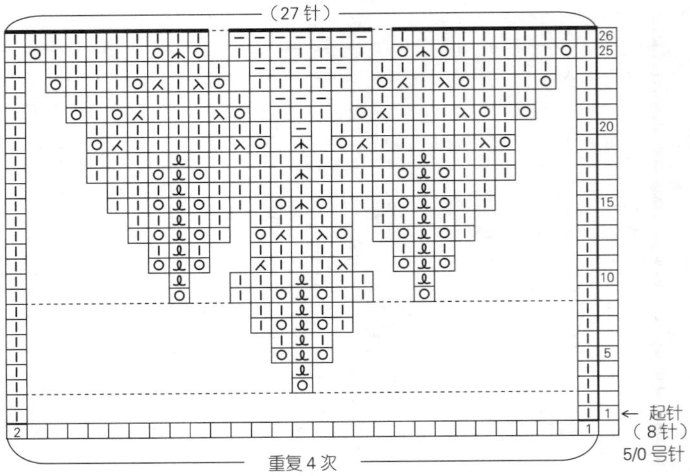

编织花样

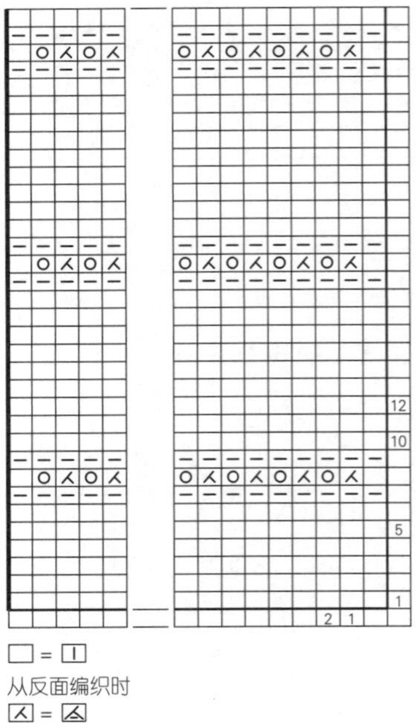

领口（边缘编织）

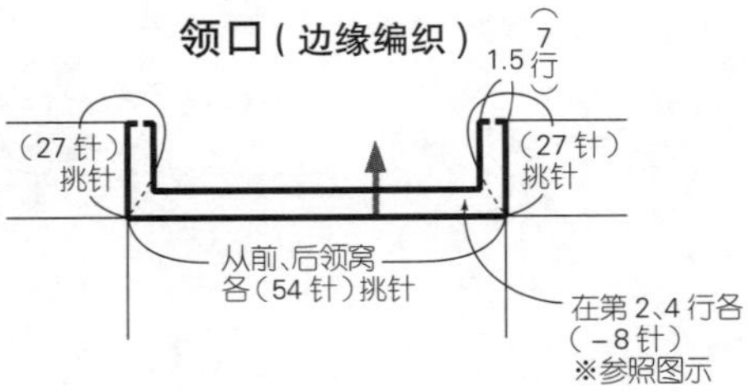

边缘编织

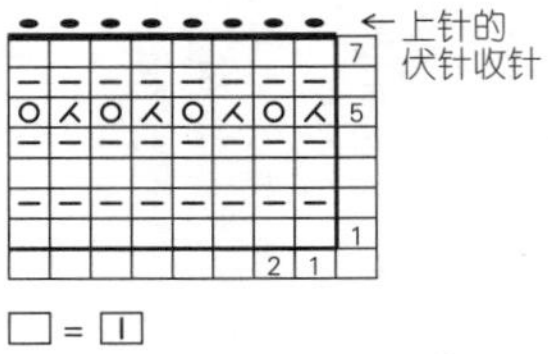

领口的减针

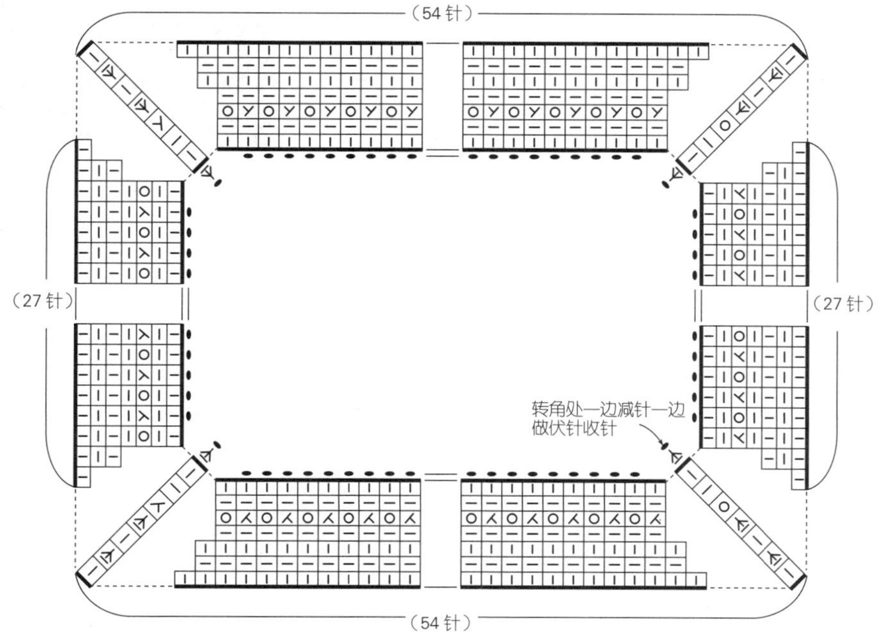

编织花样的减针

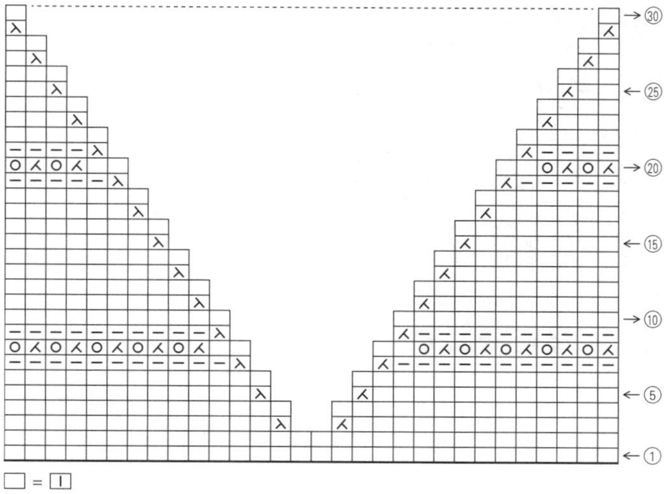

孔斯特起针

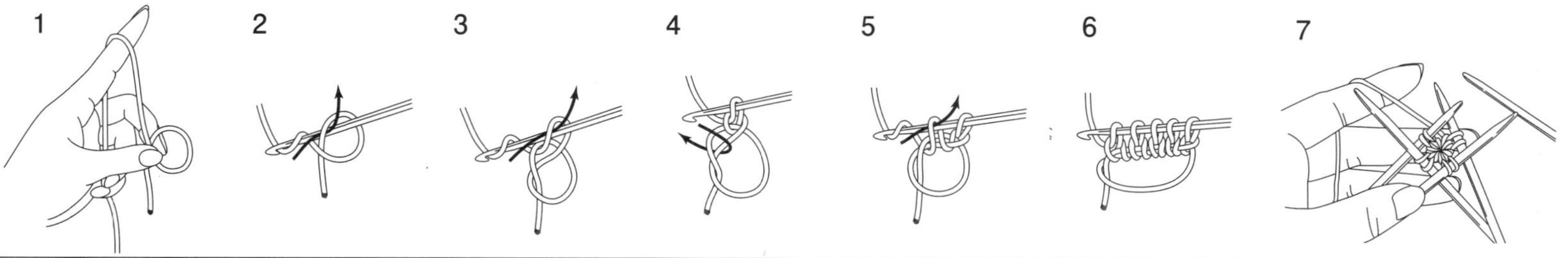

七宝针

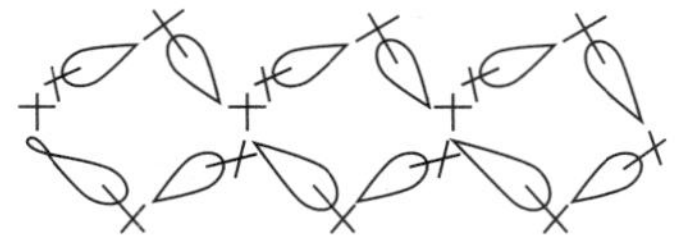

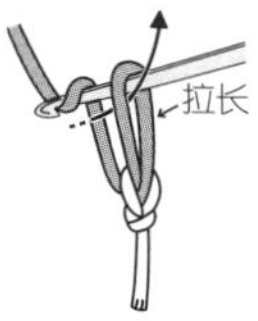

1 钩1针锁针。将针上的线圈拉长后，在针头挂线引拔。

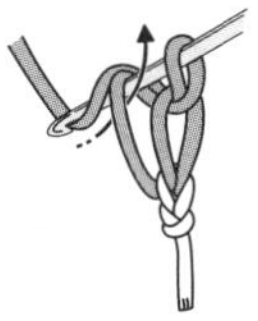

2 在拉长的锁针的里山插入钩针，挂线后拉出。

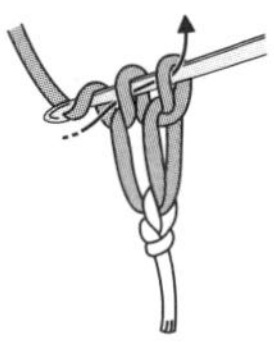

3 再次挂线，引拔穿过2个线圈，钩织短针。这就是1针七宝针。

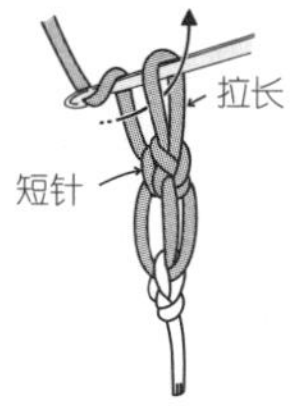

4 将针上的线圈拉长后，在针头挂线引拔。重复步骤2、3继续钩织。

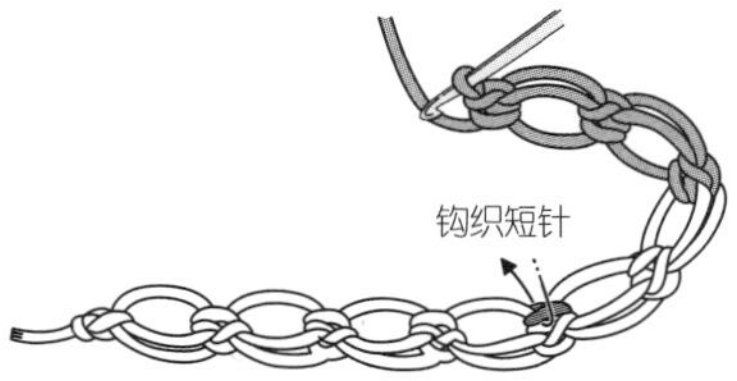

5 第1行结束后接着钩织2针七宝针，如箭头所示在第1行短针的根部2根线里插入钩针。

6 挂线后拉出。

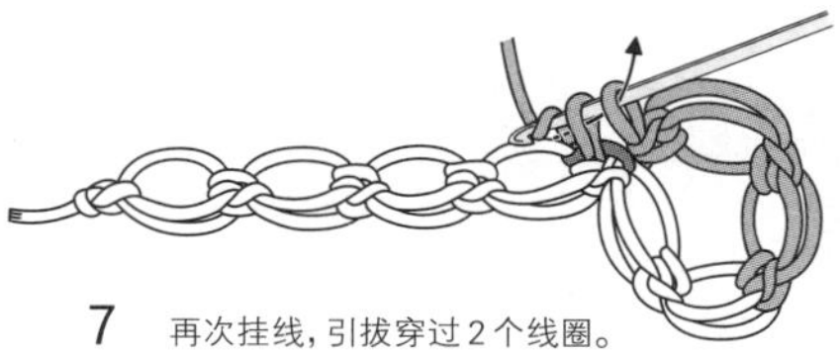

7 再次挂线，引拔穿过2个线圈。

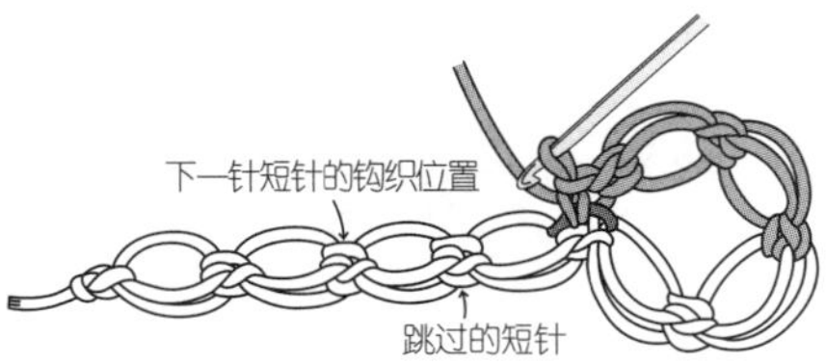

8 短针钩织完成。

9 接着重复"钩织2针七宝针，在前一行的短针里钩织短针"。

10 第2行钩织结束后的状态。

材料

钻石线 Diacosta Fine 浅蓝色(1103) 75g/3团，原白色(1101) 70g/2团，米色(1102)、浅茶色(1104)、紫色(1105)、粉红色(1106)各20g/各1团

工具

钩针4/0号

成品尺寸

胸围96cm，衣长53cm，连肩袖长53cm

编织密度

花片的大小请参照图示

编织要点

●按连接花片钩织。从第2片花片开始，一边钩织一边在最后一行与相邻花片做连接。领口挑取指定数量的花样，环形钩织边缘。

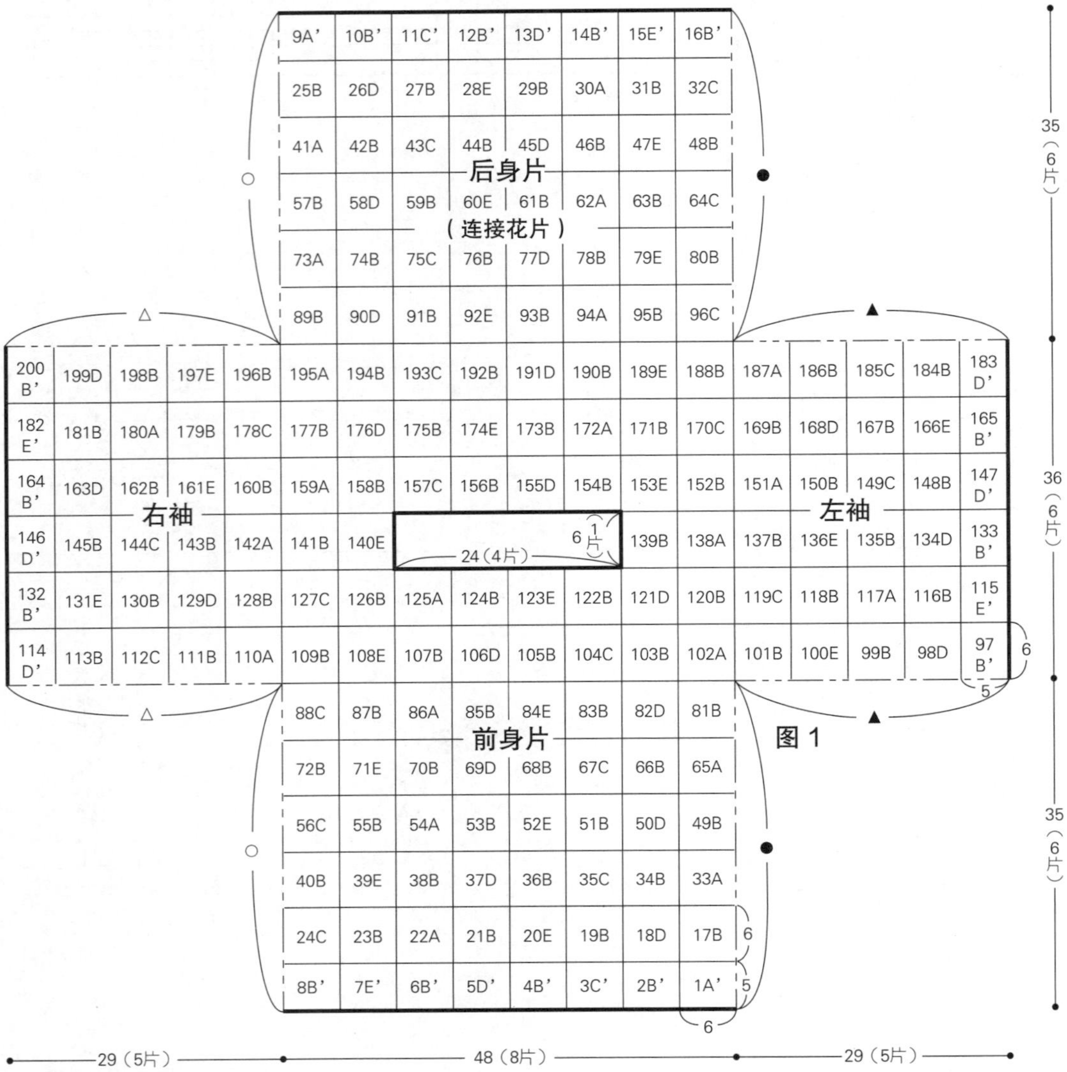

图 1

※ 全部用4/0号针钩织
※ 花片内的数字表示钩织的顺序
※ 对齐相同标记处做连接

花片的配色与片数

	第1、2行	第3行	片数
A	米色	原白色	22片
A'			2片
B	浅蓝色		86片
B'			14片
C	浅茶色		21片
C'			2片
D	紫色		21片
D'			6片
E	粉红色		22片
E'			4片

领口（边缘编织） 原白色

图 2

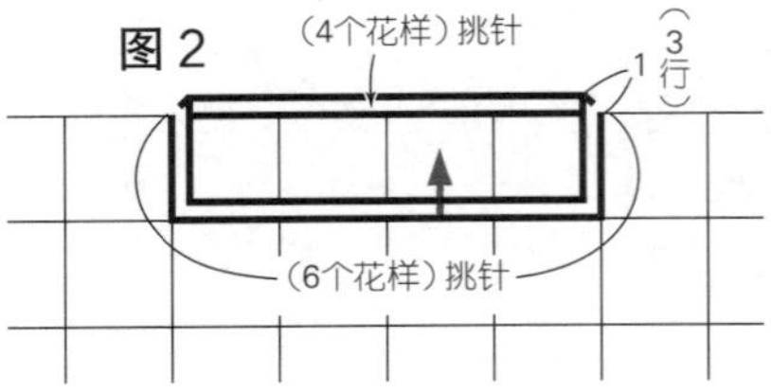

花片A、B、C、D、E

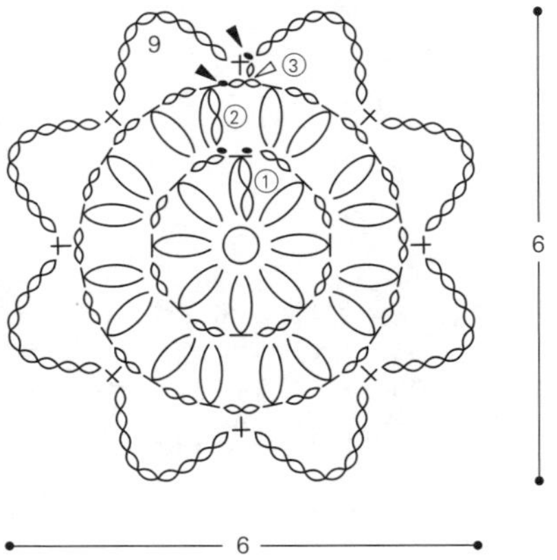

花片A'、B'、C'、D'、E'

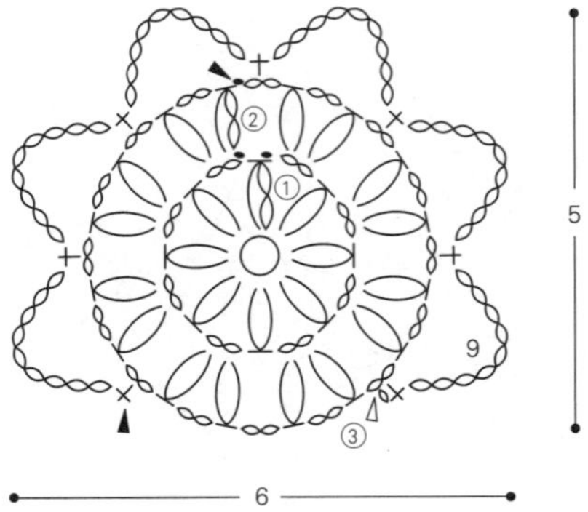

▷ = 加线
► = 剪线

花片的连接方法

图 1
腋下

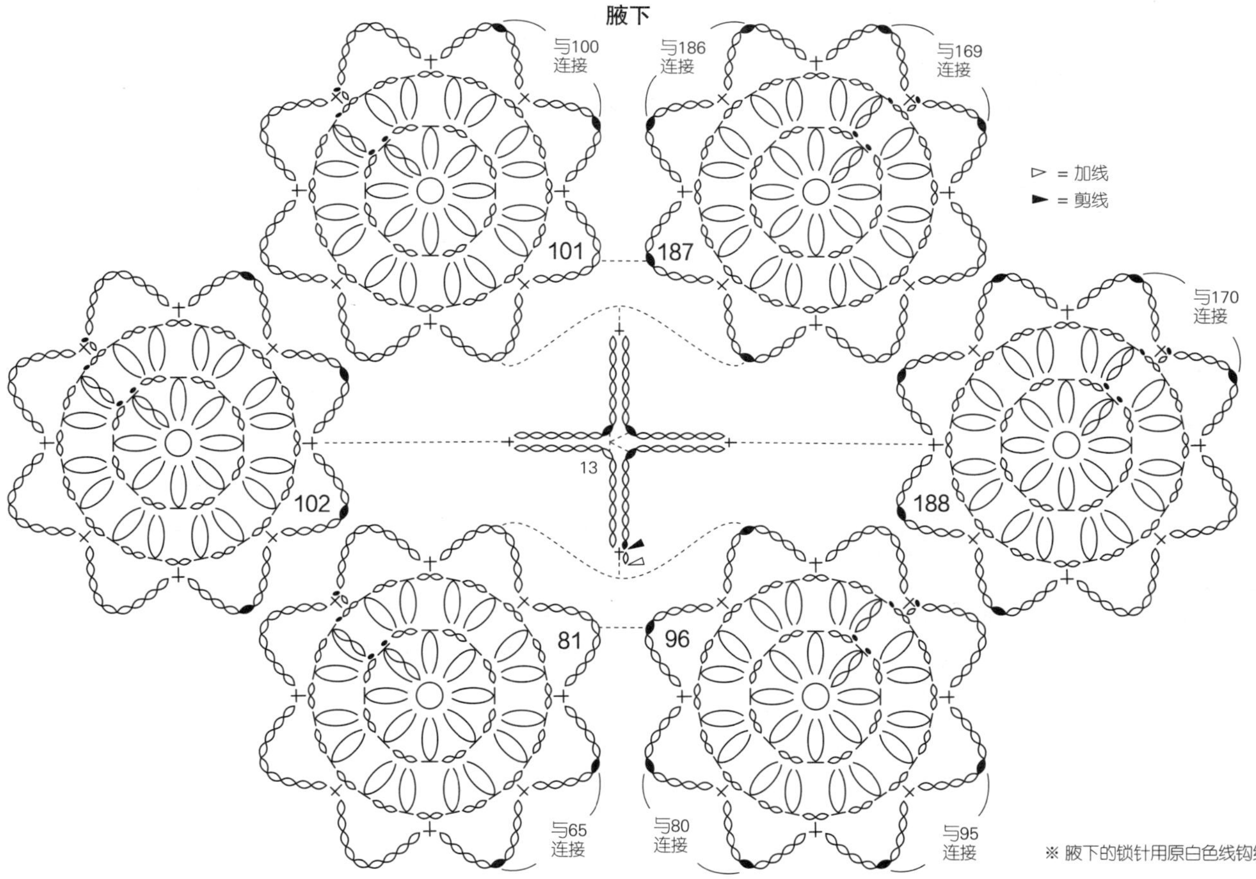

※ 腋下的锁针用原白色线钩织

▷ = 加线
► = 剪线

图 2 领口

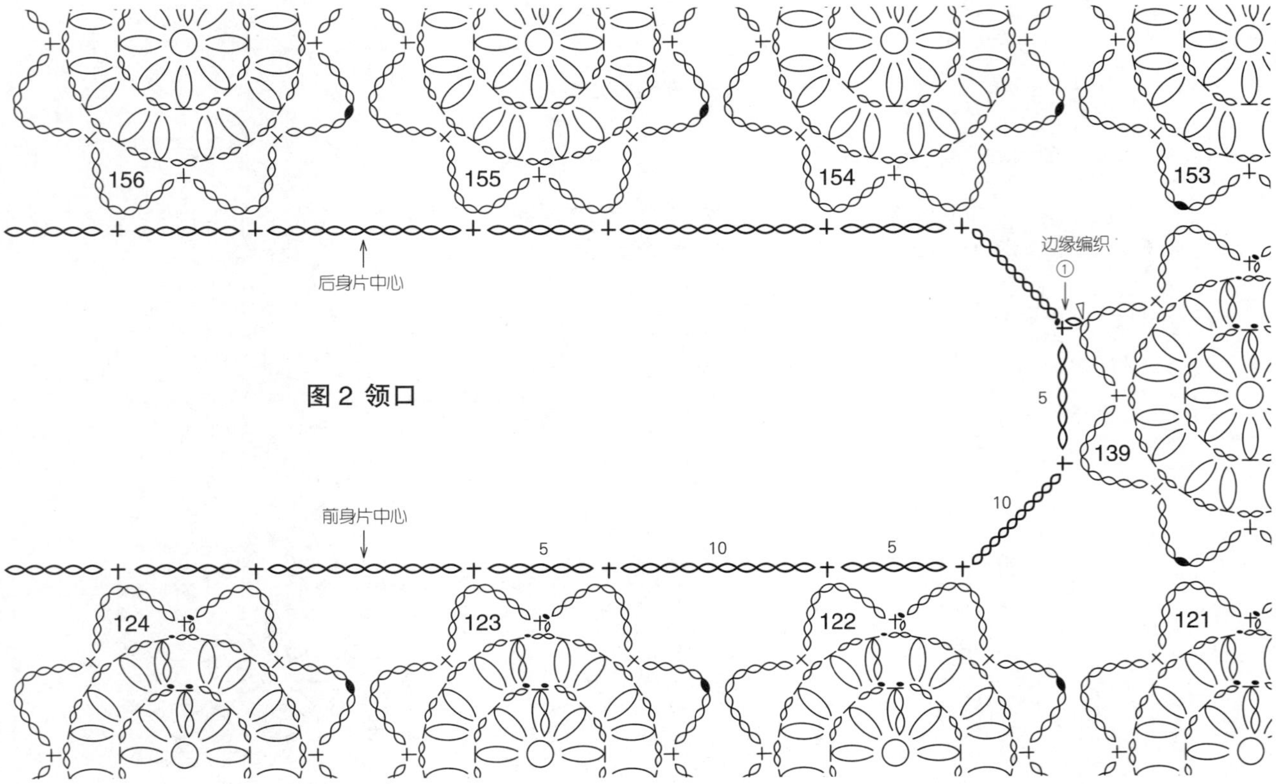

边缘编织

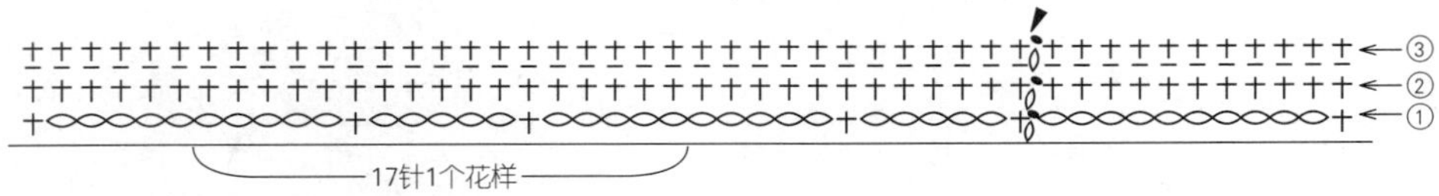

± = 短针的条纹针

※ 钩织方法请参照第85页

扭针的单罗纹针收针

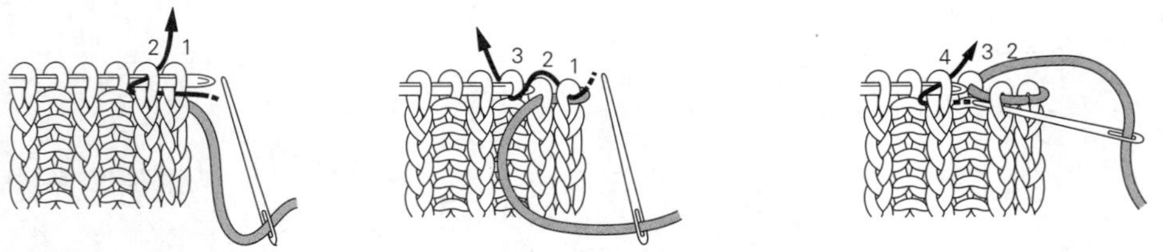

1 如箭头所示在针目1和针目2里插入缝针，扭转针目2。

2 接着，如箭头所示在针目1和针目3里插入缝针。

3 如箭头所示在针目2和针目4里插入缝针，按此要领一边扭转下针一边做单罗纹针收针。

材料

奥林巴斯 金票40号蕾丝线 明黄绿色(283)、橄榄绿色(289)、翠蓝色(342)、茶色(736)各20g/各2团

工具

蕾丝针8号

成品尺寸

宽18cm，长148.5cm

编织密度

花片的大小请参照图示

编织要点

●按指定配色钩织花片。从第2片花片开始，一边钩织一边在最后一行与相邻花片做引拔连接。连接6片花片后，用编织花样调整形状。一共钩织4片相同的大花块。从大花块上挑针，钩织条纹花样。在最后一行用短针与下一片大花块做连接。最后在四周环形钩织边缘。

大花块 4片（连接花片）

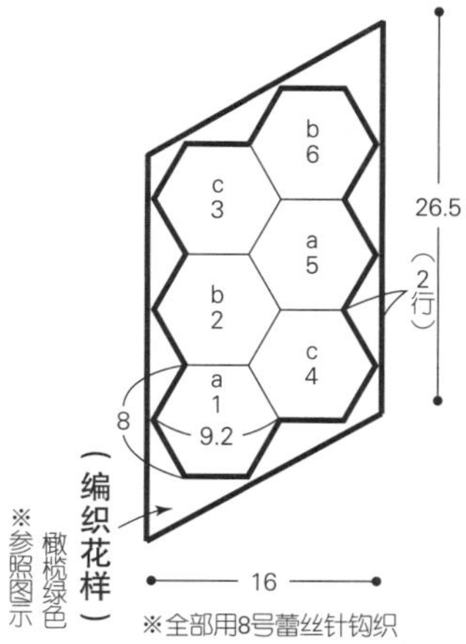

※全部用8号蕾丝针钩织

※花片内的数字表示连接的顺序

边缘编织

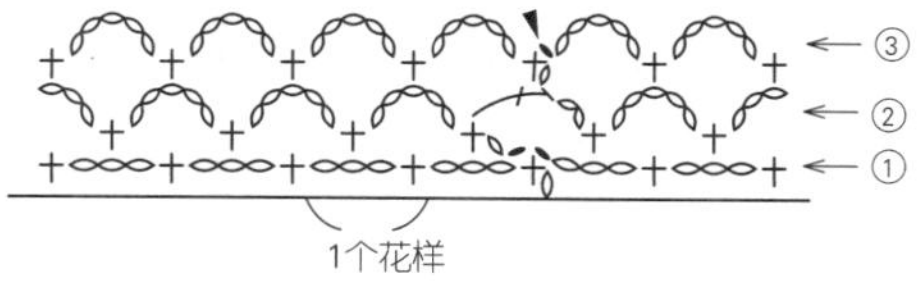

※第1行的短针在个别地方钩织成长针，请参照图示钩织

花片的配色

行数	a	b	c
6、7行	明黄绿色	翠蓝色	茶色
4、5行	茶色	明黄绿色	翠蓝色
1~3行	翠蓝色	茶色	明黄绿色

花片a、b、c 各8片

▷ = 加线

► = 剪线

= 在前一行的针目与针目之间插入钩针，钩织长针

= 长长针的反拉针（从反面钩织时，按正拉针钩织）

※请参照第159页长针的正拉针

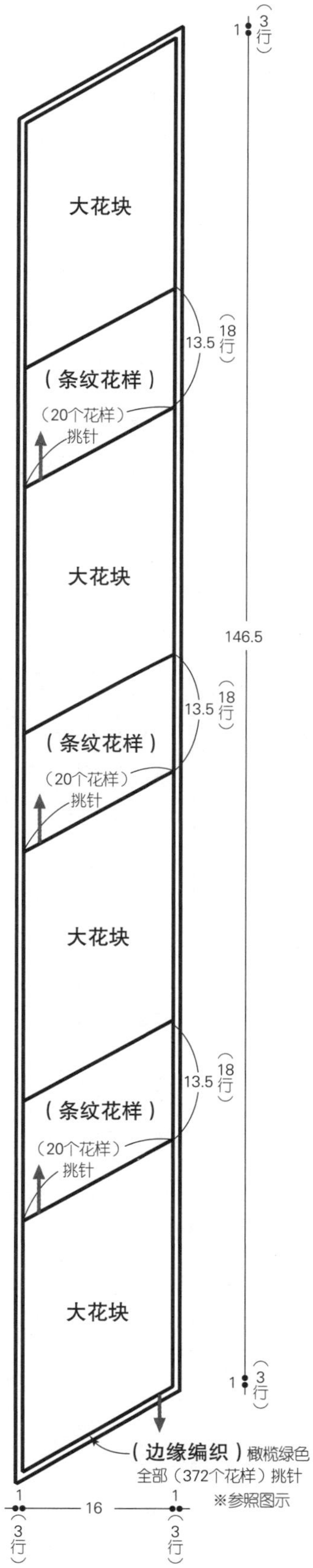

花片的连接方法

= 编织花样

= 钩织4卷长针。
在针上绕3圈线，
在4卷长针最下面的根部2根线里挑针，
钩织2针3卷长针（按Y字针的要领钩织）

※ Y字针的钩织方法请参照第110页

▷ = 加线
▶ = 剪线

条纹花样与大花块的连接方法

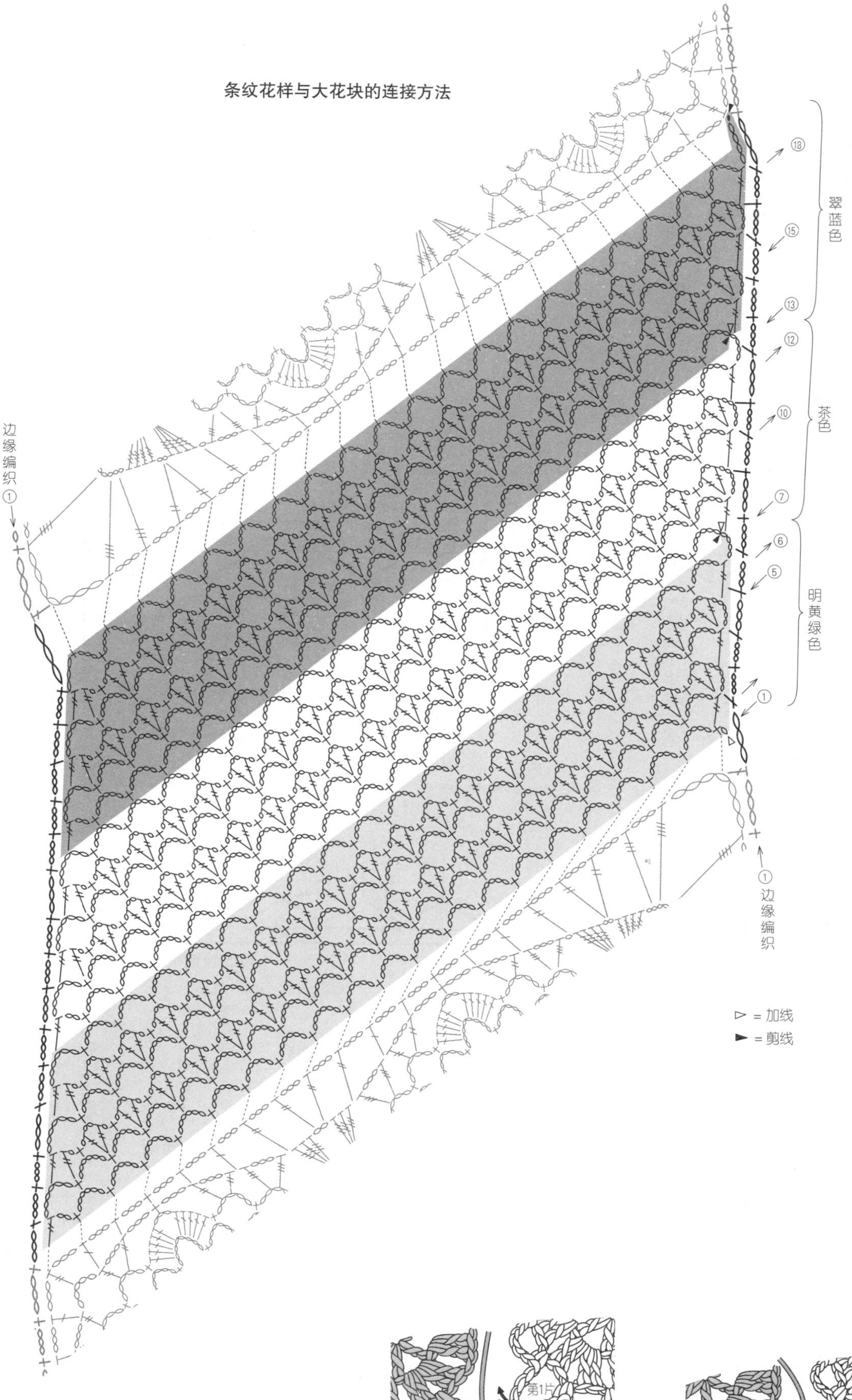

用引拔针连接花片的方法

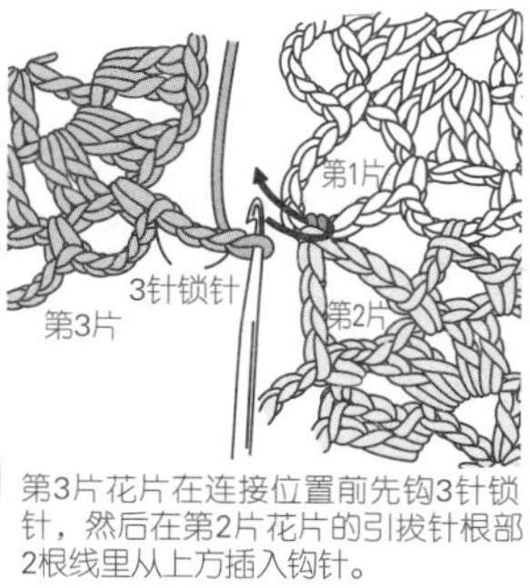

1 第3片花片在连接位置前先钩3针锁针，然后在第2片花片的引拔针根部2根线里从上方插入钩针。

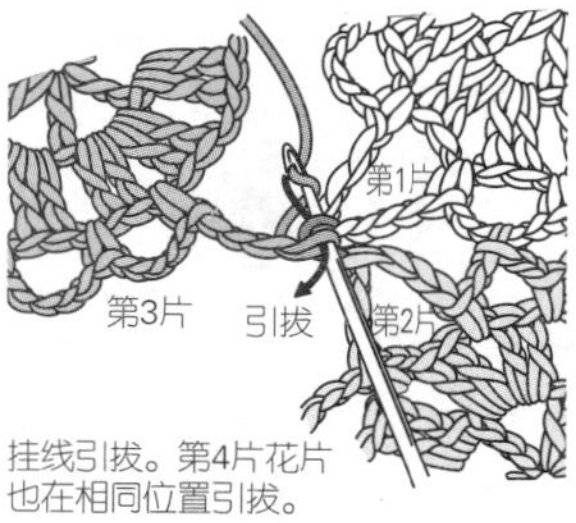

2 挂线引拔。第4片花片也在相同位置引拔。

材料

奥林巴斯 Emmy Grande 浅茶色(731) 205g/5团，茶色(736) 90g/2团

工具

蕾丝针0号

成品尺寸

胸围105cm，衣长65.5cm，连肩袖长28.5cm

编织密度

10cm×10cm面积内：编织花样B 33针，11.5行

花片的大小请参照图示

编织要点

●身片…前、后身片〈下〉均按连接花片钩织。从第2片花片开始，一边钩织一边在最后一行与相邻花片做引拔连接。连接花片完成后，钩织编织花样A调整形状。前、后身片〈上〉从编织花样A上挑针，按编织花样B钩织。请参照图示减针。

●组合…肩部钩织引拔针和锁针接合。下摆、领口、袖口挑取指定针数后，环形钩织条纹边缘。

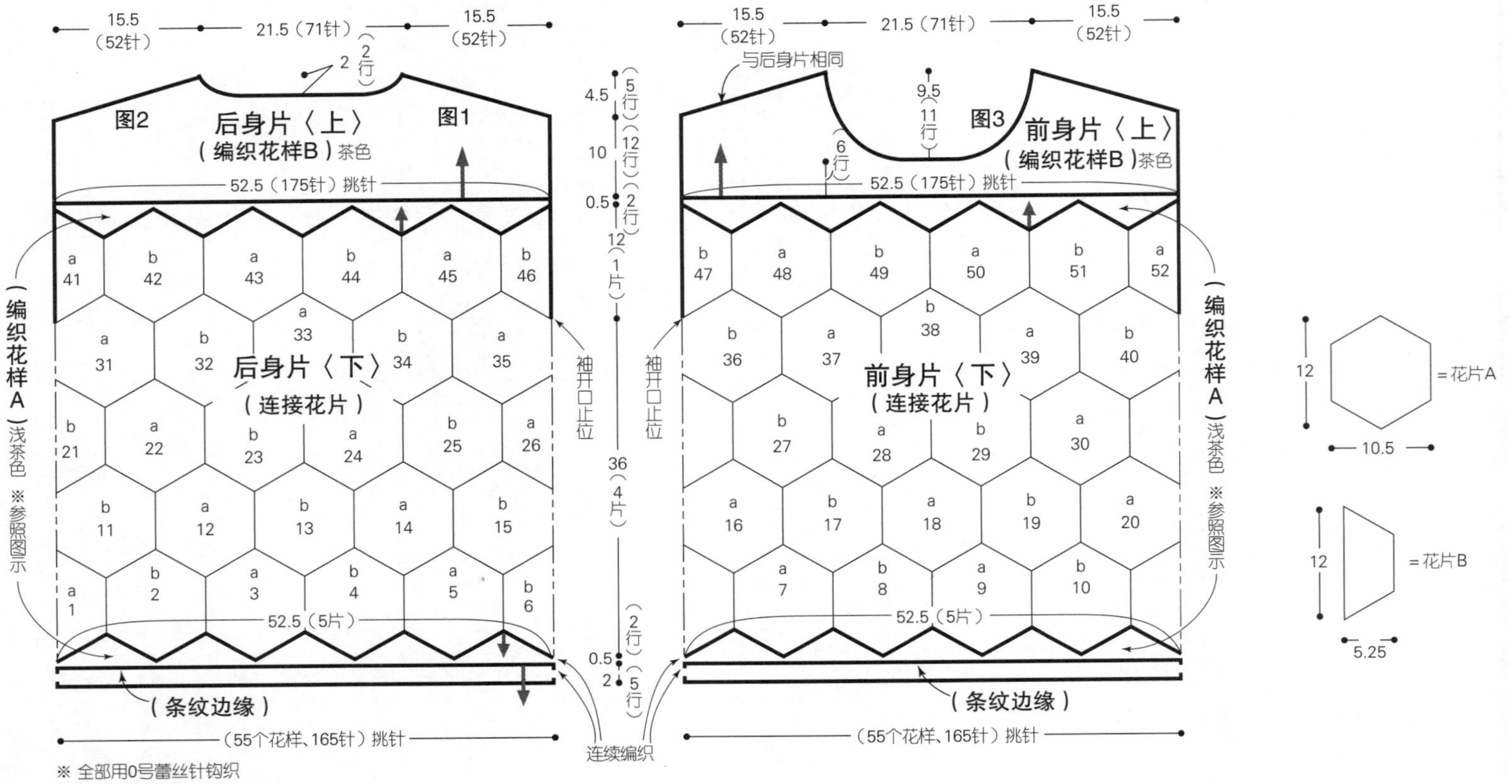

※ 全部用0号蕾丝针钩织

※ 花片内的数字表示连接的顺序

编织花样B

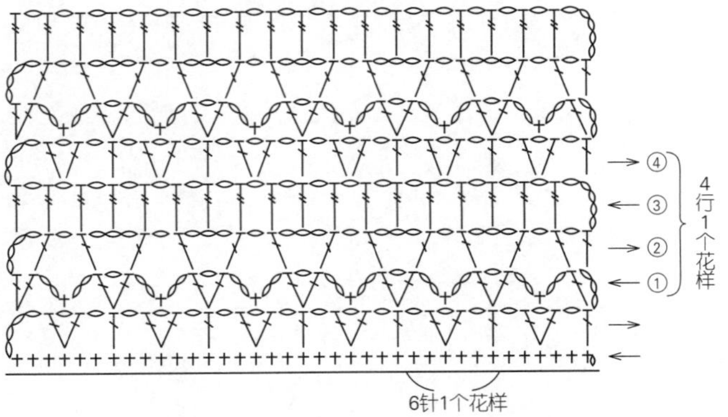

条纹边缘

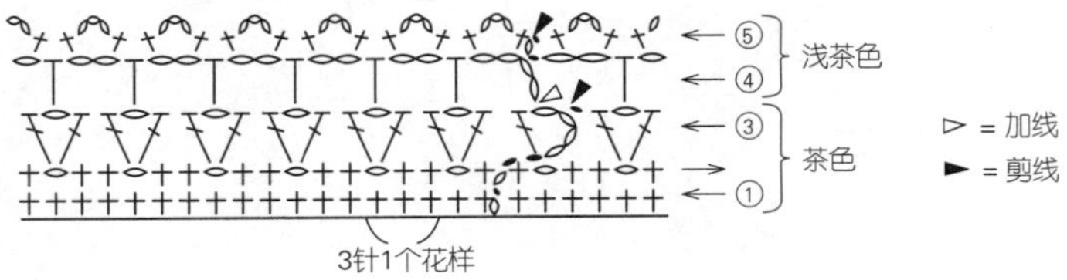

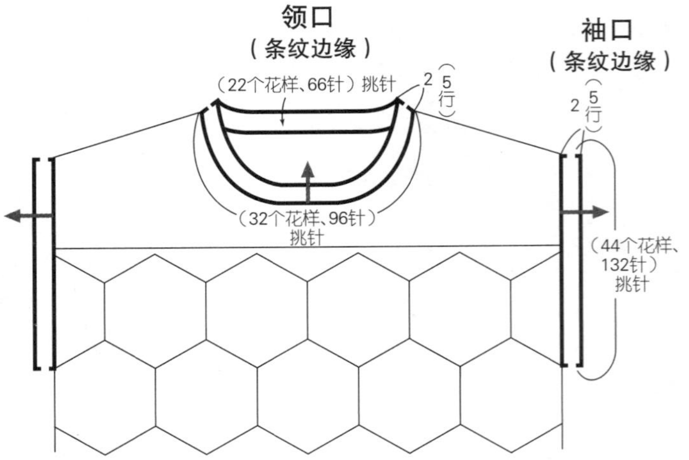

花片A a、b…各24片
a全部用浅茶色线钩织
b的第1~4行用茶色线、第5~7行用浅茶色线钩织

花片B a、b…各2片
a全部用浅茶色线钩织
b的第1~4行用茶色线、第5~7行用浅茶色线钩织

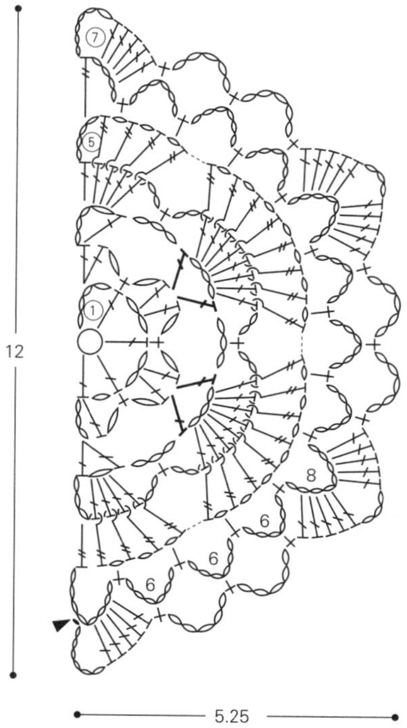

▷ = 加线
▶ = 剪线

= 在前一行的针目与针目之间插入钩针，钩织长针

= 长长针的反拉针
（从反面钩织时，按正拉针钩织）

※ 请参照第159页长针的正拉针

花片的连接方法

※花片转角处的连接方法请参照第105页

= 钩织4卷长针。
在针上绕3圈线，
在4卷长针最下面的根部2根线里挑针，
钩织2针3卷长针（按Y字针的要领钩织）

※ Y字针的钩织方法请参照第110页

图2

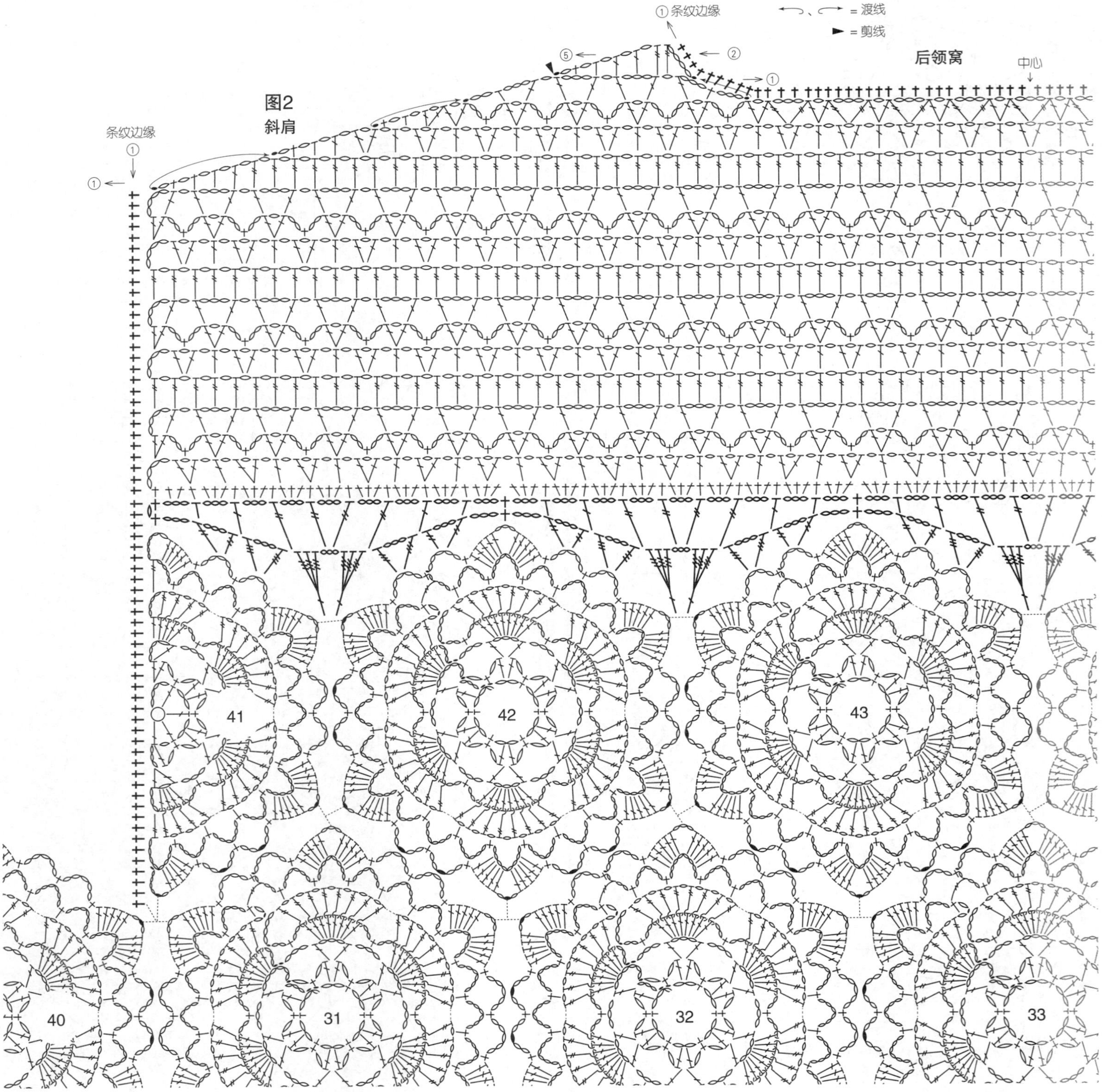

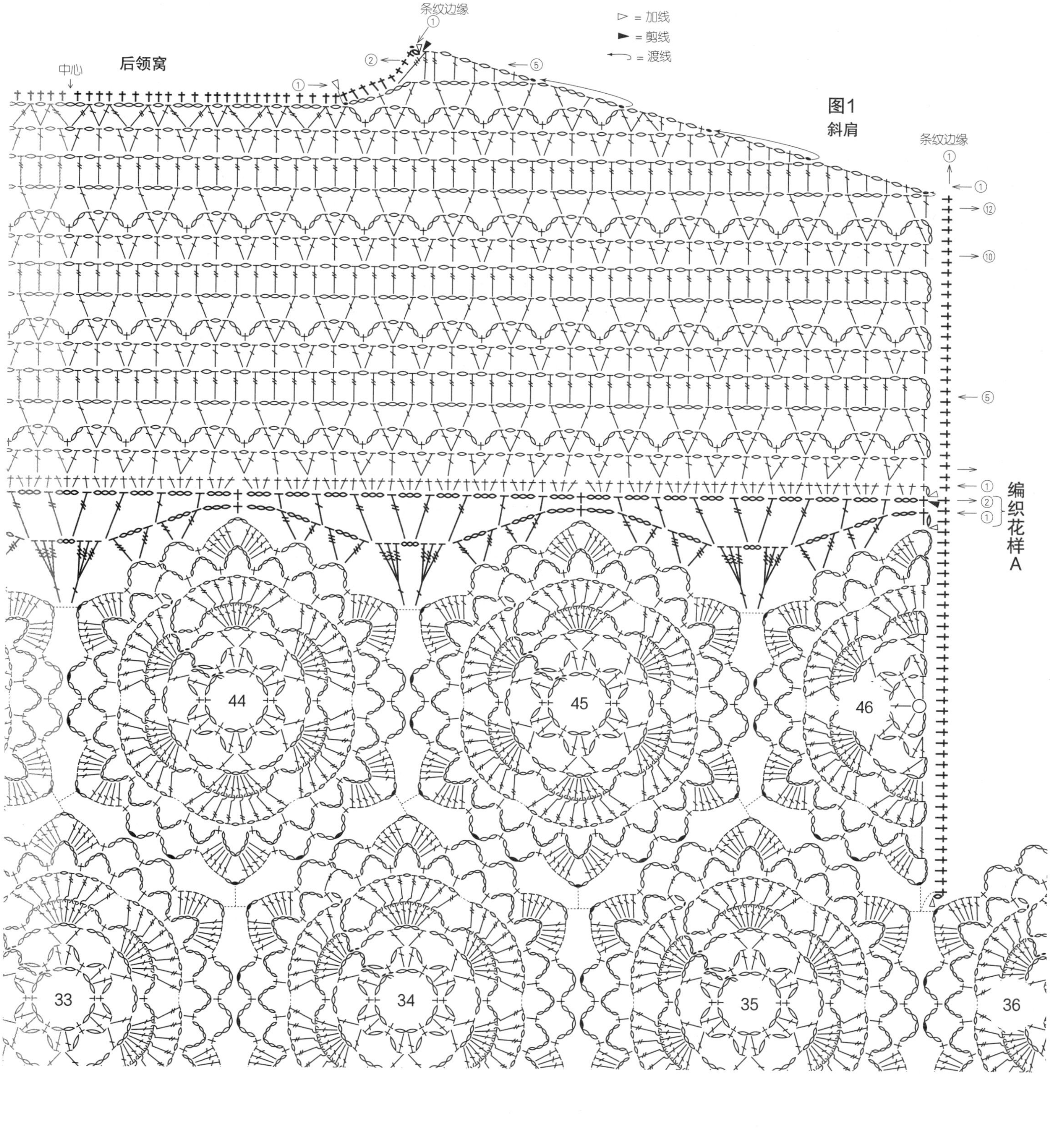
▷ = 加线
▶ = 剪线
⌒ = 渡线
条纹边缘
中心
后领窝
图1
斜肩
条纹边缘
编织花样A
44
45
46
33
34
35
36

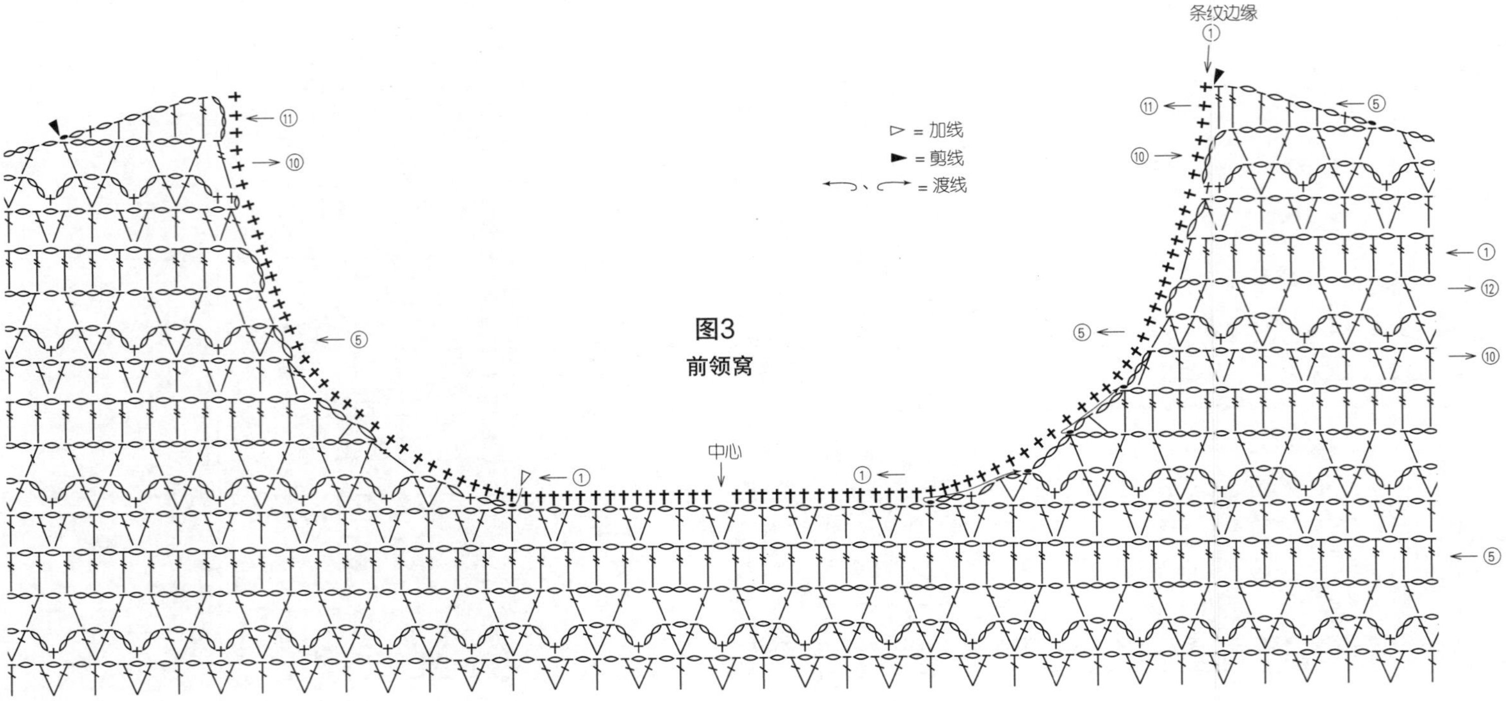

图3
前领窝

Y字针

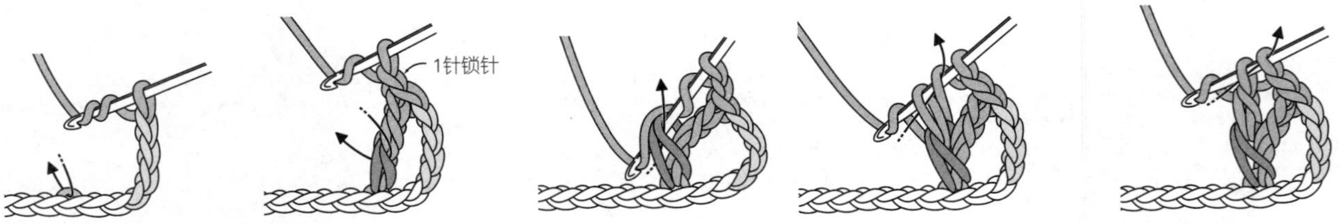

1 在钩针上绕2圈线，在锁针的里山插入钩针，钩织长长针。

2 钩1针锁针，接着钩针挂线，如箭头所示在长长针最下面的根部2根线里插入钩针。

3 钩针挂线后拉出。

4 钩针挂线，引拔穿过针头的2个线圈。

5 再次挂线，引拔穿过针上的2个线圈，完成。

左加针

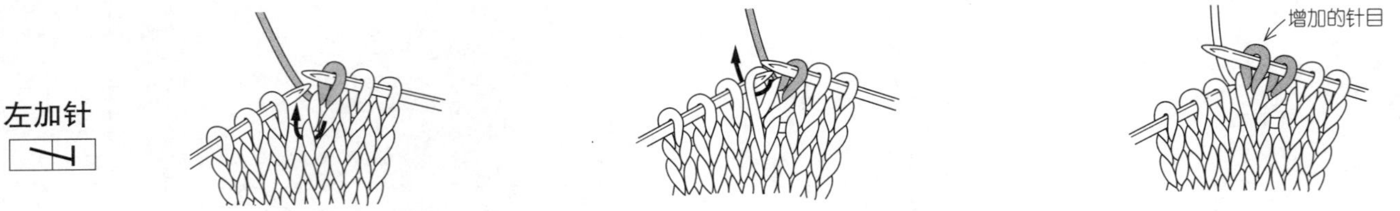

1 编织1针下针，如箭头所示用右棒针挑起前2行的针目。

2 将该针目挂到左棒针上，编织下针。

3 左加针完成。

右加针

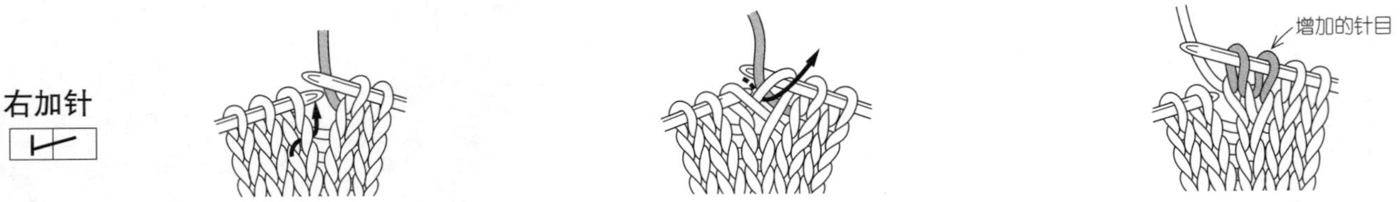

1 如箭头所示，用右棒针挑起前2行的针目。

2 编织下针。左棒针上的下一针也编织下针。

3 右加针完成。

材料

Hobbyra Hobbyre Crochet Cotton 紫粉色（44）250g/7团

工具

蕾丝针0号

成品尺寸

102cm×102cm

编织密度

花片的边长为17cm

编织要点

●全部按连接花片钩织。从第2片花片开始，一边钩织一边在最后一行与相邻花片做引拔连接。

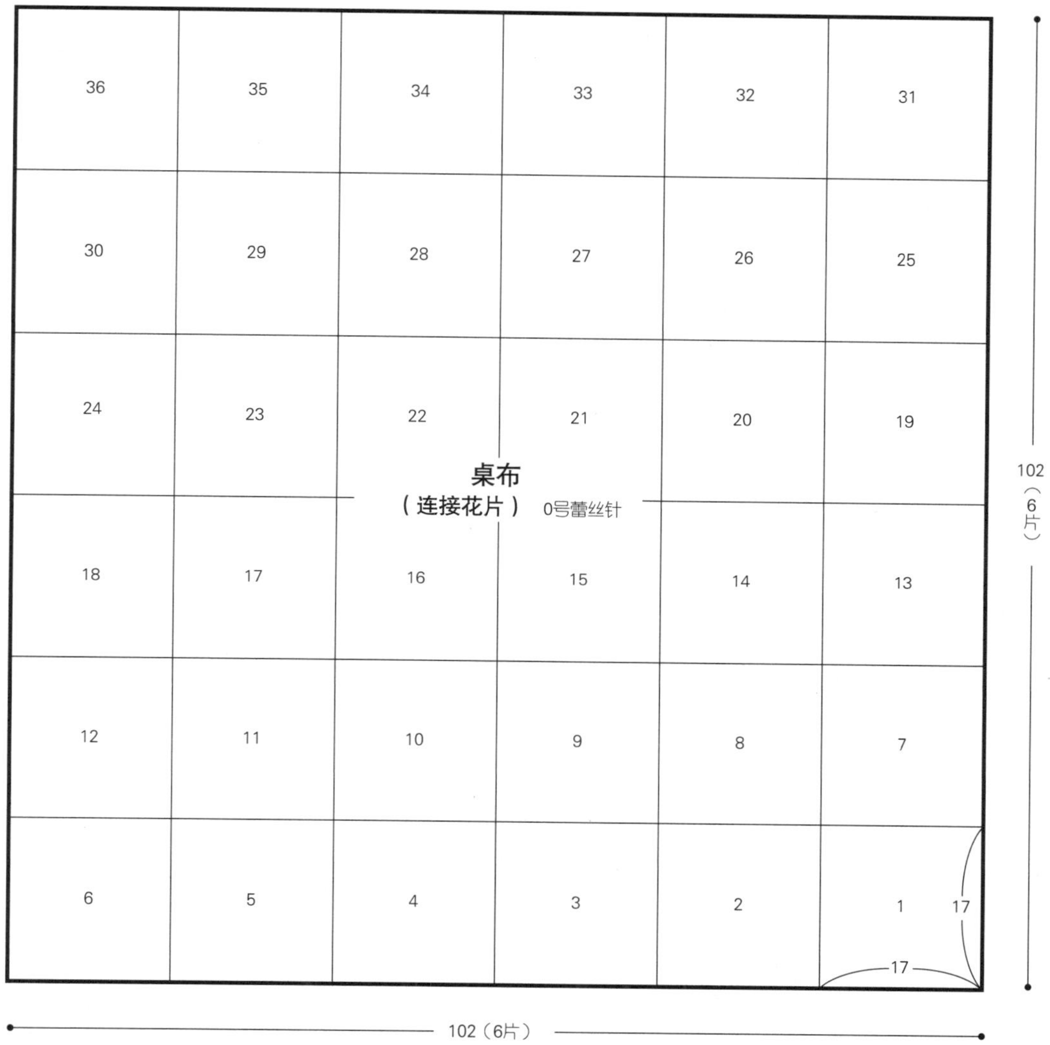

※花片内的数字表示连接的顺序

花片 36片

►= 剪线

花片的连接方法

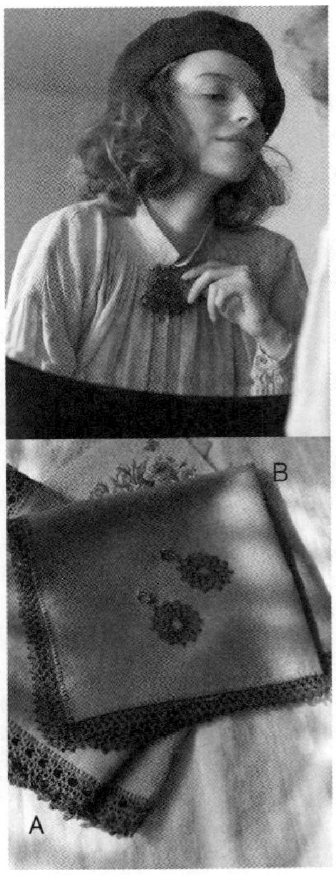

材料

[胸针] 奥林巴斯 金票40号蕾丝线 蓝绿色(343) 2g/1团，蓝灰色(486) 1g/1团；长4.6cm的胸针配件1个

[耳环] 奥林巴斯 金票70号蕾丝线 茶色(816) 1g/1团，3.5mm×2.5mm的C形环6个，耳环金属配件1对

[手帕A] 奥林巴斯 金票40号蕾丝线 蓝绿色(343)、蓝灰色(486) 各10g/各1团，40cm×40cm的亚麻布

[手帕B] 奥林巴斯 金票70号蕾丝线 茶色(816) 5g/1团，40cm×40cm的亚麻布

工具

蕾丝针8号、10号

成品尺寸

[胸针、耳环] 参照图示

[手帕A] 45cm×45cm

[手帕B] 42cm×42cm

编织密度

条纹花样的1个花样为2.6cm，3.5cm 6行；编织花样的1个花样为0.6cm，2cm 4行

编织要点

●胸针、耳环…参照图示钩织。最后参照组合方法安装金属配件。

●手帕A、B…参照手帕主体的制作方法，准备好手帕。在指定位置插入蕾丝针直接钩织。

胸针 8号蕾丝针

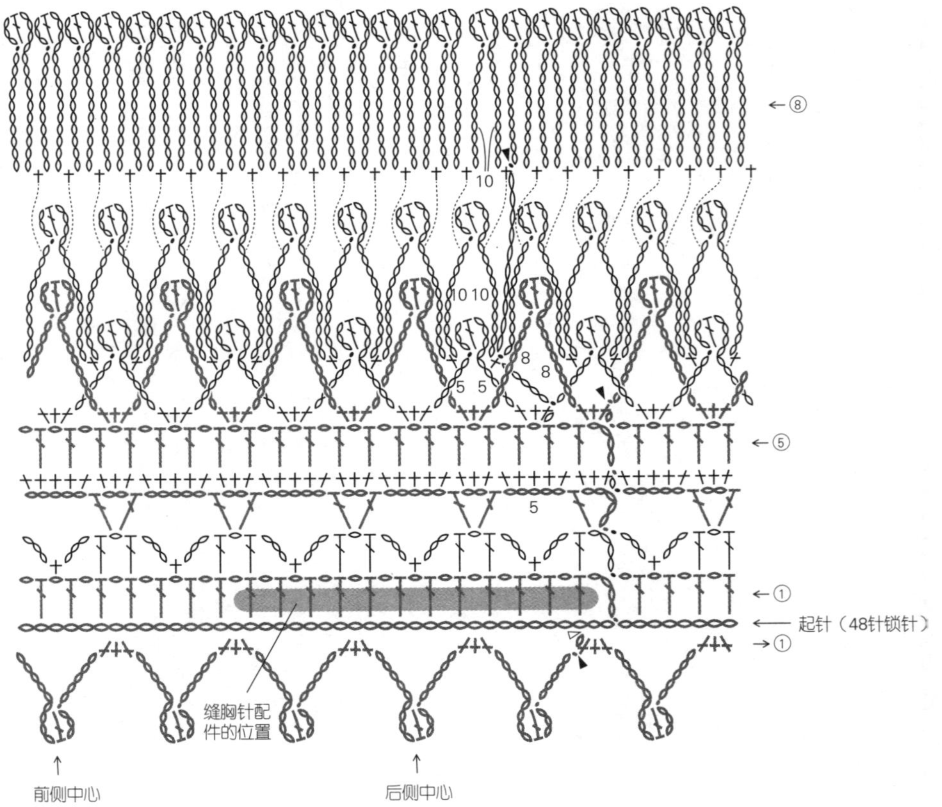

▷ = 加线
► = 剪线

配色 —— =蓝灰色 —— =蓝绿色

※第6行先用蓝灰色线钩织，再用蓝绿色线钩织。用蓝绿色线钩织时，将蓝灰色线的针目倒向前面或后面

耳环 2片
10号蕾丝针

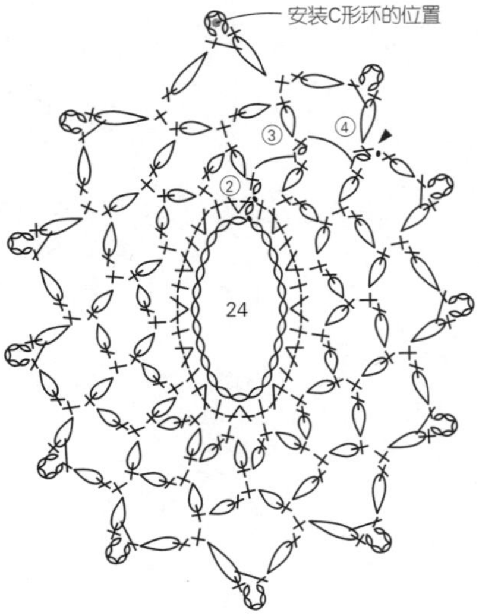

耳环的组合方法

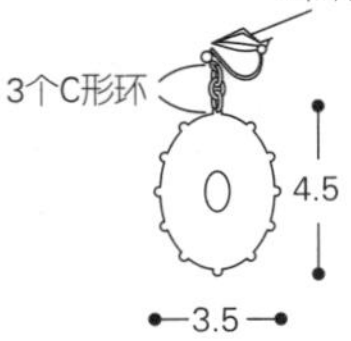

胸针的组合方法

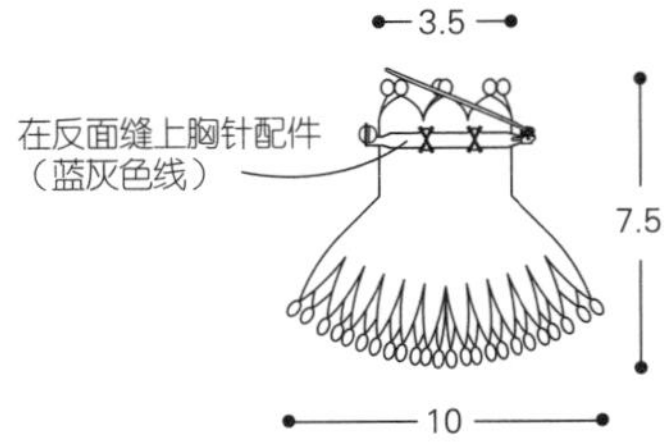

=七宝针
※ 钩织方法请参照第99页

=在钩织七宝针中短针的相同位置插入钩针，钩织短针

手帕A

（条纹花样）

8号蕾丝针

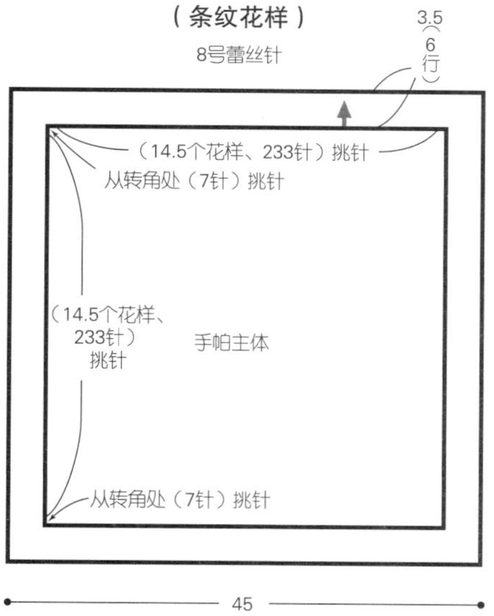

手帕主体的制作方法（A、B通用）

①将亚麻布剪成边长为40cm的正方形

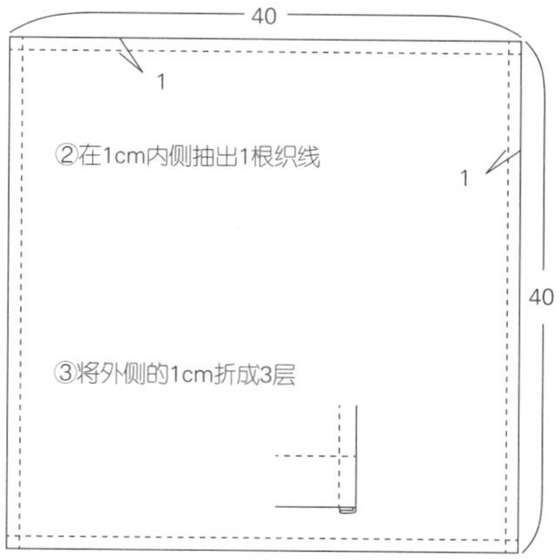

条纹花样

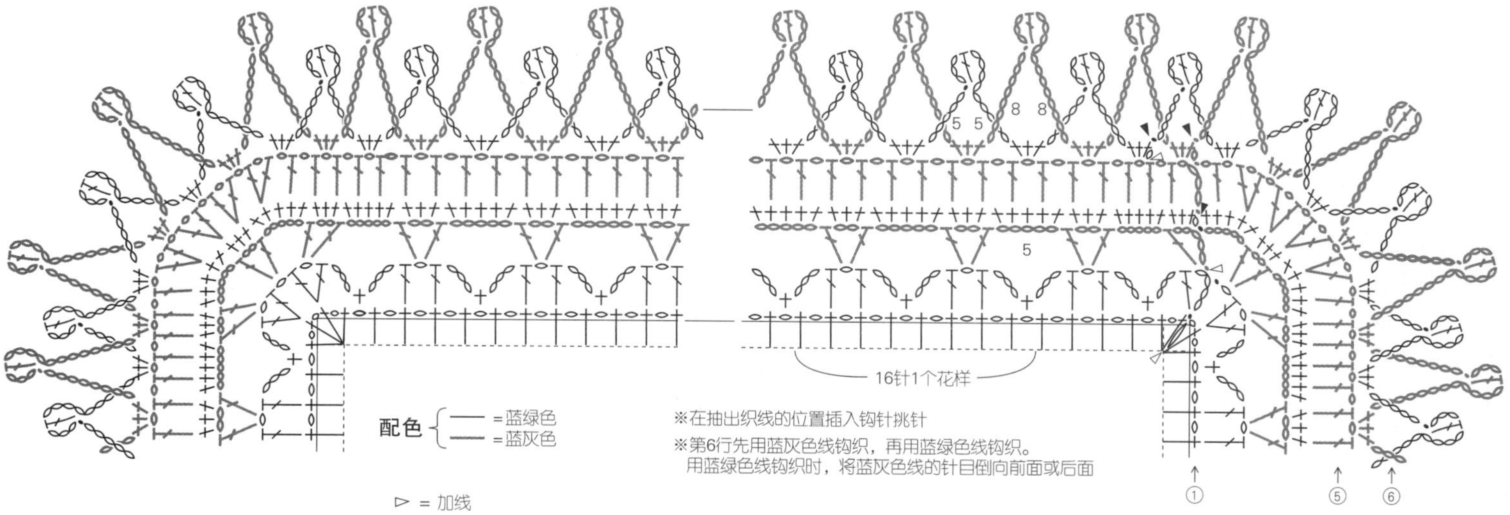

※在抽出织线的位置插入钩针挑针

※第6行先用蓝灰色线钩织，再用蓝绿色线钩织。
用蓝绿色线钩织时，将蓝灰色线的针目倒向前面或后面

▷ = 加线

► = 剪线

手帕B

（编织花样）

10号蕾丝针

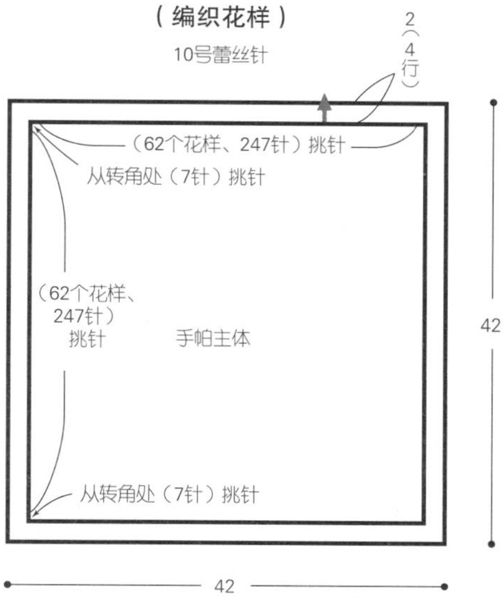

编织花样

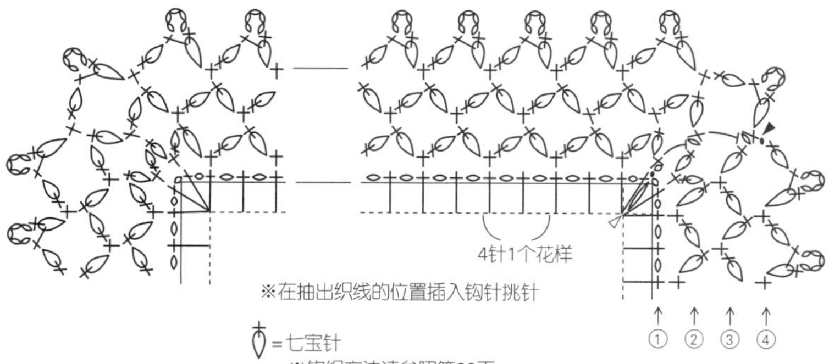

※在抽出织线的位置插入钩针挑针

=七宝针

※钩织方法请参照第99页

※钩织方法请参照第99页

=在钩织七宝针中短针的相同位置插入钩针，钩织短针

材料

[手套] 奥林巴斯 金票40号蕾丝线 蓝灰色（486）30g/3团，直径8mm的灰色珍珠2颗

[饰领] 奥林巴斯 金票40号蕾丝线 蓝灰色（486）10g/1团，直径8mm的灰色珍珠1颗

工具

蕾丝针6号

成品尺寸

[手套] 掌围17cm，长22cm

[饰领] 领内围50cm，领宽5cm

编织密度

编织花样A的1个花样为2cm，10cm 19行；编织花样D、E、F的1个网格为0.8cm，10cm 26行

编织要点

●手套…锁针起针后，按编织花样A、B、边缘编织A和短针钩织装饰花边。接着从装饰花边上挑针，参照图示按编织花样C、D、E、F钩织。手指部分参照挑针方法，依照小指、无名指、中指、食指、拇指的顺序按编织花样F钩织。最后缝上珍珠。

●饰领…锁针起针后，参照图示按编织花样A、B、边缘编织A'、B钩织。最后缝上珍珠。

手套

装饰花边主体（通用）

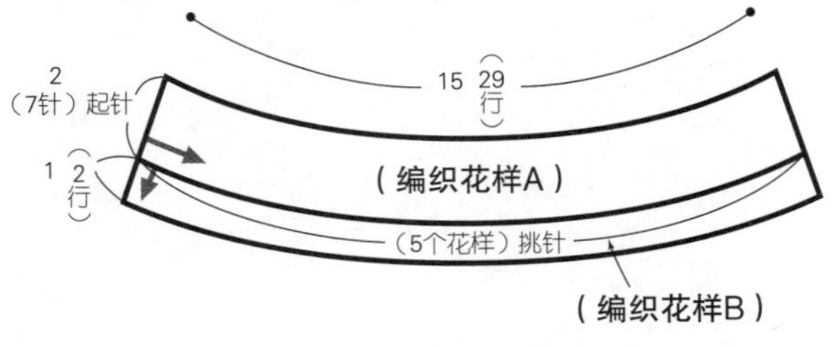

装饰花边（右手）

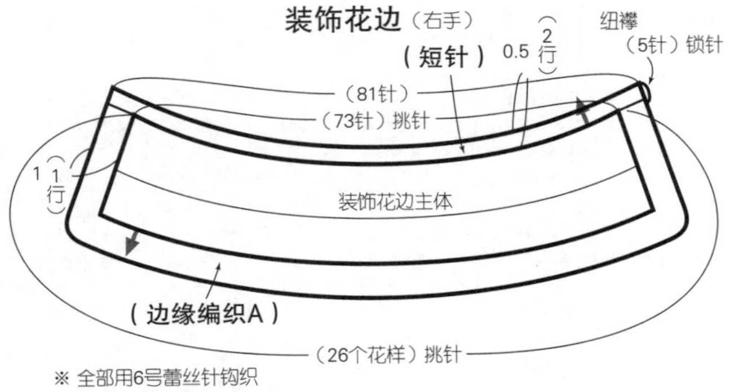

※ 全部用6号蕾丝针钩织

※ 左手在对称位置钩织纽襻

右手

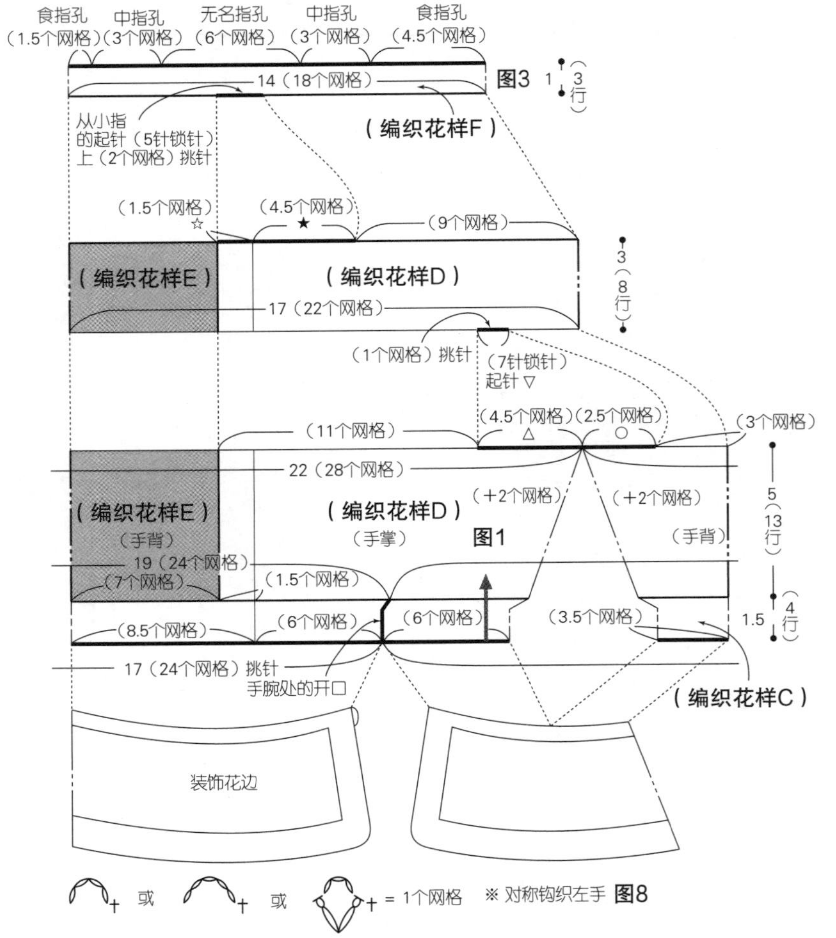

※ 对称钩织左手 图8

小指（编织花样F）

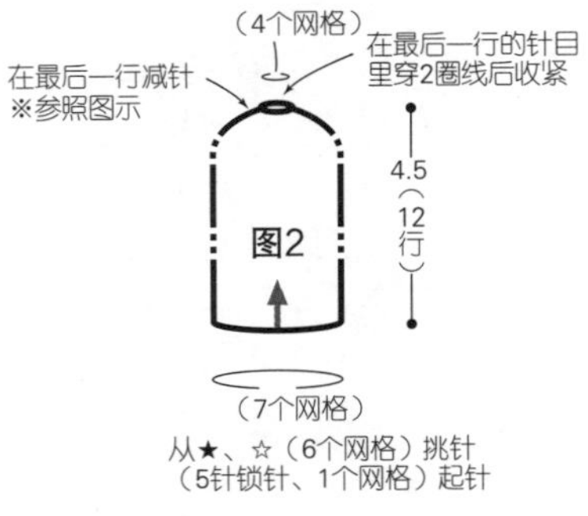

无名指（编织花样F）

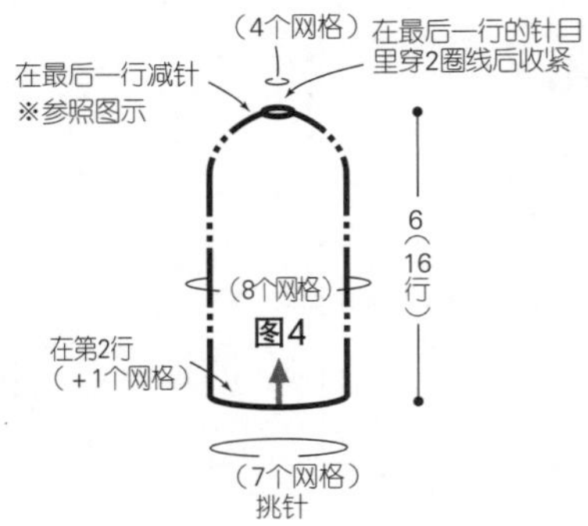

中指（编织花样F）

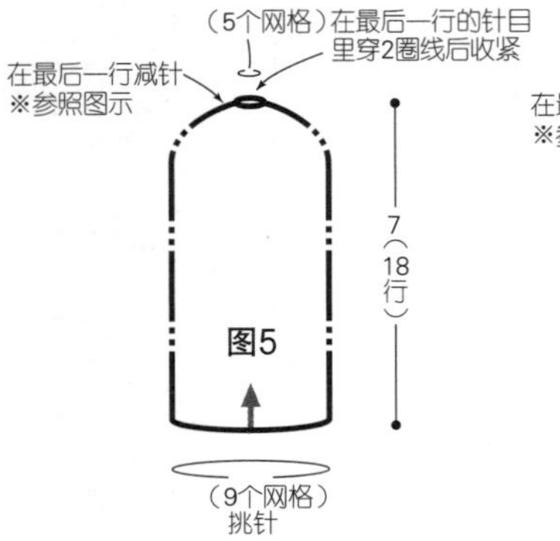

食指（编织花样F）

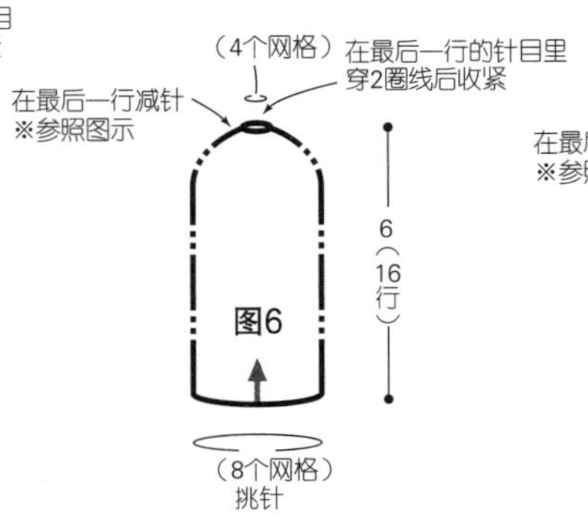

拇指（编织花样F）

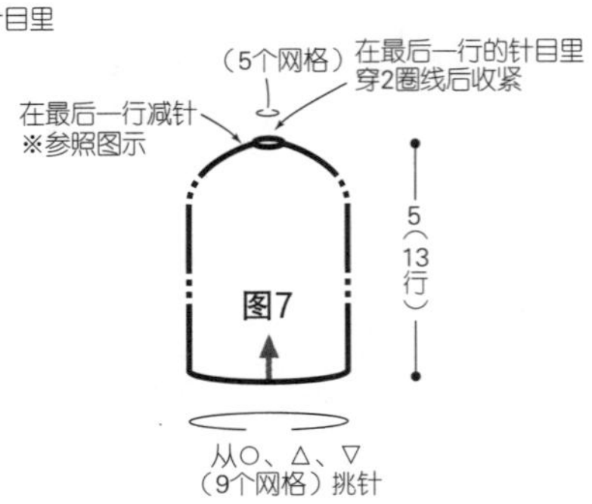

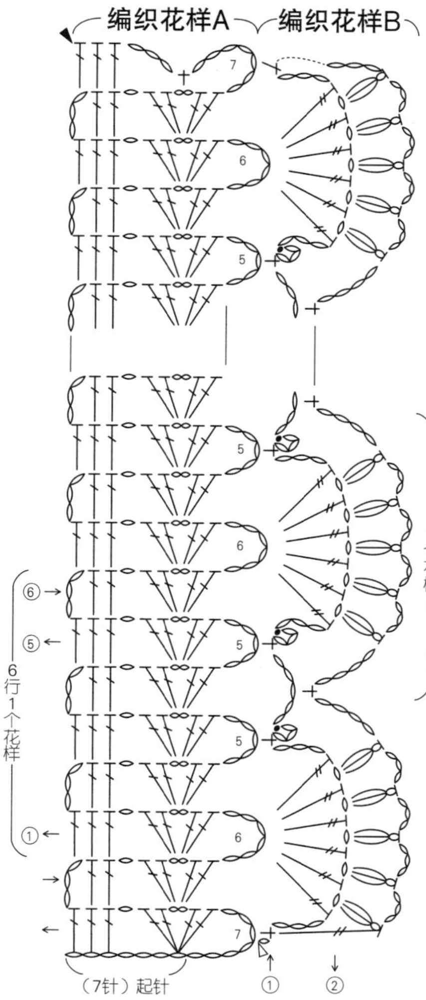

= 变化的3针中长针的枣形针（整段挑织）

※钩织方法请参照第127页

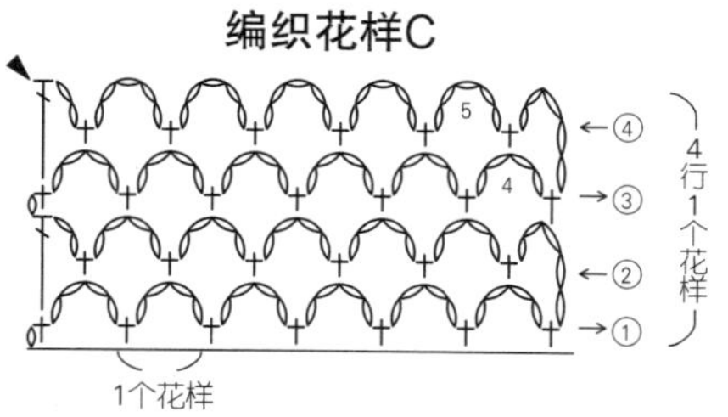

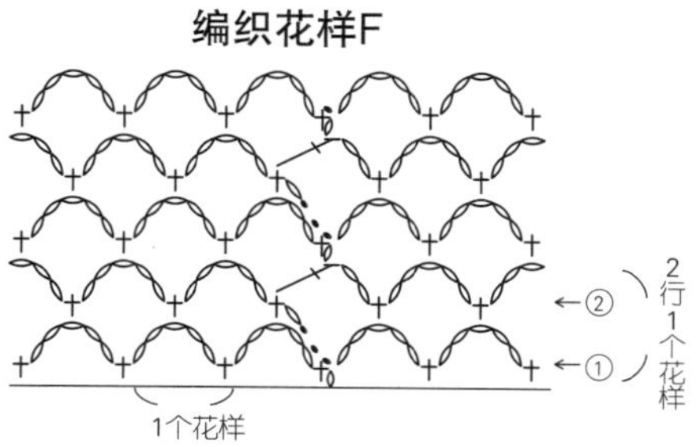

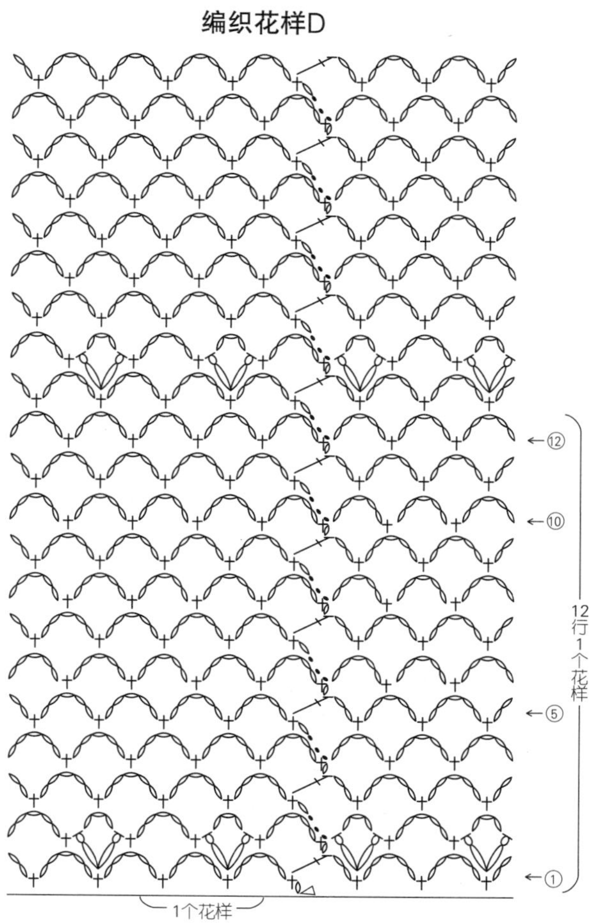

= 变化的2针中长针的枣形针

※请参照第127页变化的3针中长针的枣形针（从1针中挑织）的钩织方法

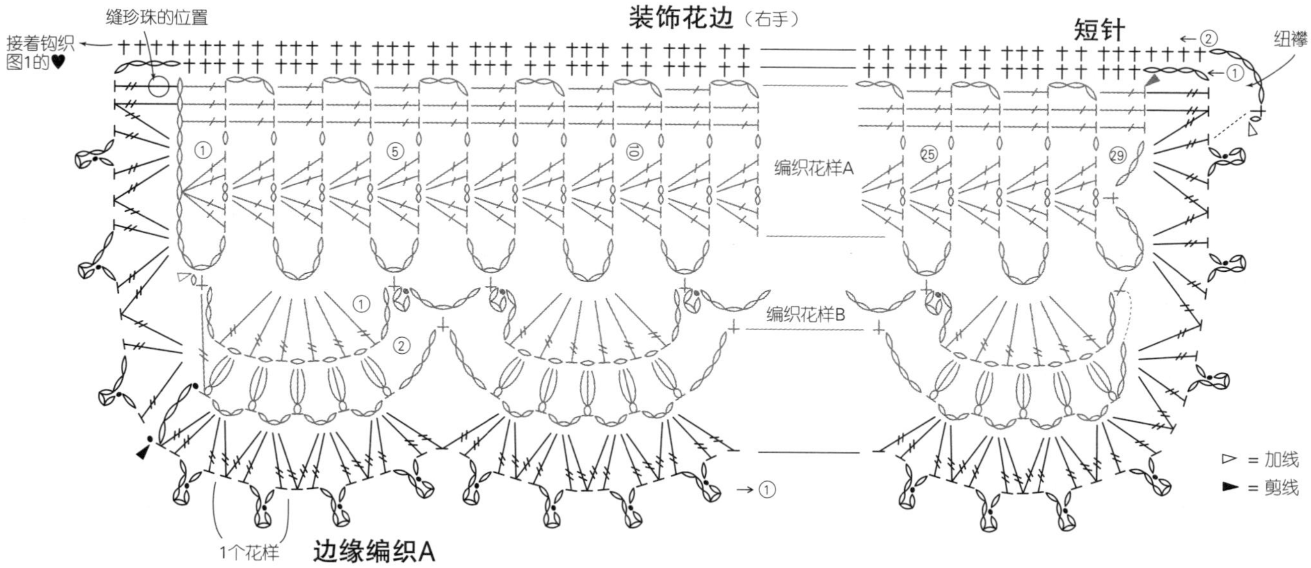

▷ = 加线

▶ = 剪线

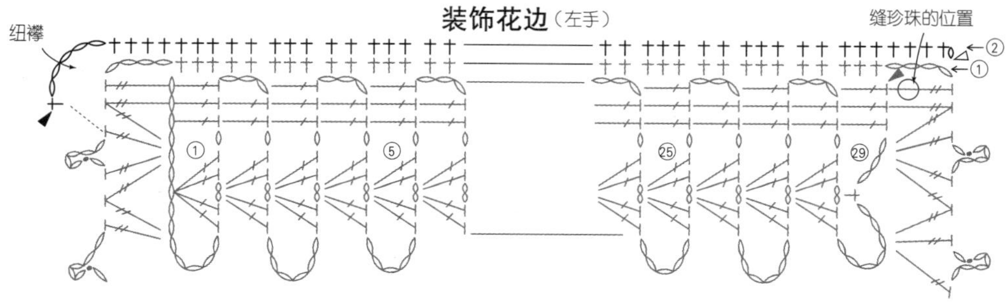

※ 除此行以外，均与右手相同

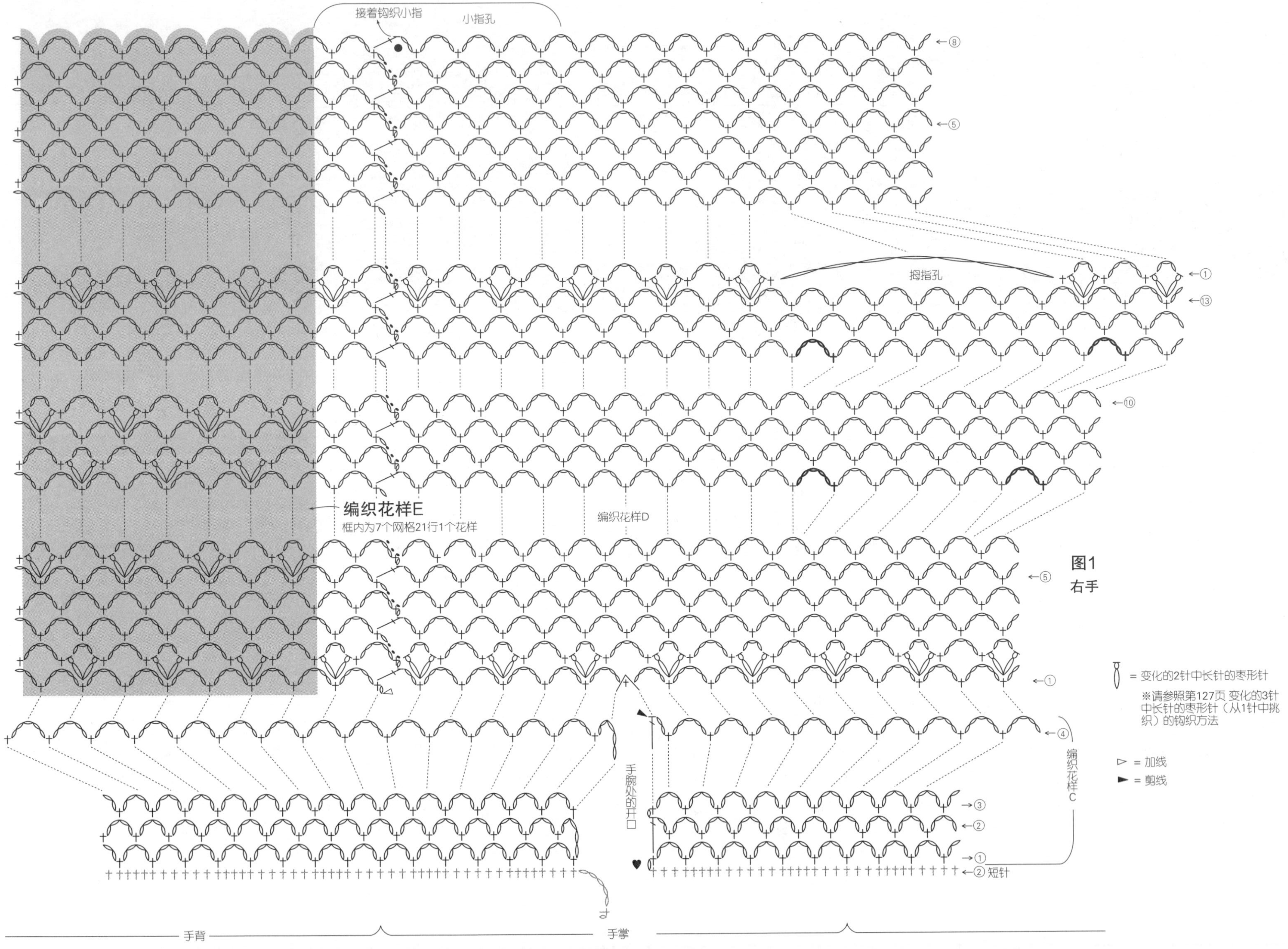

接着钩织小指
小指孔
拇指孔
编织花样E
框内为7个网格21行1个花样
编织花样D
图1
右手
手腕处的开口
编织花样C
短针
= 变化的2针中长针的枣形针
※请参照第127页 变化的3针中长针的枣形针（从1针中挑织）的钩织方法
▷ = 加线
▶ = 剪线
手背
手掌

▷ = 加线
▶ = 剪线

小指与图3第1行的挑针方法（右手）

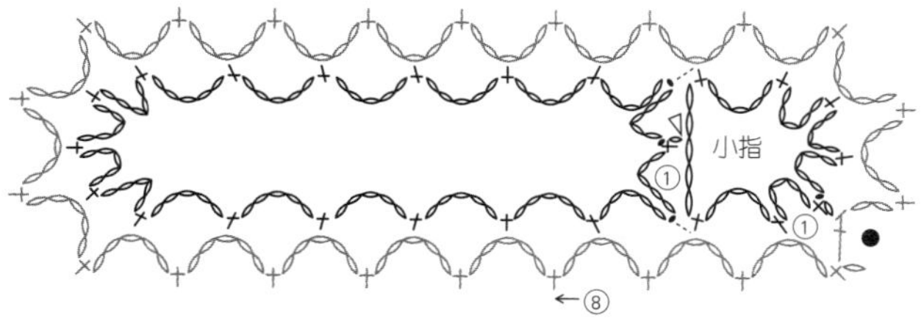

小指与图3第1行的挑针方法（左手）

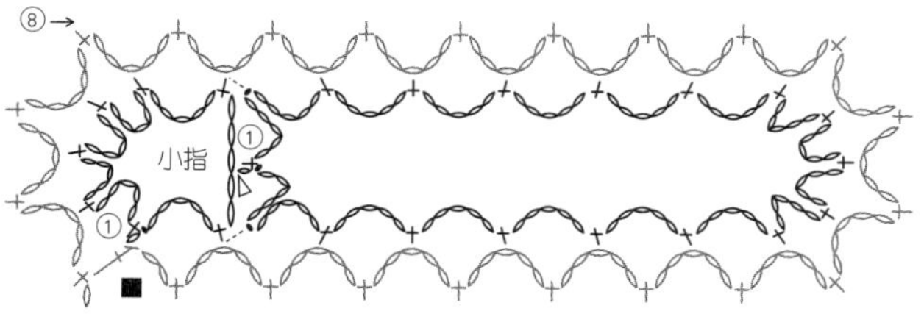

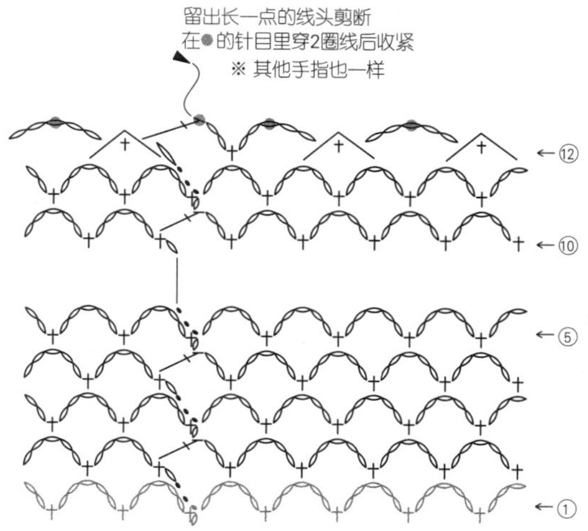

图2
小指
（通用）

※ 第1行的挑针方法请参照左图

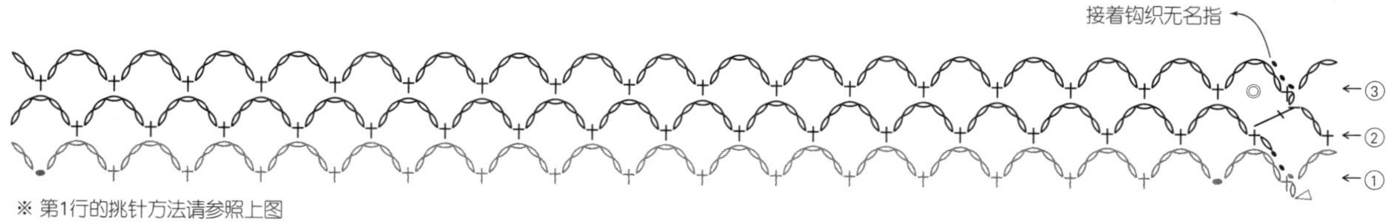

图3（通用）
编织花样F

※ 第1行的挑针方法请参照上图

无名指、中指、食指的第1行的挑针方法（右手）

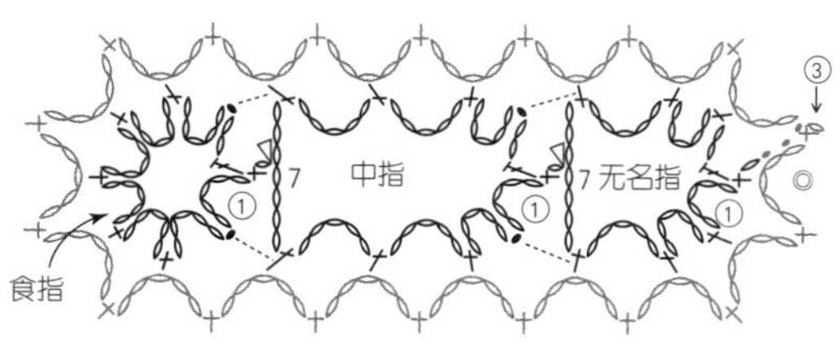

无名指、中指、食指的第1行的挑针方法（左手）

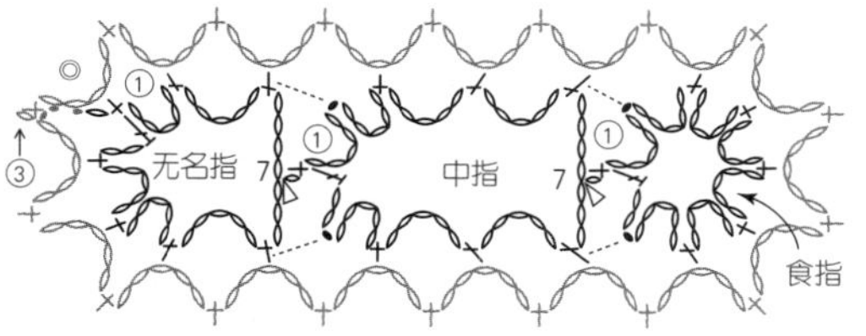

拇指第1行的挑针方法（通用）

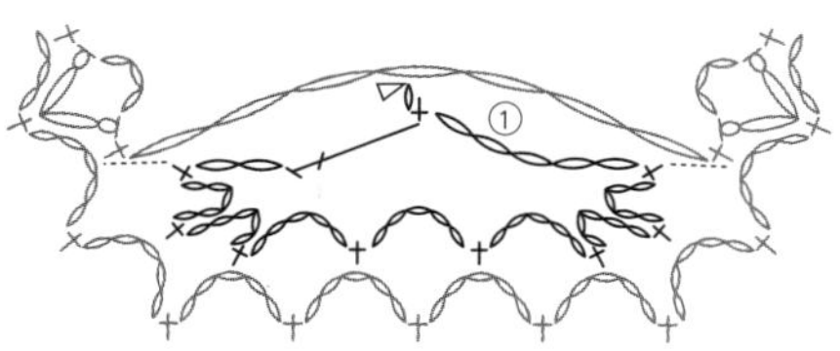

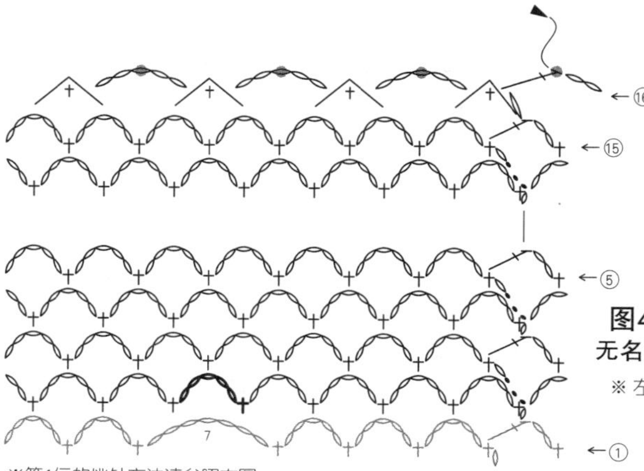

图4
无名指（右手）
※ 左手从第2行开始也按相同要领钩织

※第1行的挑针方法请参照左图

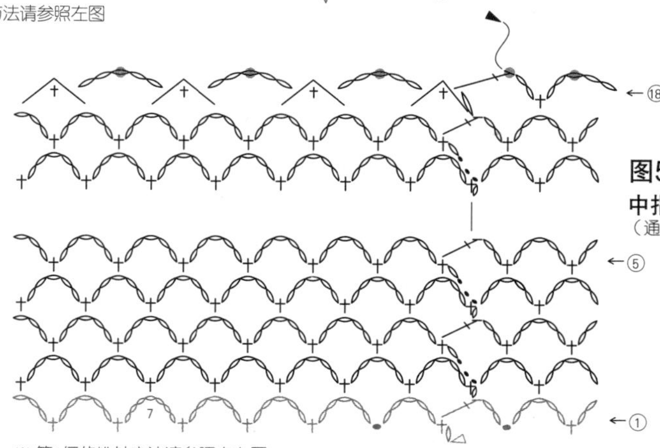

图5
中指
（通用）

※ 第1行的挑针方法请参照左上图

※ 从第6行开始与无名指相同

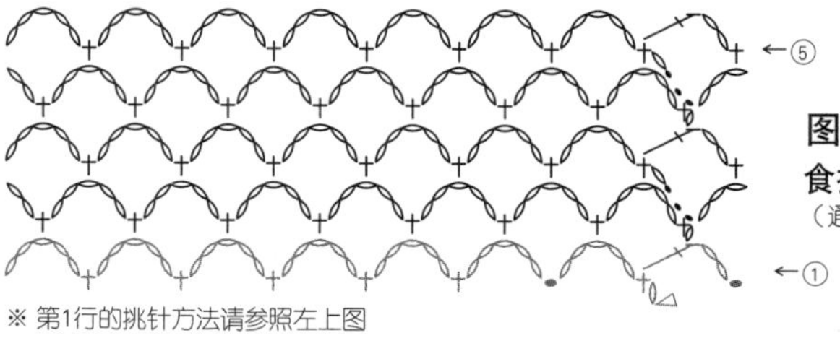

图6
食指
（通用）

※ 第1行的挑针方法请参照左上图

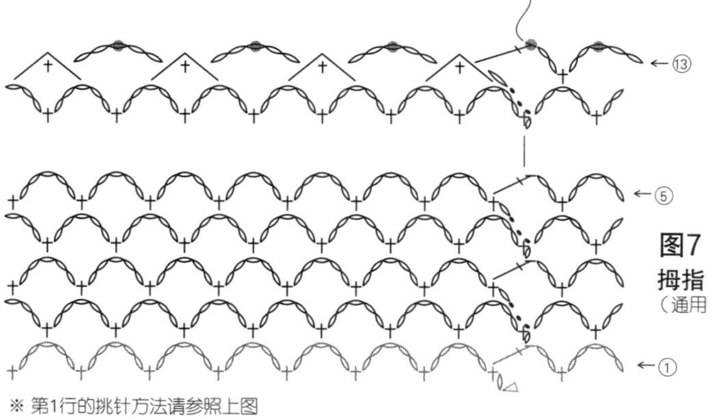

图7
拇指
（通用）

※ 第1行的挑针方法请参照上图

图8
左手

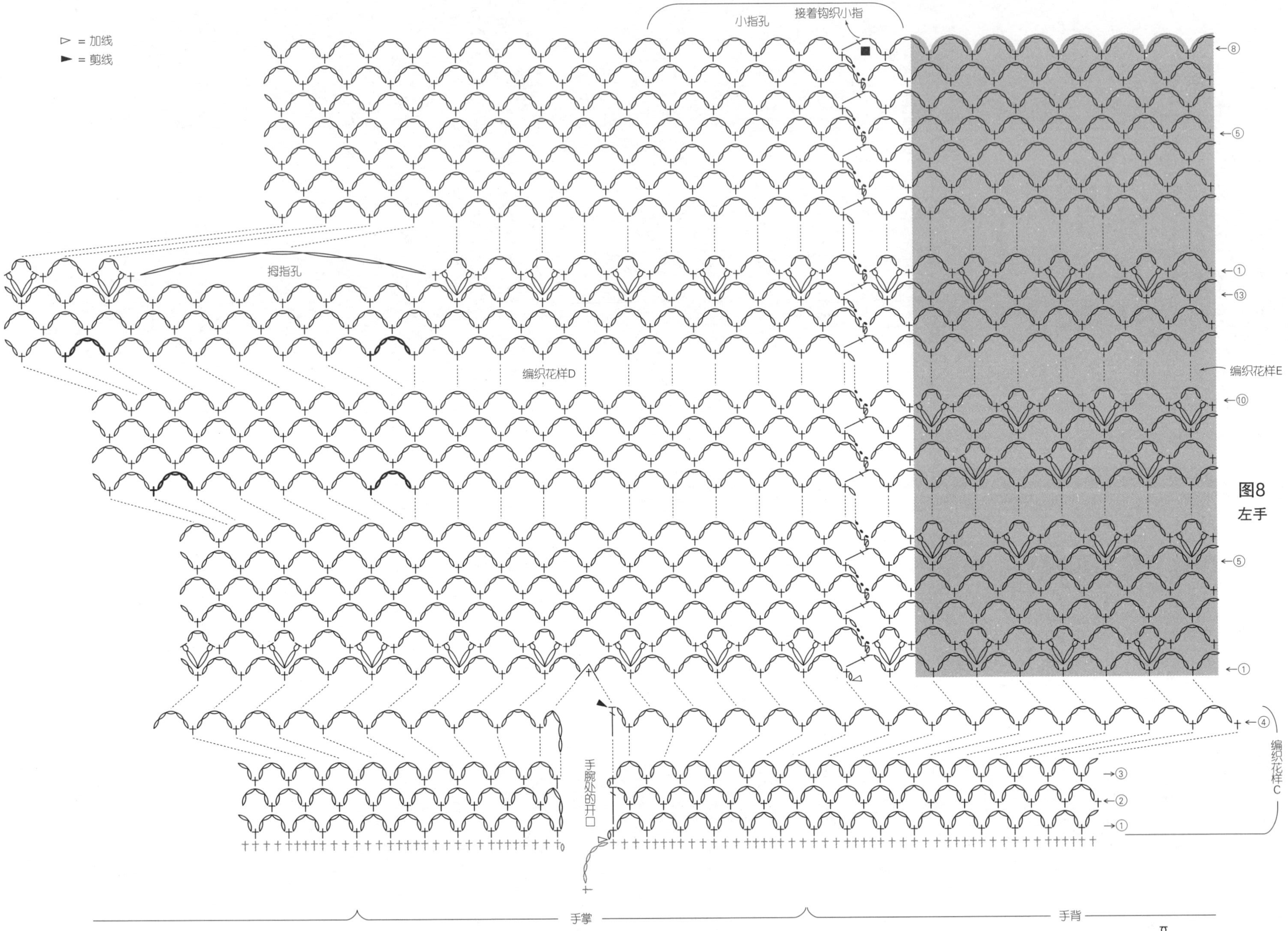

= 变化的2针中长针的枣形针

※ 请参照第127页变化的3针中长针的枣形针（从1针中挑织）的钩织方法

饰领

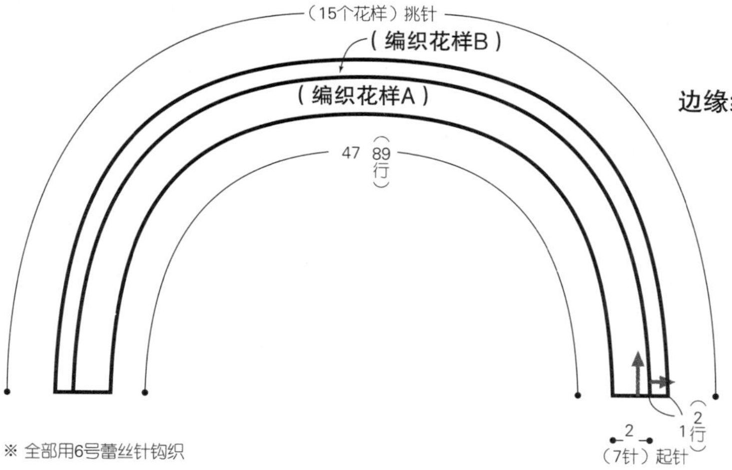

※ 全部用6号蕾丝针钩织

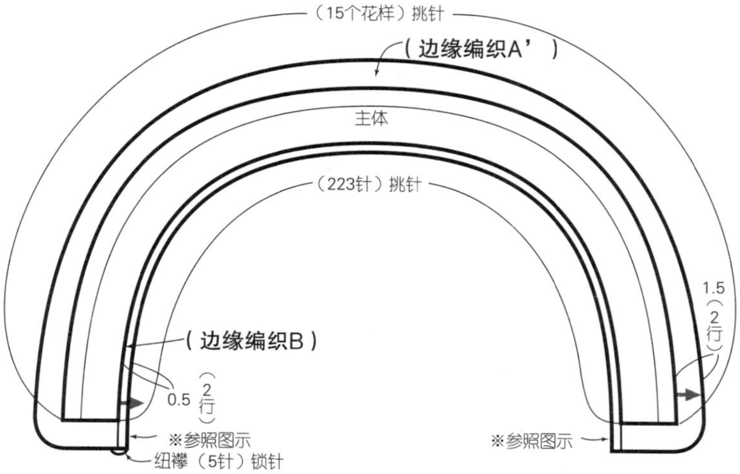

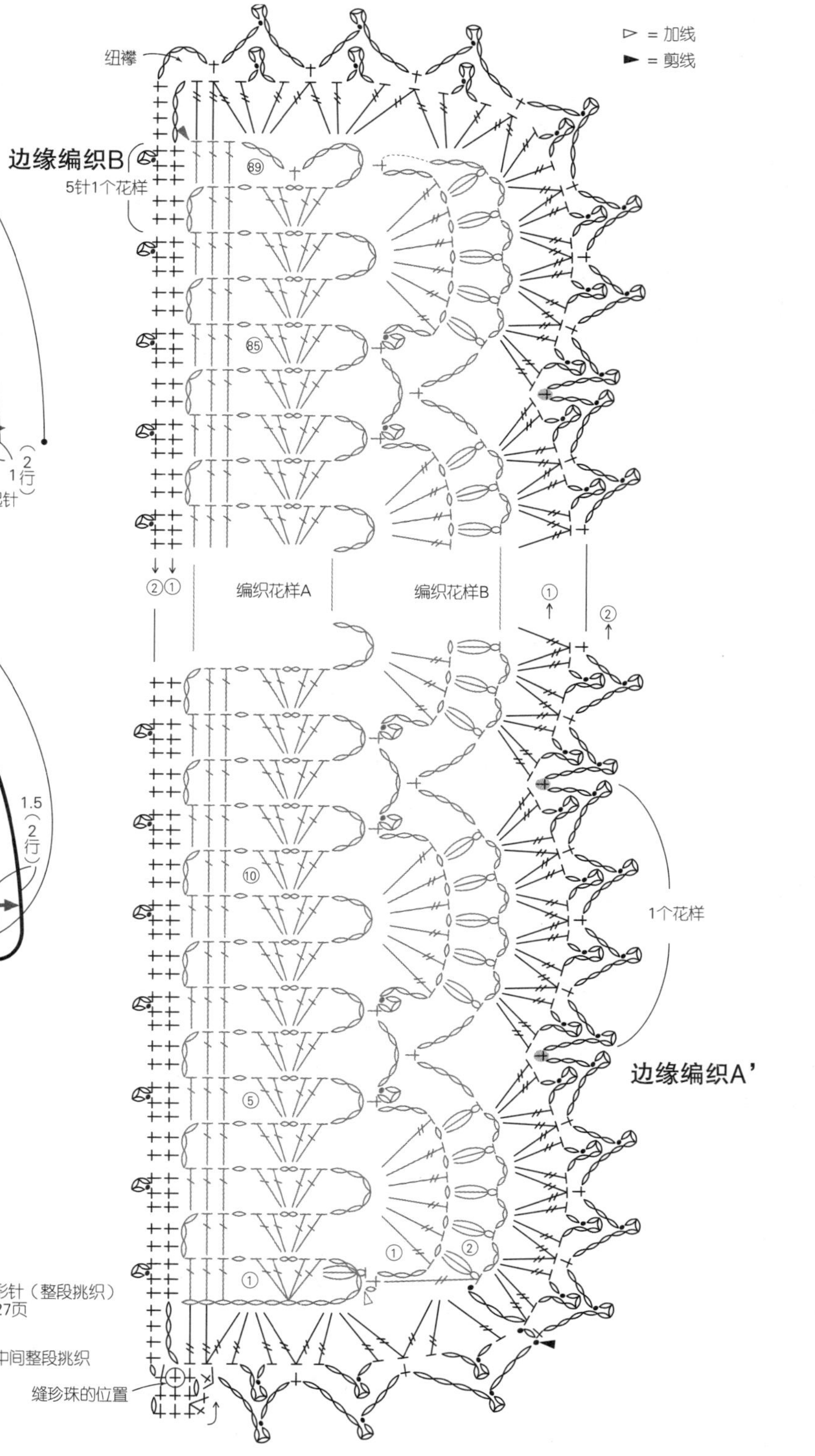

= 变化的3针中长针的枣形针（整段挑织）
※ 钩织方法请参照第127页

= 在前一行2针长长针的中间整段挑织

穿过左针的盖针

（3针的铜钱花）

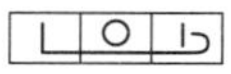

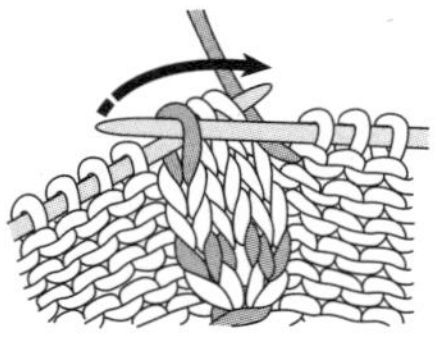

1 在左棒针的第3针里插入右棒针，如箭头所示将其覆盖在右边的2针上。

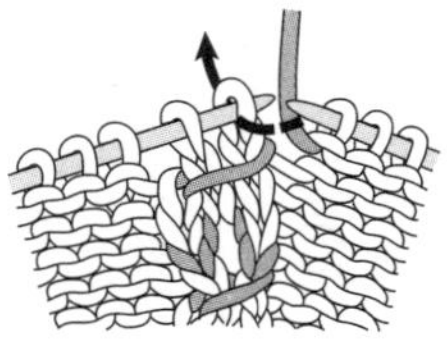

2 在右边的针目里插入棒针，编织下针。

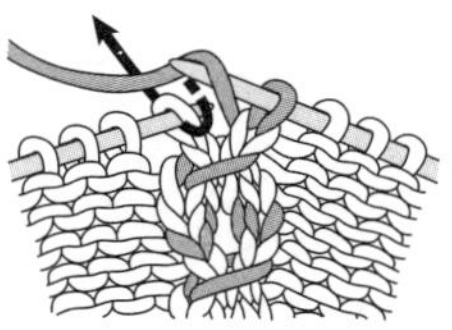

3 接着挂针，再在左边的针目里插入棒针编织下针。

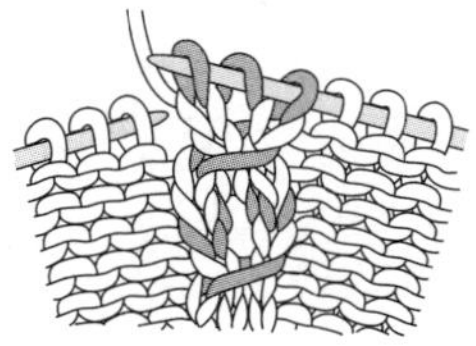

4 完成。

材料

奥林巴斯 Emmy Grande 原白色(804) 20g/1团，浅蓝色(361) 15g/1团

工具

蕾丝针0号

成品尺寸

[装饰垫] 宽24cm，长35cm

[杯垫] 参照图示

编织密度

花片的大小请参照图示

编织要点

●装饰垫…按连接花片钩织。从第2片花片开始，一边钩织一边在最后一行与相邻花片做连接。边缘请参照图示钩织。

●杯垫…环形起针后，参照图示钩织。

装饰垫

（连接花片）

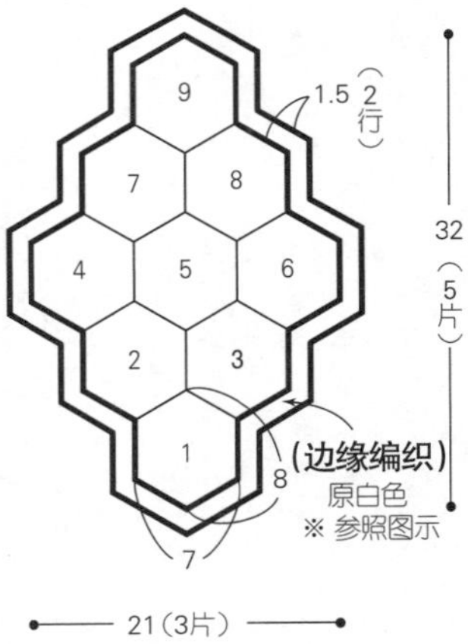

※ 全部用0号蕾丝针钩织

※ 花片内的数字表示连接的顺序

花片 9片

配色

第1~4行＝浅蓝色

第5行＝原白色

杯垫 2片

0号蕾丝针

▷ ＝加线

► ＝剪线

配色

第1~5行＝浅蓝色

第6、7行＝原白色

花片的连接方法

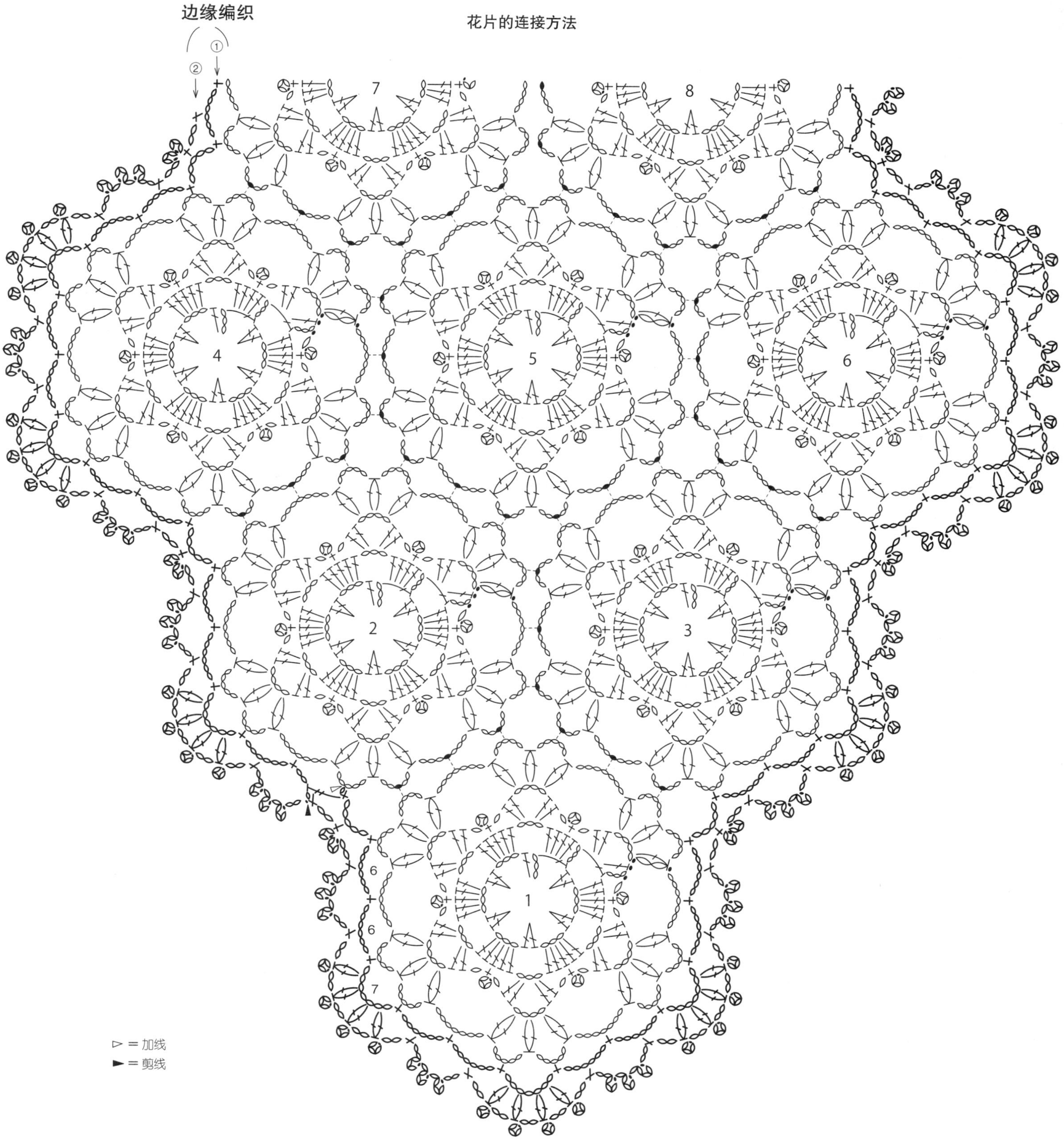

材料

手织屋 Hard Linen B 青绿色(15) 220g

工具

钩针 2/0 号

成品尺寸

胸围 104cm，衣长 55cm，连肩袖长 56cm

编织密度

编织花样 A'、B 均为 1 个花样 4.3cm，10cm 7 行

编织要点

●育克锁针起针开始编织，做编织花样 A。后身片、前身片参照图示从育克挑针，做腋下的起针，然后做编织花样 A' 和编织花样 B。挑起指定的针数，门襟钩织短针，领口做边缘编织。袖子从育克和腋下起针挑针，环形做编织花样 A' 和编织花样 B。细绳钩织锁针起针，然后钩织长针，穿在指定位置。

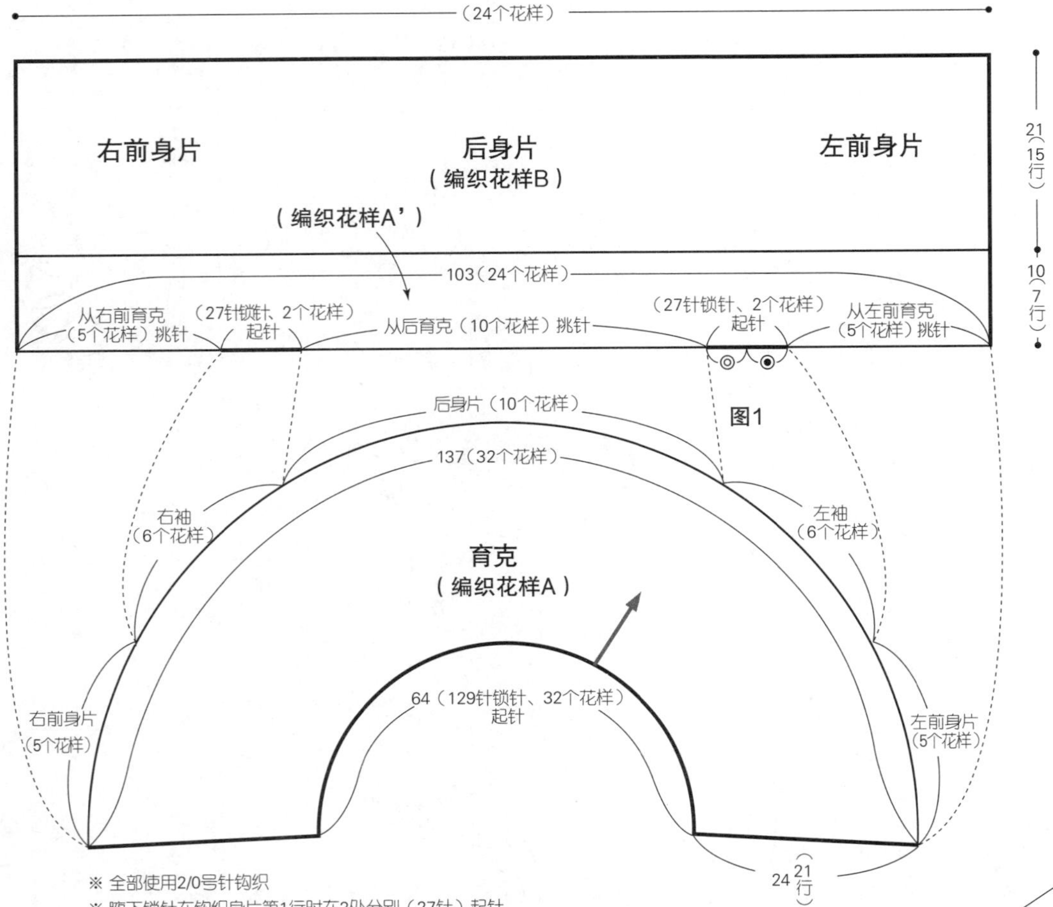

※ 全部使用2/0号针钩织

※ 腋下锁针在钩织身片第1行时在2处分别（27针）起针

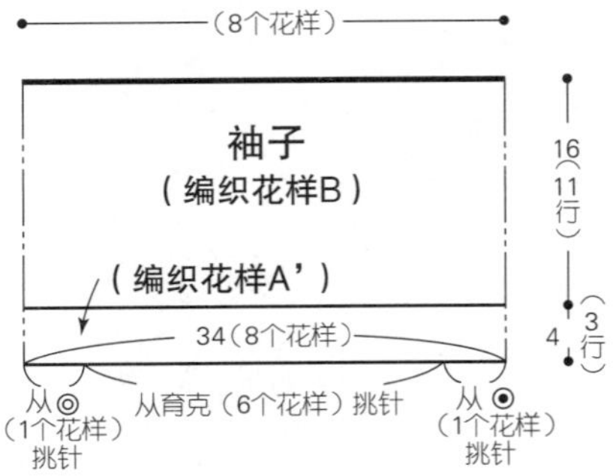

※ 对齐标记适用于左袖

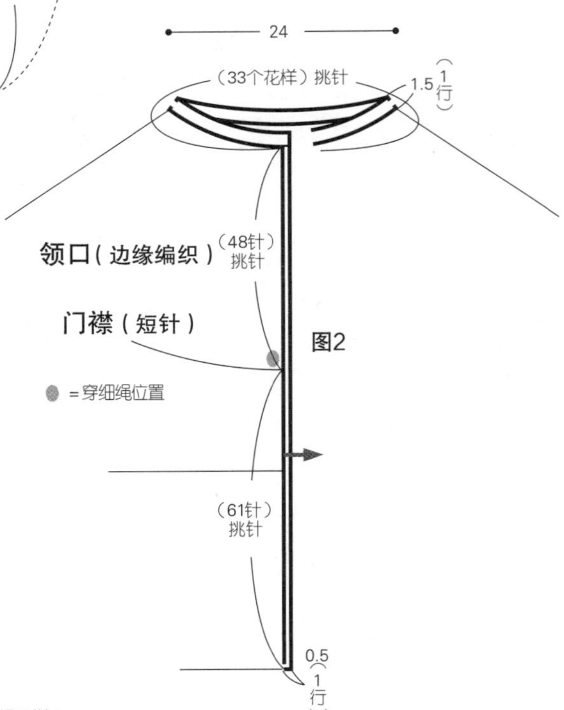

※从下摆接着钩织门襟、领口

细绳（长针）

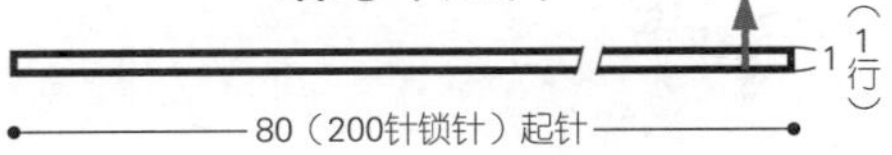

长针

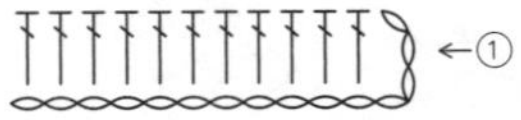

边缘编织（领口）

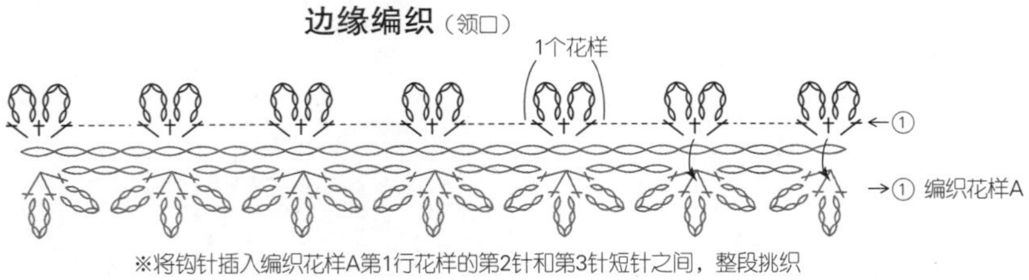

※将钩针插入编织花样A第1行花样的第2针和第3针短针之间，整段挑织

编织花样A（育克）

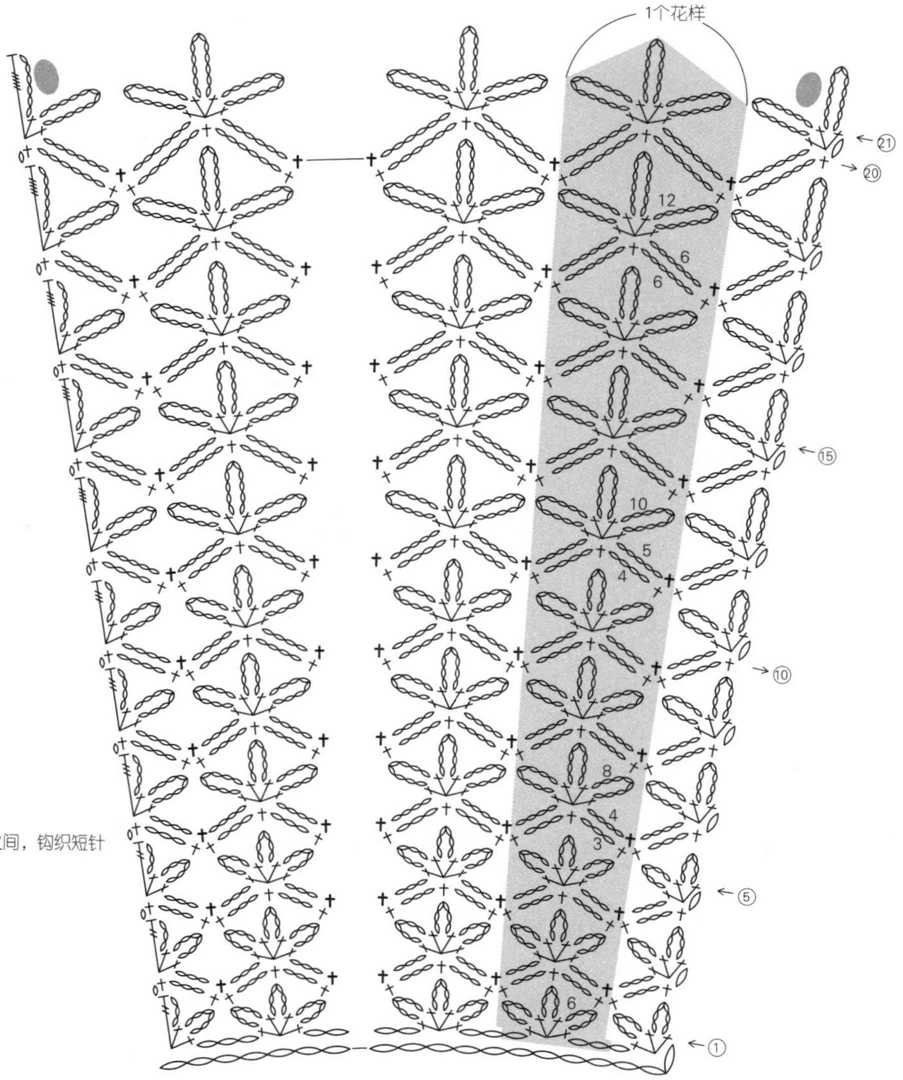

✝ =将钩针插入前一行针目与针目之间，钩织短针

=1个花样

=穿细绳位置（利用编织花样的空隙）

图1 腋下

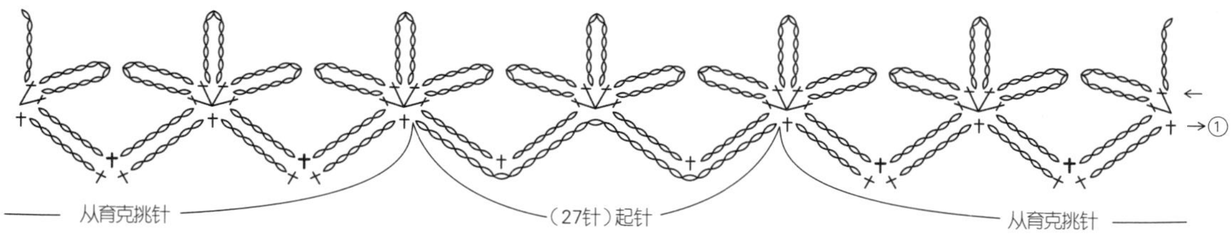

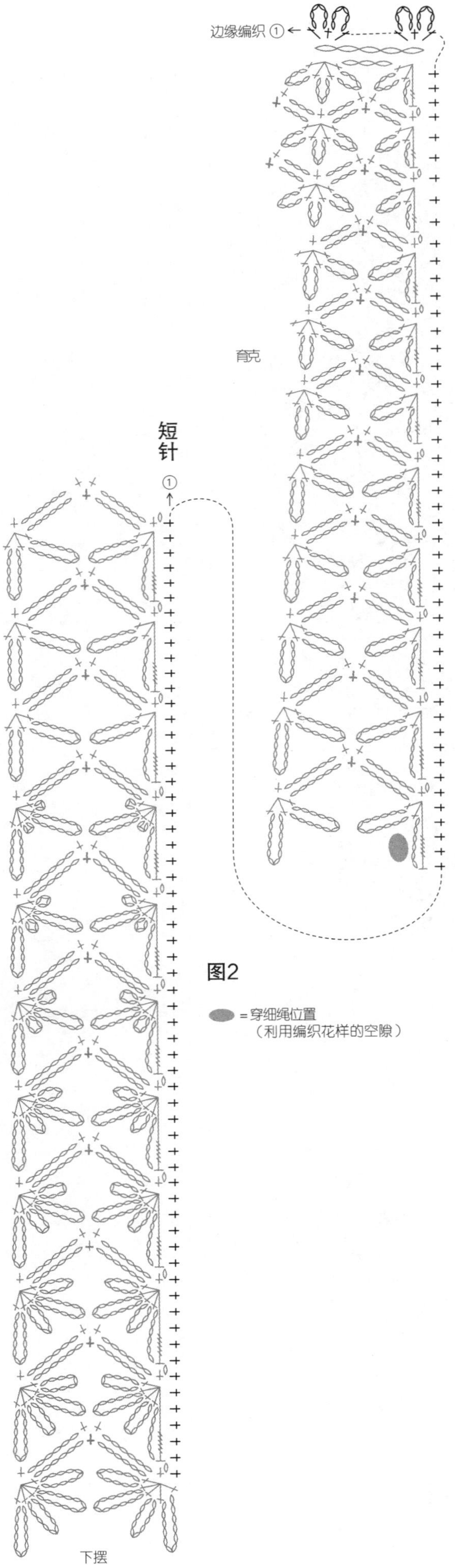

图2

● =穿细绳位置
（利用编织花样的空隙）

编织花样 A'、B（身片）

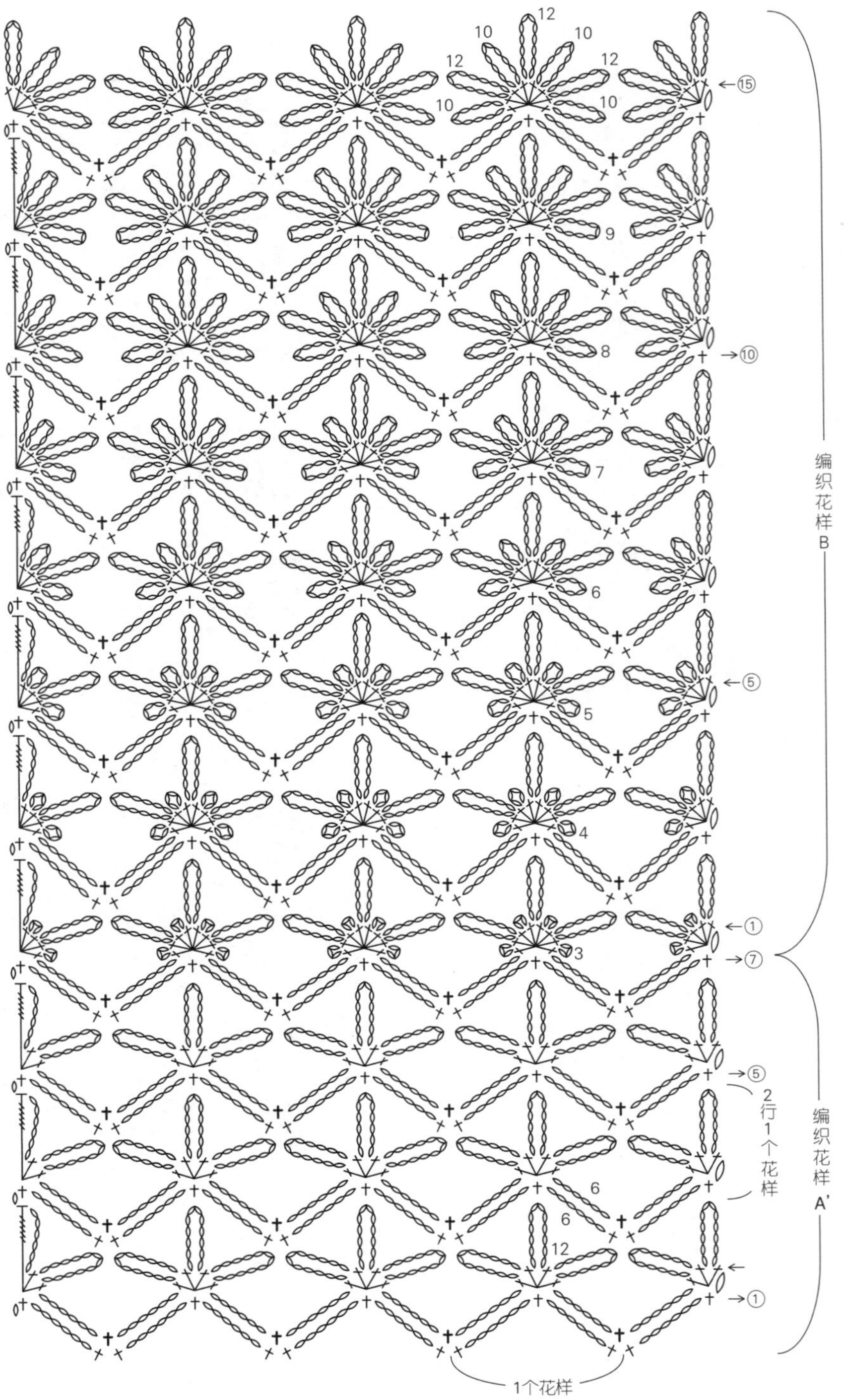

✝ =将钩针插入前一行针目与针目之间，钩织短针

编织花样A'、B（袖子）

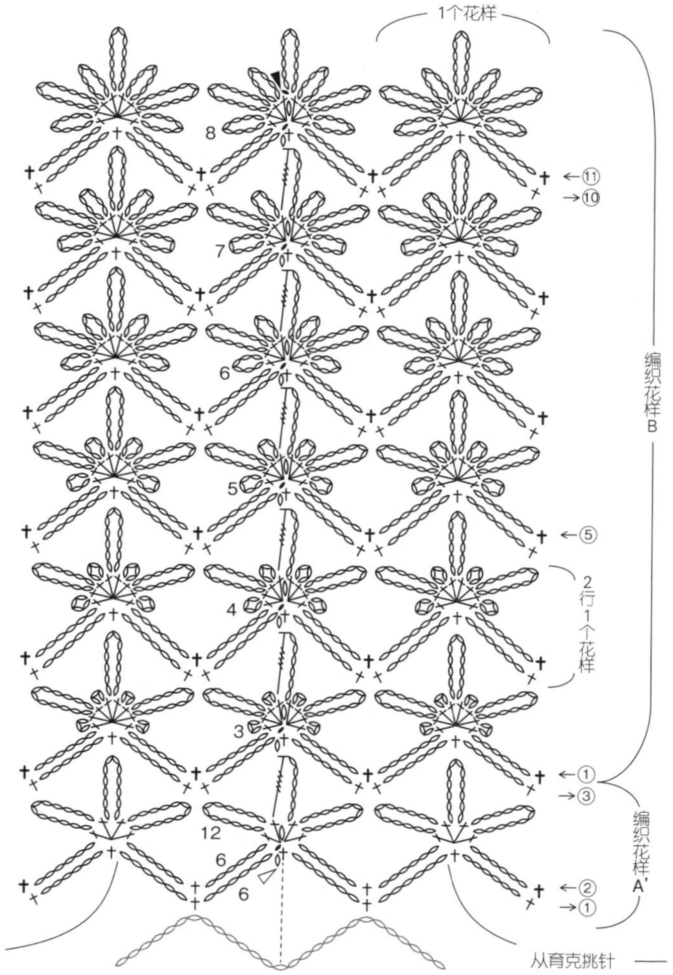

✝ =将钩针插入前一行针目与针目之间，钩织短针

▷=加线
►=剪线

变化的3针中长针的枣形针
（从1针中挑织）

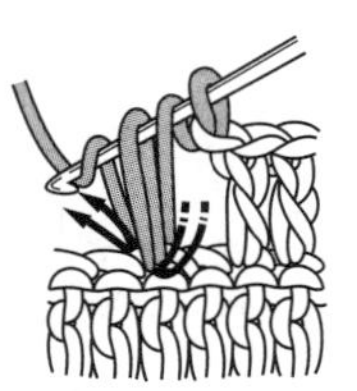
1 钩针挂线，在1针中钩织3针未完成的中长针。

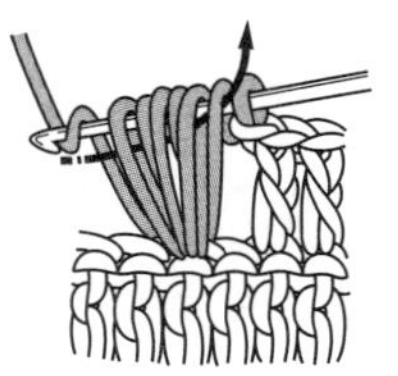
2 钩针挂线，一次性从钩针上的6个线圈中引拔出。

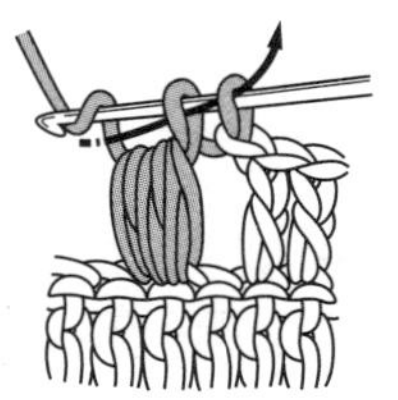
3 钩针挂线，从剩余的2个线圈中引拔出。

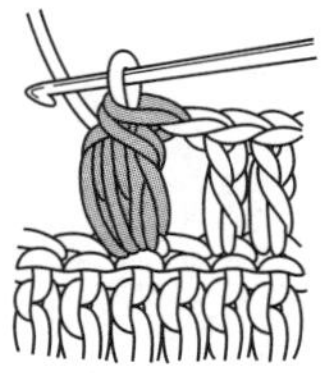
4 拉紧头部，完成。

变化的3针中长针的枣形针
（整段挑织）

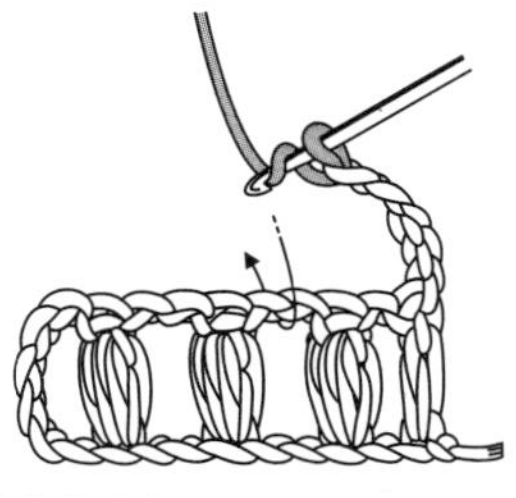
1 钩针挂线，整段挑起前一行的锁针，钩织3针未完成的中长针。

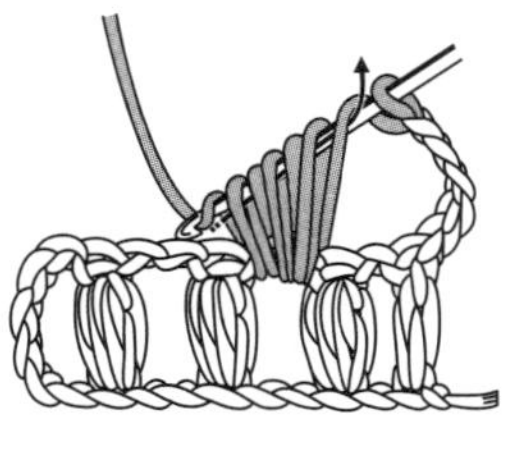
2 钩针挂线，一次性从钩针上的6个线圈中引拔出。

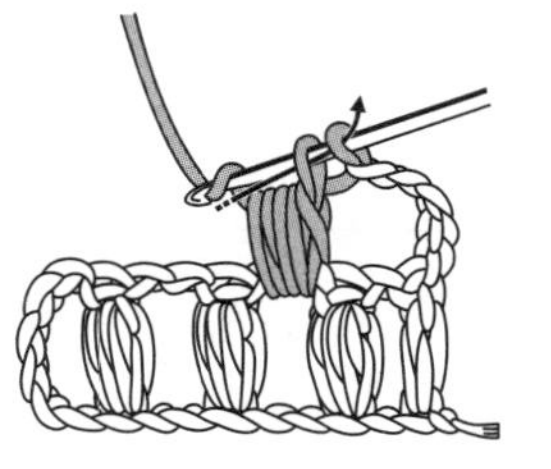
3 钩针挂线，从剩余的2个线圈中引拔出。

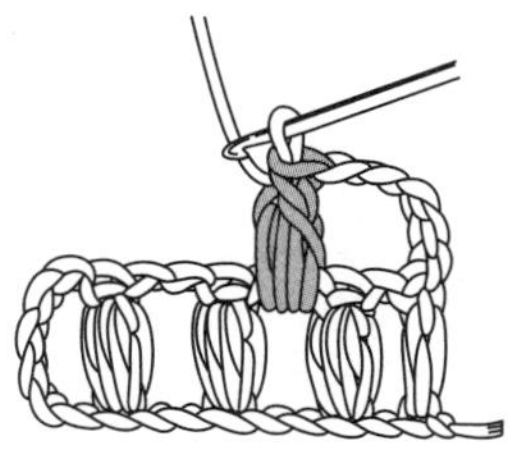
4 拉紧头部，完成。

材料

手织屋 Cotton Linen KS 米色和深蓝色混合（07）270g

工具

棒针5号、4号、3号

成品尺寸

胸围96cm，衣长60.5cm，连肩袖长34cm

编织密度

10cm×10cm面积内：编织花样22针，30行

编织要点

●身片…全部取2根线编织。手指起针，编织双罗纹针、编织花样。加针时，2针及以上做卷针加针，1针时在1针内侧编织扭加针。减2针及以上时做伏针减针（边针仅在第1次需要编织），减1针时立起侧边1针减针（即2针并1针）。编织花样由挂针和2针并1针组成。

●组合…肩部做盖针接合，胁部使用毛线缝针做挑针缝合和下针无缝缝合。领口、袖口挑取指定数量的针目，环形编织双罗纹针。编织终点做下针织下针、上针织上针的伏针收针。

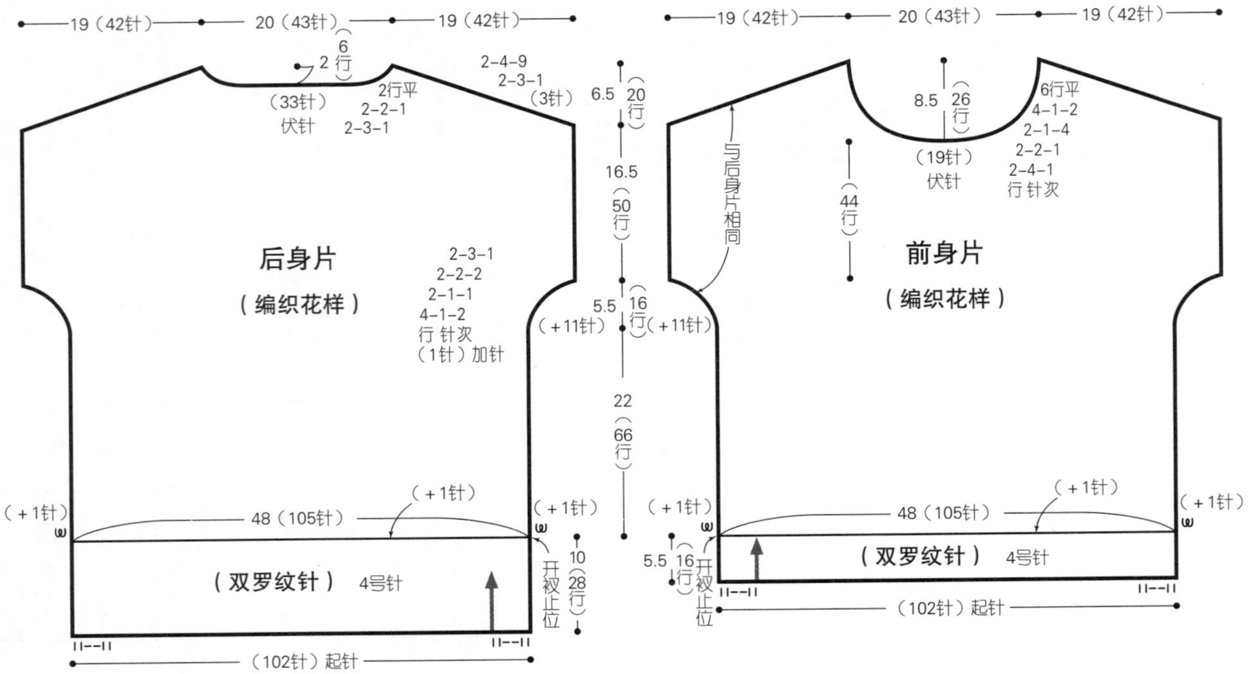

※ 全部取2根线编织
※ 除指定以外均用5号针编织

双罗纹针

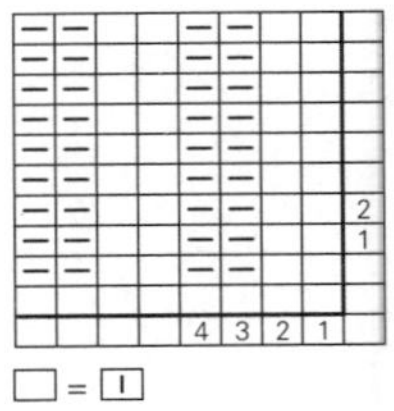

编织花样

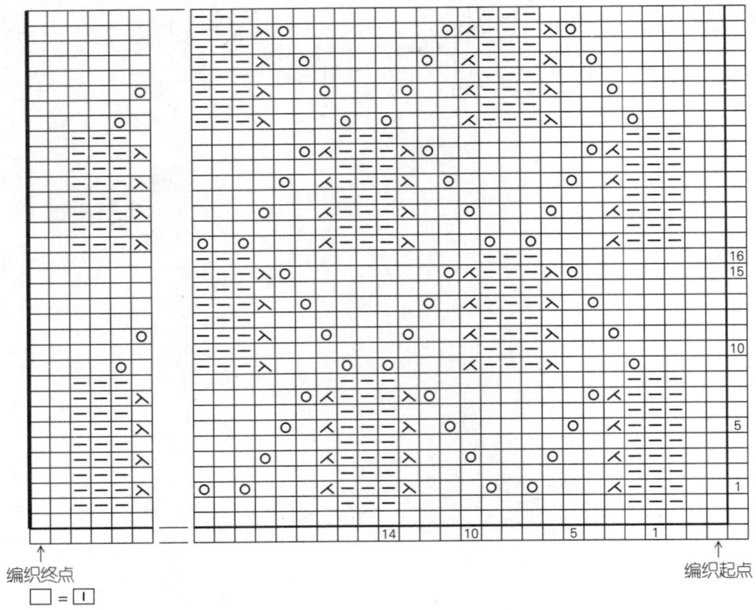

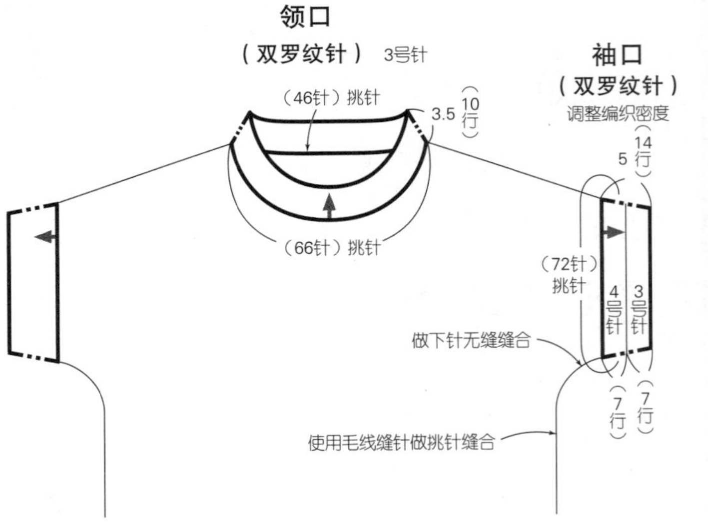

材料

手织屋 Original Linen 灰青色(21) 225g，灰绿色(12)、炭灰色(40)各135g

工具

棒针8号、6号

成品尺寸

胸围135cm，衣长58cm，连肩袖长32cm

编织密度

10cm×10cm面积内：编织花样A 18针，26行

编织要点

●身片…手指起针，编织扭针的单罗纹针、编织花样A。领窝减针时，端头第2针和第3针编织2针并1针。帮片起针方法和身片相同，编织扭针的单罗纹针、编织花样B。编织终点结合编织花样做伏针收针。

●组合…肩部做盖针接合。身片中心、身片和胁部帮片使用毛线缝针做挑针缝合至开衩止位。领口挑取指定数量的针目，做边缘编织。编织终点做扭针织扭针、上针织上针的伏针收针。

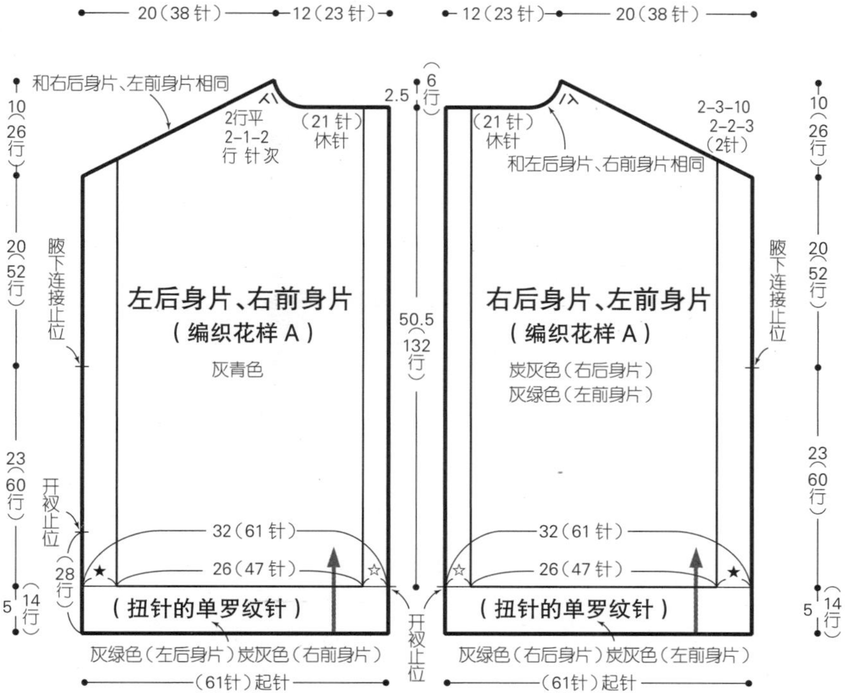

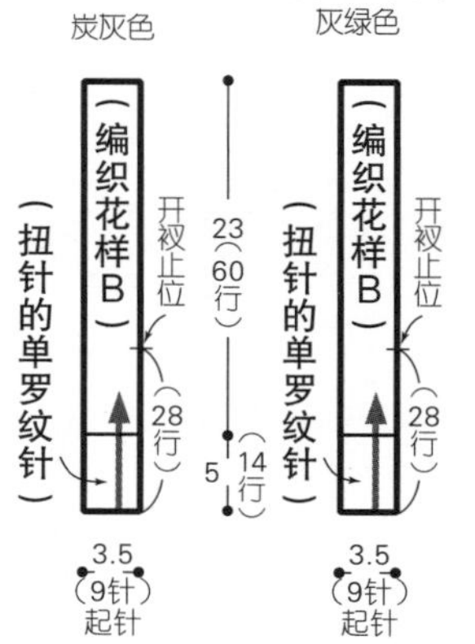

帮片的编织方法

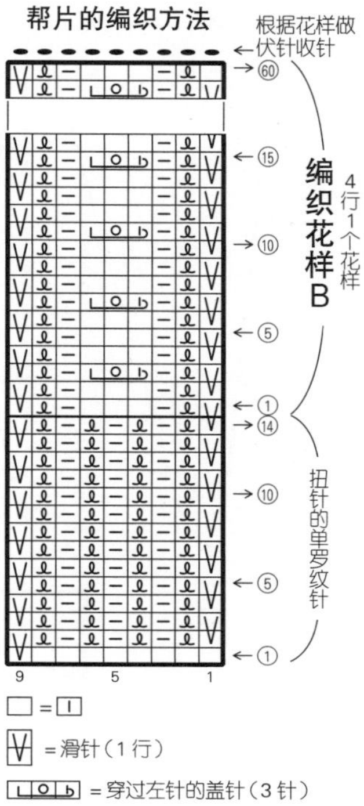

编织花样A

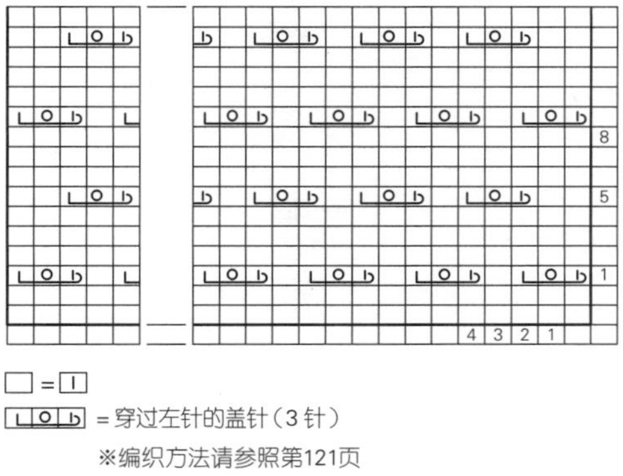

扭针的单罗纹针

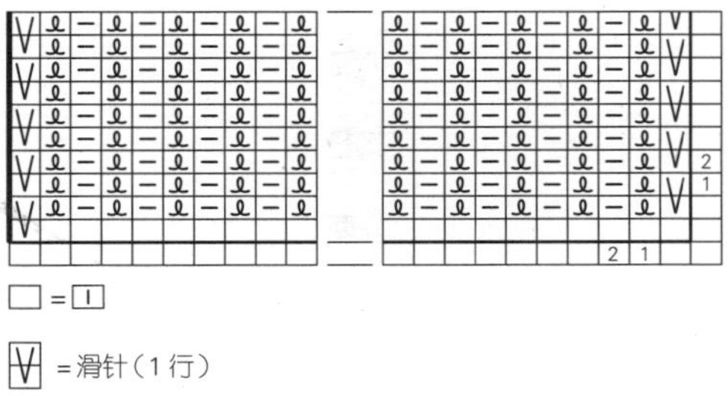

边缘编织

领口(边缘编织)

6号针 灰青色

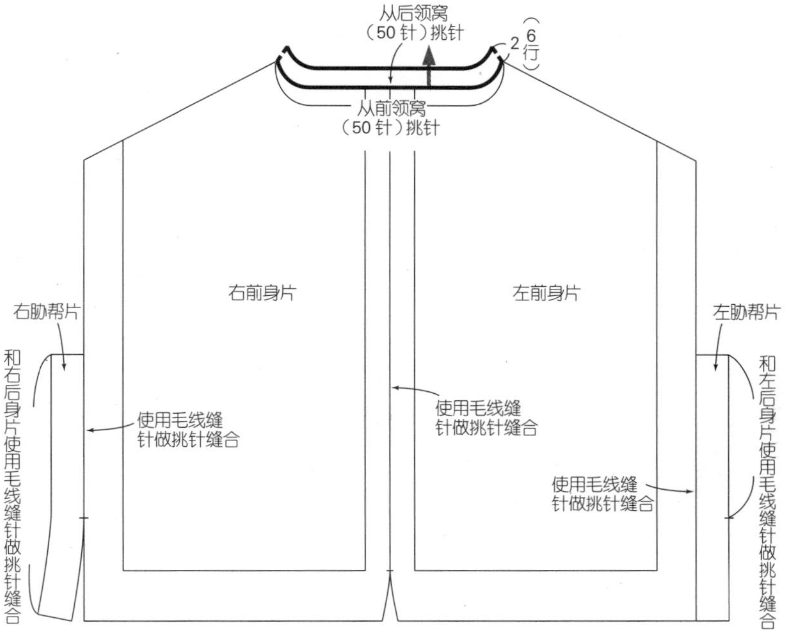

28 页的作品 ★★★

材料

手织屋 Original Cotton 浅灰色(105)、黄绿色(121)各160g

工具

棒针12号

成品尺寸

胸围106cm，衣长53.5cm，连肩袖长28.5cm

编织密度

10cm×10cm面积内：下针编织14.5针，18.5行

编织要点

●身片…全部取2根线编织，浅灰色和黄绿色各取1根。手指起针，编织单罗纹针、下针编织。参照图示编织加减针。领窝减针时，立起侧边1针减针。

●组合…肩部做盖针接合，胁部使用毛线缝针做挑针缝合。

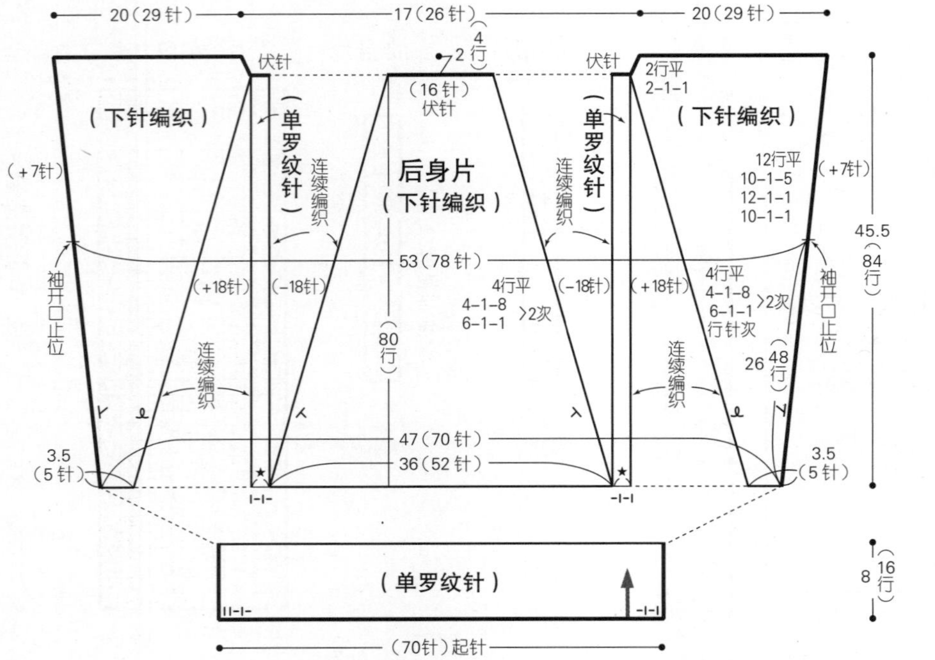

※全部使用12号针各取1根浅灰色线和黄绿色线并在一起编织　★=2（4针）

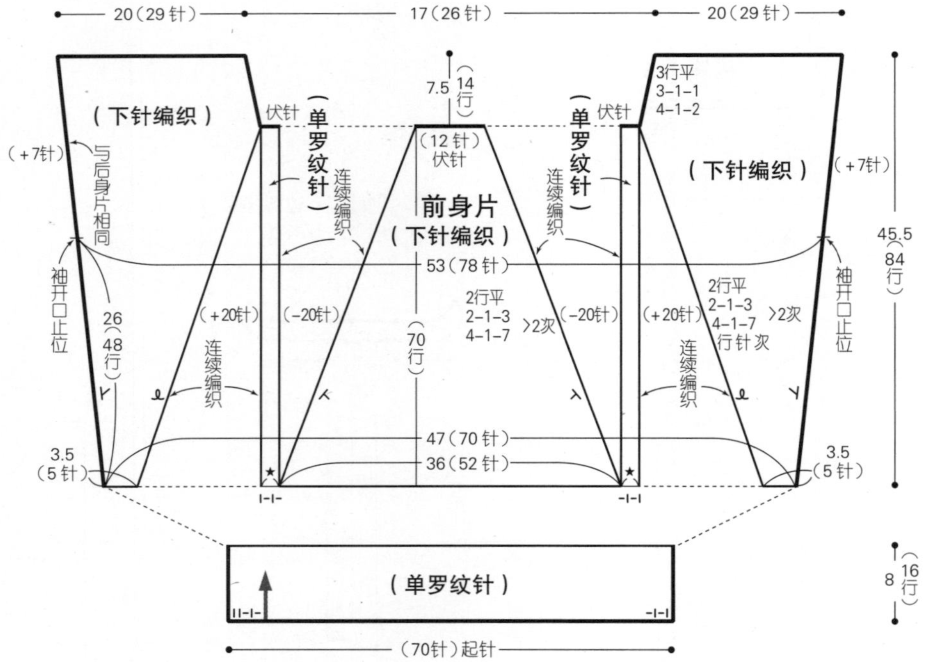

单罗纹针

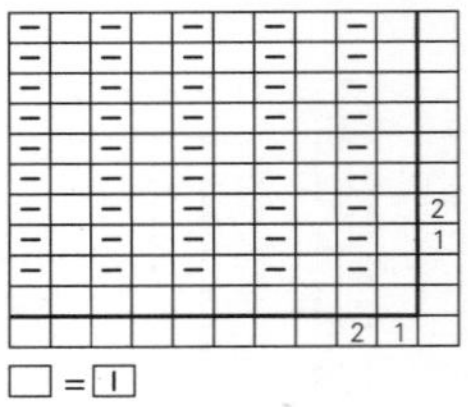

加减针的编织方法 (后身片右侧)

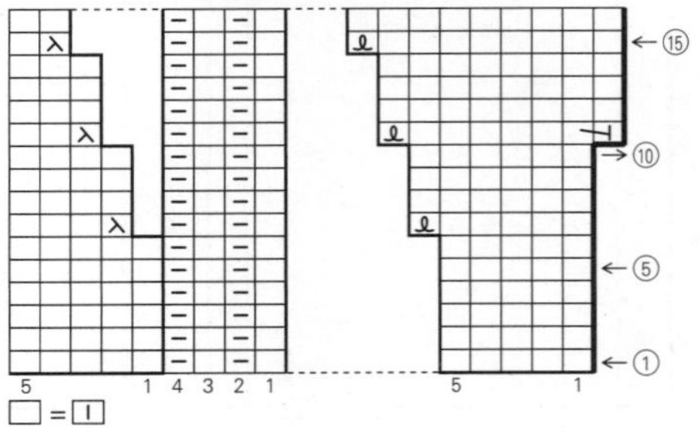

加减针的编织方法 (后身片左侧)

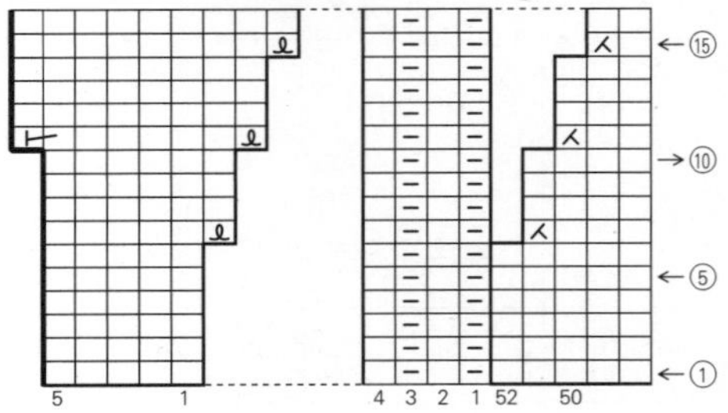

□=|

Ձ =扭加针

⊣ =左加针

⊢ =右加针

※编织方法请参照第110页

材料

毛线 Pierrot orgabits One 棕蓝色(18) 225g/6团

工具

棒针5号、3号

成品尺寸

胸围96cm，衣长57.5cm，连肩袖长28cm

编织密度

10cm×10cm面积内：编织花样B 23针，31行

编织要点

●身片…手指起针，编织单罗纹针、编织花样A、B。加针时，2针及以上做卷针加针，1针则在1针内侧编织扭加针。编织花样B的编织终点有变化，需要注意。身片的领口部分做单罗纹针收针。

●组合…肩部做盖针接合，胁部使用毛线缝针做挑针缝合，袖下做引拔接合。

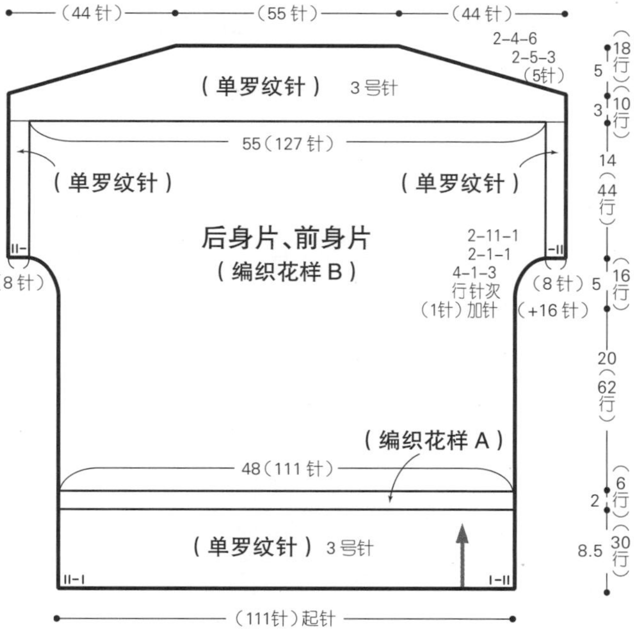

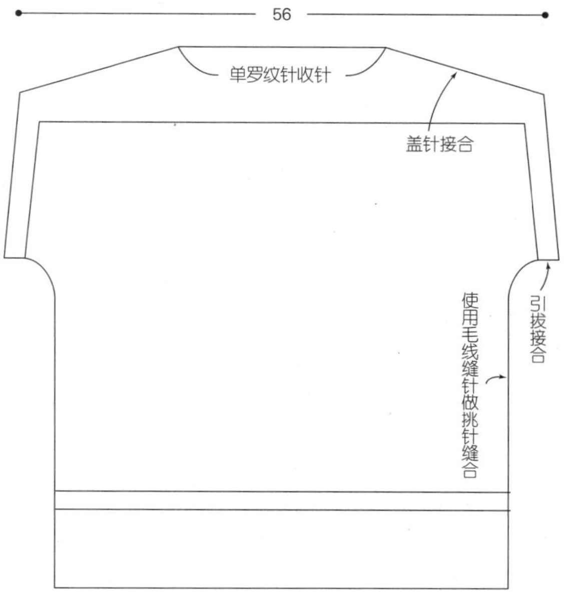

※除指定以外均用5号针编织

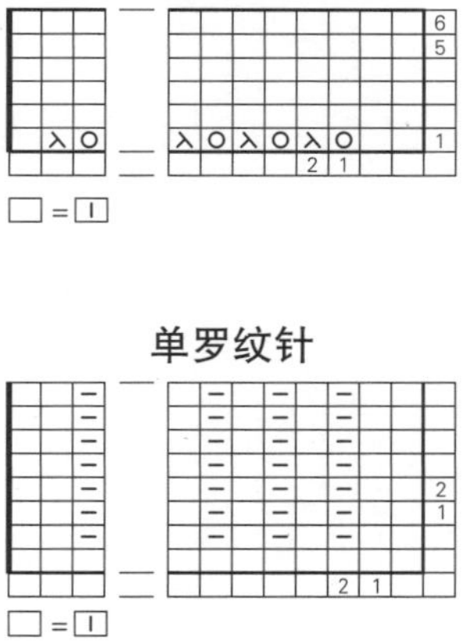

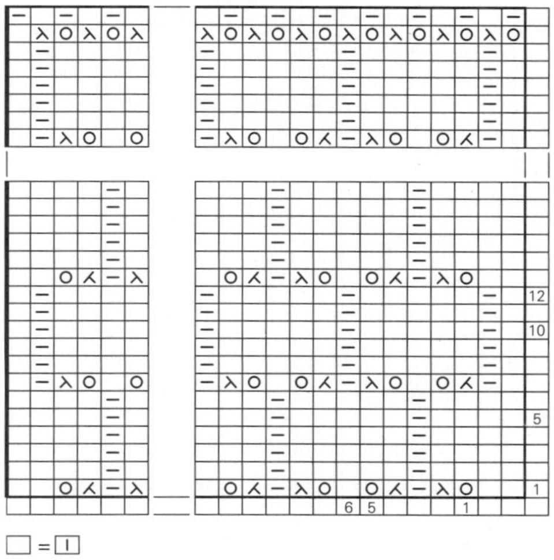

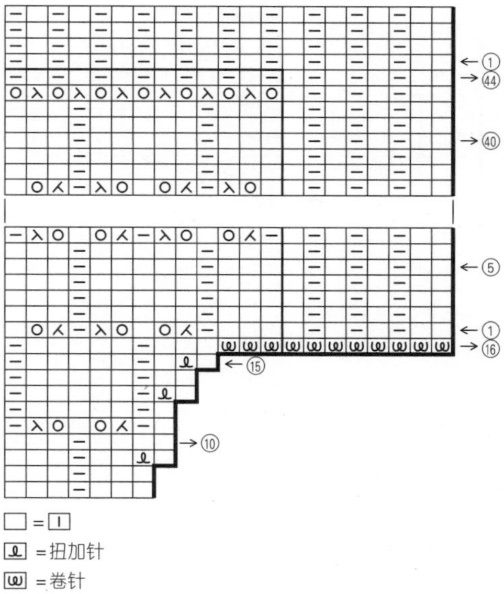

卷针加针（2针及以上时）

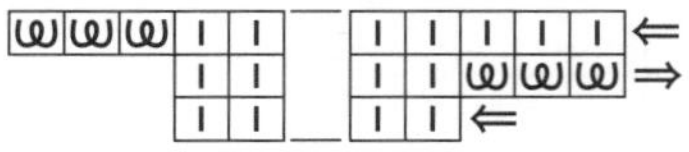

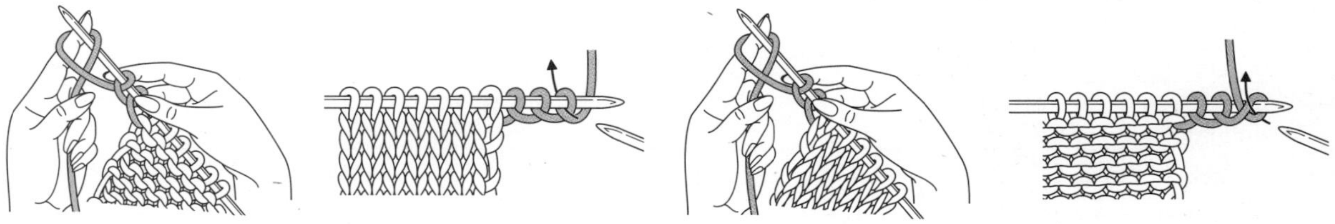

1 重复“食指挂线，插入棒针，抽出食指”至所要加针的针数。

2 翻到正面，如箭头所示插入右棒针编织下针。剩下的2针也按照相同方法编织。

3 和步骤1相同，食指挂线，然后插入棒针。

4 翻到反面，如箭头所示插入右棒针编织上针。剩下的2针也按照相同方法编织。

材料
毛线 Pierrot Sorbet 橙色(01) 375g/13团
工具
棒针6号、5号
成品尺寸
胸围94cm，衣长75cm，连肩袖长23.5cm
编织密度
10cm×10cm面积内：编织花样B 20针，32行(6号针)；编织花样A' 20针，32.5行

编织要点
●身片…手指起针，编织起伏针。然后，一边调整编织密度，一边做编织花样A、B、C、A'。
●组合…肩部做盖针接合，胁部使用毛线缝针做挑针缝合。领口从休针上挑针，环形编织起伏针。编织终点做伏针收针。

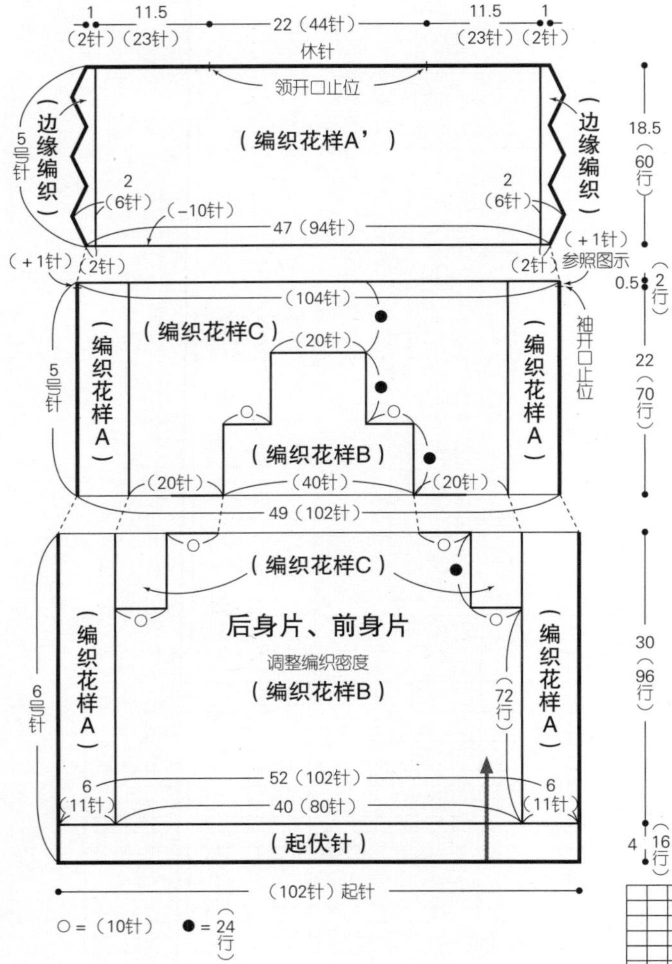

编织花样A

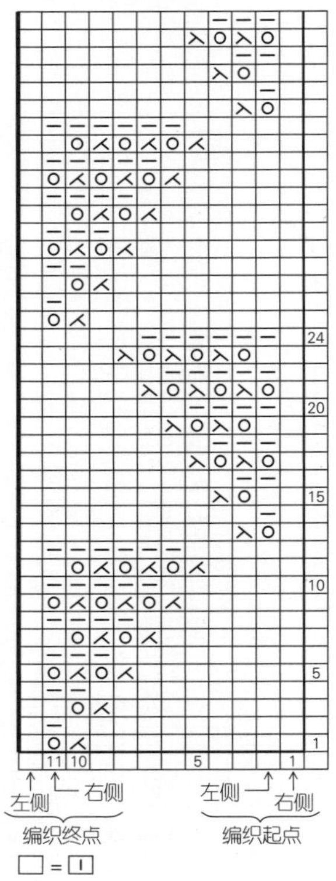

边缘编织

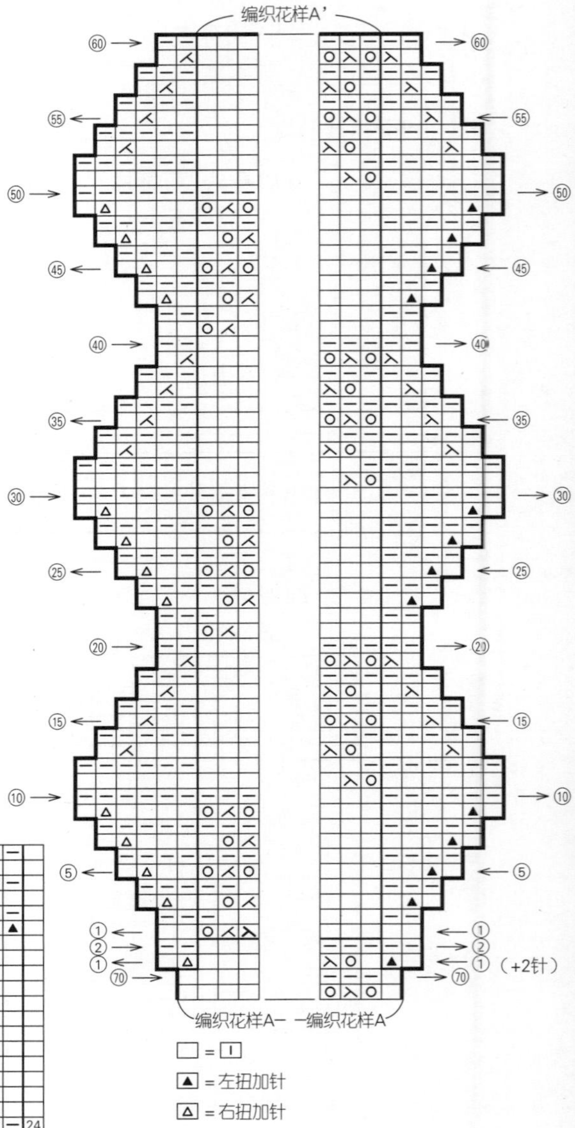

编织花样B

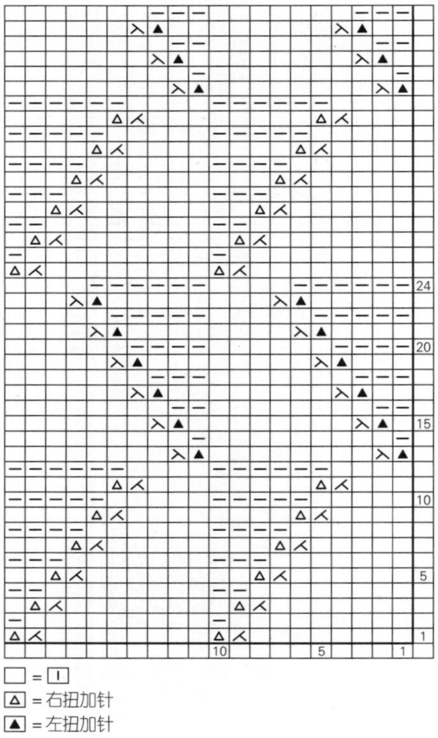

编织花样A'

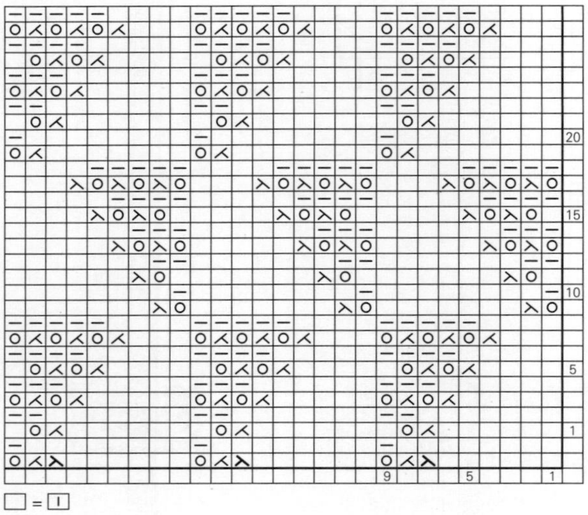

起伏针 (下摆)

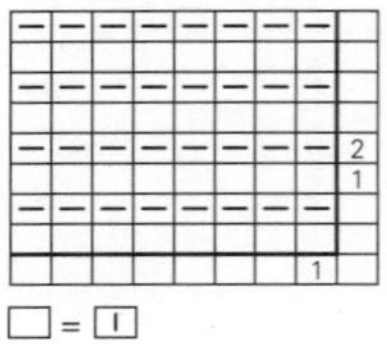

编织花样C　10针24行1个花样

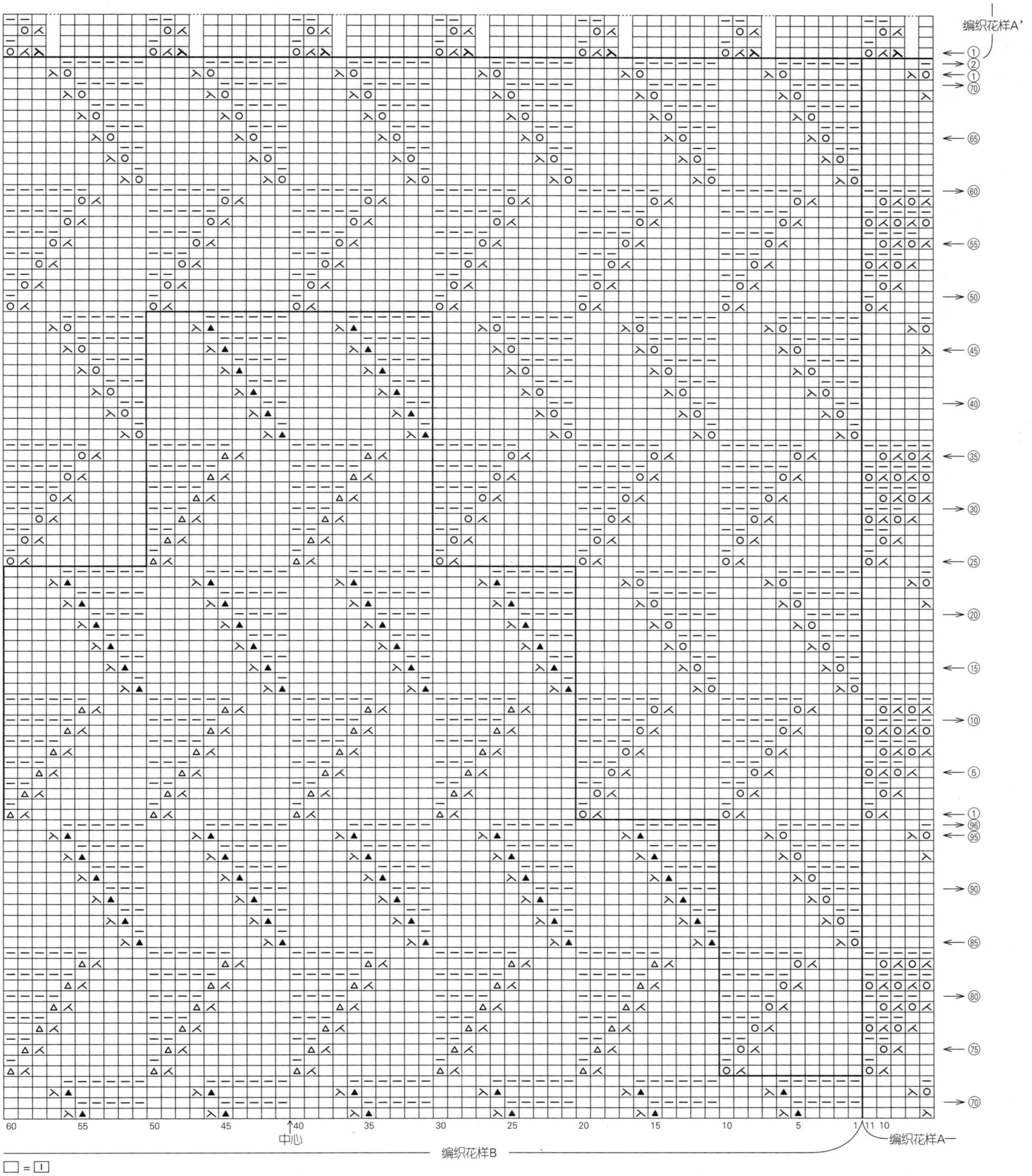

□ = 丨

▲ = 左扭加针

△ = 右扭加针

领口（起伏针）5号针

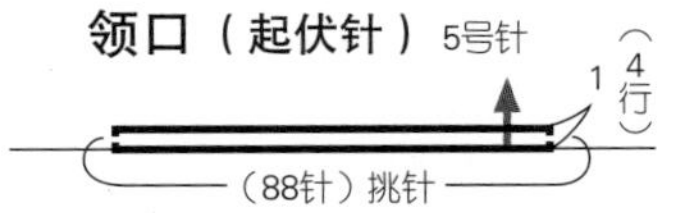

起伏针（领口）

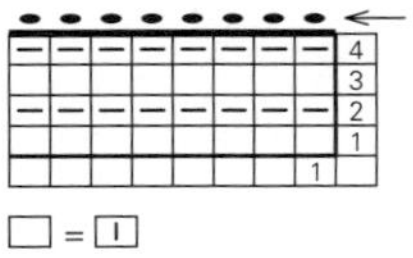

□ = 丨

左、右扭加针

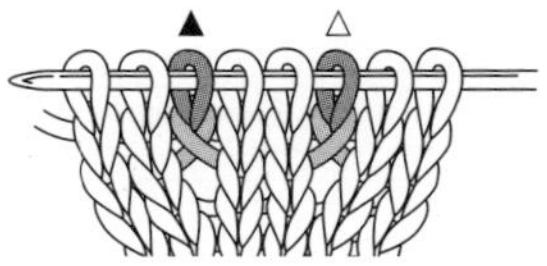

▲ 左扭加针（向左扭转的扭针）

△ 右扭加针（向右扭转的扭针）

材料

奥林巴斯 金票40号蕾丝线，毛线的用量和辅材等请参照下表

工具

蕾丝针6号

成品尺寸

参照图示

编织要点

●参照图示编织各部件。参照组合方法组合。

花朵 2片

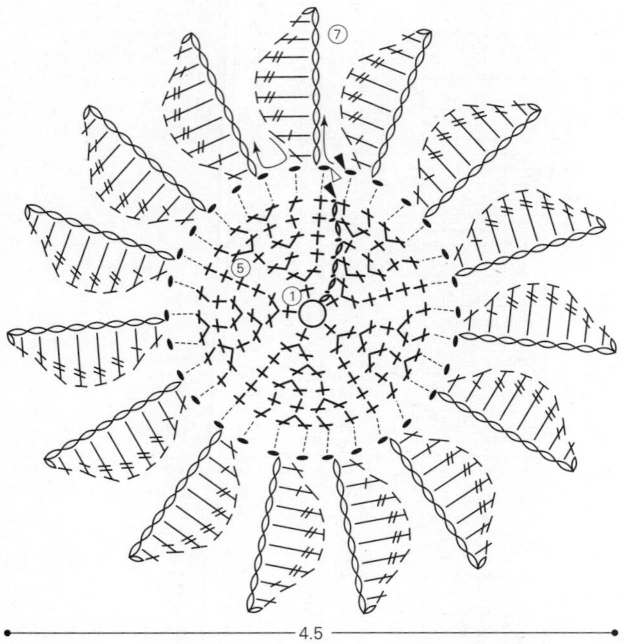

配色 { ——— =橄榄绿色 / ——— =亮黄绿色 }

※ 第1~6行将反面当作正面使用

毛线的用量和辅材

色名（色号）	用量	辅材
黄绿色（293）	1.5g / 1团	长1.5cm的别针1个
橄榄绿色（289）	1.5g / 1团	
亮黄绿色（283）	0.5g / 1团	

叶子 黄绿色 3片

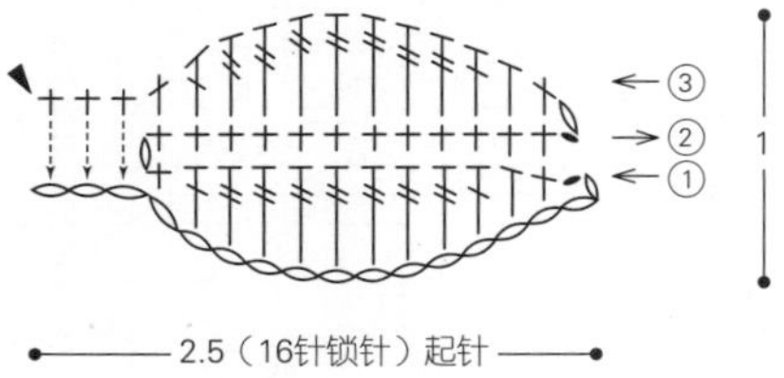

花朵中央的环 橄榄绿色 1片

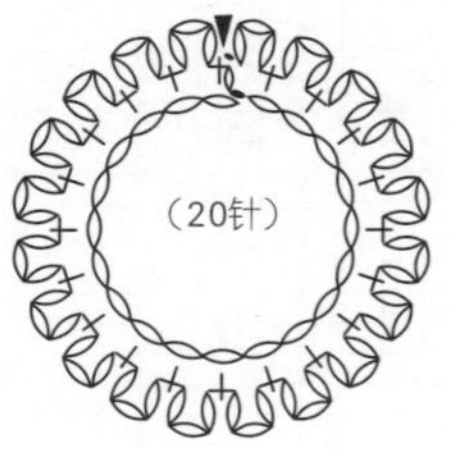

组合方法

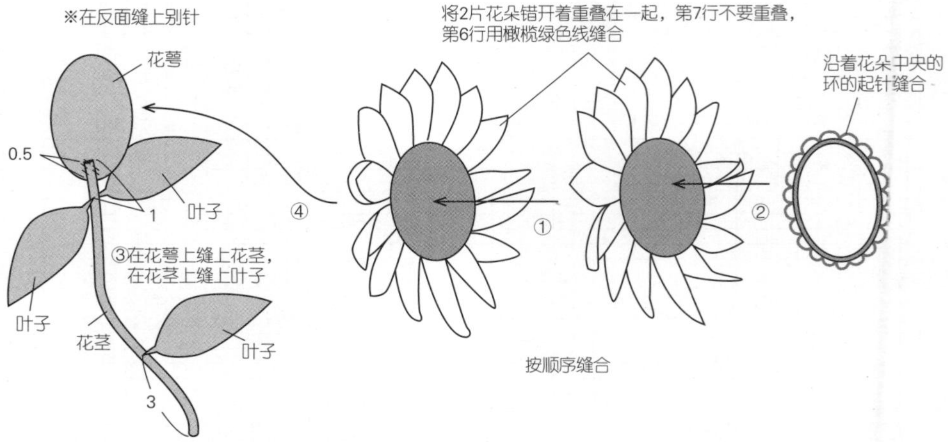

花萼 黄绿色 1片

▷ = 加线
► = 剪线

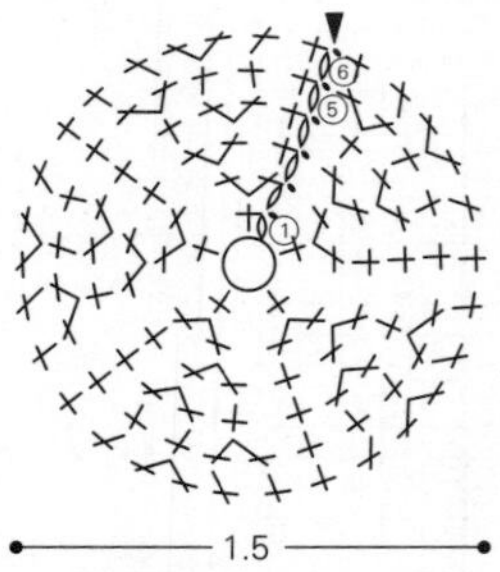

※将反面当作正面使用

花萼的加针

行数	针数	
6行	30针	（+5针）
5行	25针	（+5针）
4行	20针	（+5针）
3行	15针	（+5针）
2行	10针	（+5针）
1行	5针	

花茎 黄绿色

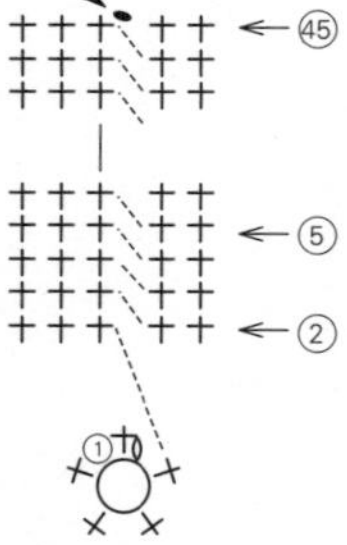

※将反面当作正面使用

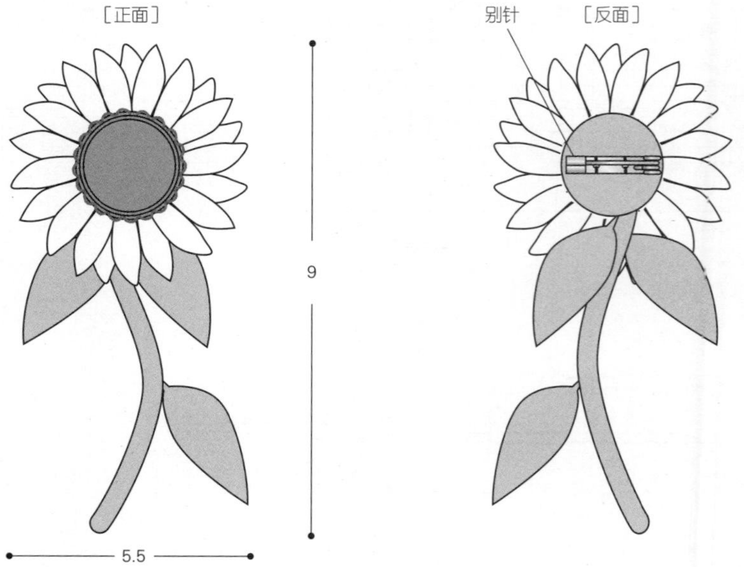

材料

奥林巴斯 金票40号蕾丝线、金票70号蕾丝线,毛线的用量和辅材等请参照下表

工具

蕾丝针6号、10号

成品尺寸

参照图示

编织要点

●参照图示编织各部件。参照组合方法组合。

花茎(罗纹绳)

胸针　蕾丝针6号　淡灰色

9cm(60针)…2根　7.5cm(50针)…6根

6cm(40针)…2根

耳饰　蕾丝针10号　灰粉色

5.5cm(45针)…6根　5cm(50针)…8根

※罗纹绳的编织方法请参照第144页

毛线的用量和辅材

	用线	色名(色号)	用量	辅材
胸针	金票40号蕾丝线	淡灰色(813)	1.5g/1团	长1.5cm的别针1个
		橄榄绿色(289)	1g/1团	
		灰青色(343)	1g/1团	
耳饰	金票40号蕾丝线	淡灰色(813)	0.5g/1团	耳钩1对、C形环2个
	金票70号蕾丝线	紫色(656)	1g/1团	
		灰粉色(720)	0.5g/1团	

胸针的叶子 2片

6号蕾丝针 橄榄绿色

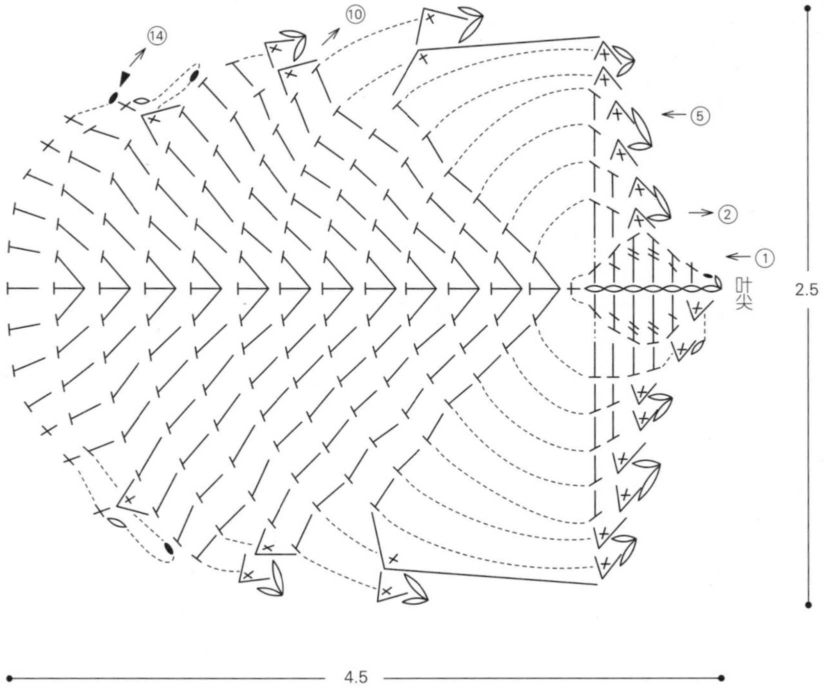

小花片

胸针　6号蕾丝针 灰青色10片

耳饰　10号蕾丝针 紫色 14片

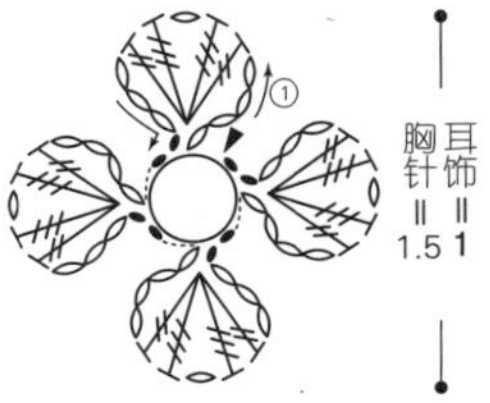

※中心的环在穿过花茎之后收紧

► = 剪线

小花片和花茎的组合方法(通用)

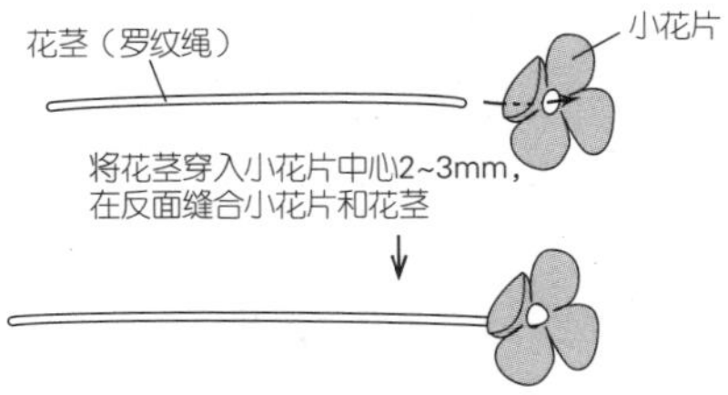

耳饰的组合方法

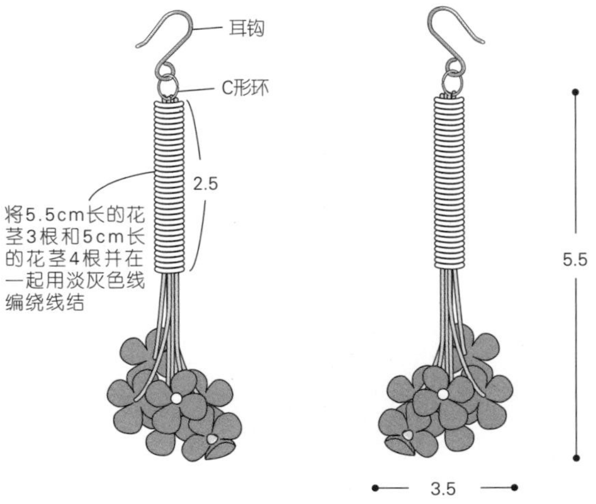

胸针的组合方法

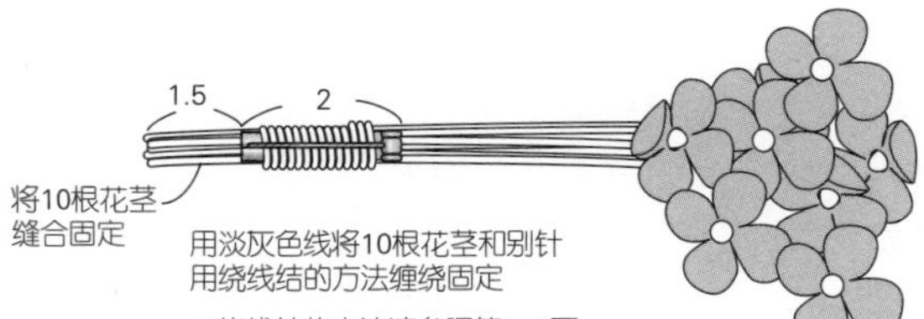

※绕线结的方法请参照第136页

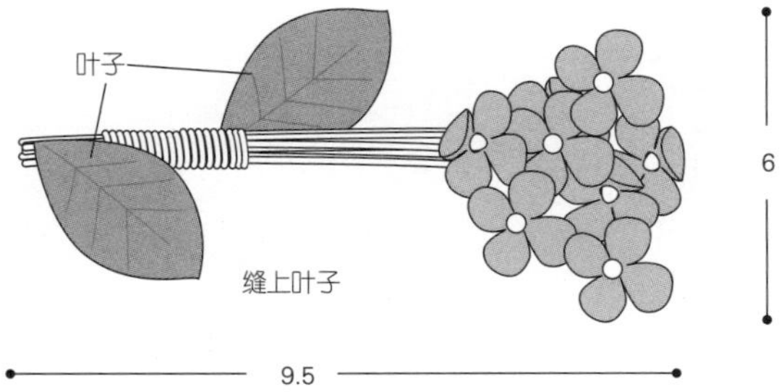

材料

奥林巴斯 金票40号蕾丝线，毛线的用量和辅材等请参照下表

工具

蕾丝针6号

成品尺寸

参照图示

编织要点

●参照图示钩织指定数量的花朵和花萼。钩织花蕾，然后钩织藤蔓。将花朵和花萼缝在藤蔓的指定位置。

毛线的用量和辅材

	色名（色号）	用量	辅材
帽饰	橙色（171）	1g / 1团	长5cm的别针1个
	黄绿色（293）	1g / 1团	
	芥末色（582）	1g / 1团	
项链	黄绿色（293）	2g / 1团	
	橙色（171）	1g / 1团	
	芥末色（582）	1g / 1团	

※全部使用6号蕾丝针钩织

花朵 帽饰、项链 各3片

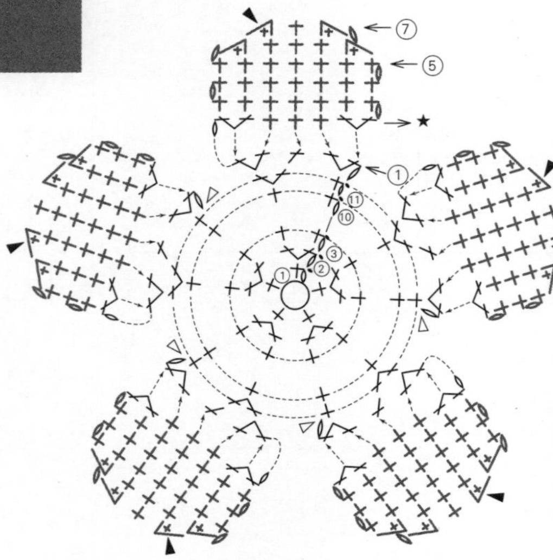

※编织时使反面成为内侧
※钩织★行时要包住配色线

花朵的加针（1～11行）

行数	针数	
11行	15针	（+5针）
3～10行	10针	
2行	10针	（+5针）
1行	5针	

配色 + =芥末色 + =橙色

花蕾 黄绿色
帽饰、项链 各1个

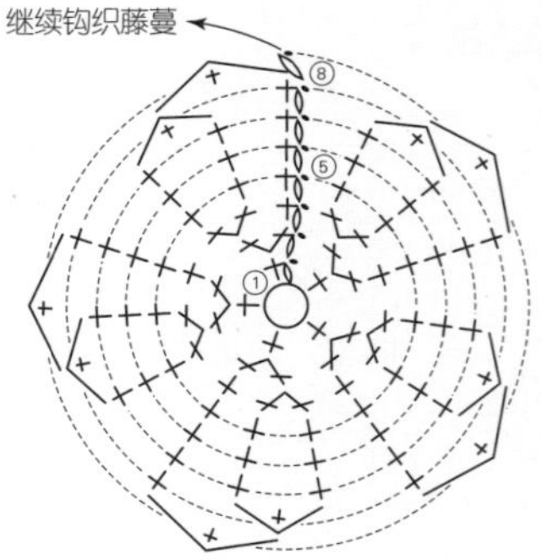

花蕾的加减针

行数	针数	
8行	5针	（－5针）
7行	10针	（－5针）
4～6行	15针	
3行	15针	（+5针）
2行	10针	（+5针）
1行	5针	

花萼 黄绿色
帽饰、项链 各3片

▷ = 加线
► = 剪线

※在中心的线圈中穿入藤蔓，收紧线圈
※编织终点留15cm长的线头后剪断
※编织时使反面成为外侧
※ ⬬ = 缝花朵的位置

绕线结

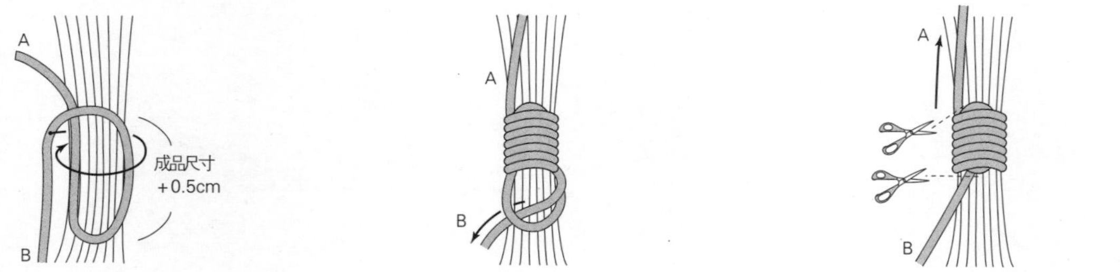

1 以整束细绳为芯线，再取1根细绳按照图示一圈圈密密地缠好。

2 缠绕所需尺寸后，将线头B穿入下方的线圈。

3 拉紧线头A，线头B穿入的线圈会被拉到缠绕的线圈中牢牢地固定，然后剪掉两端的线头。

藤蔓（项链）

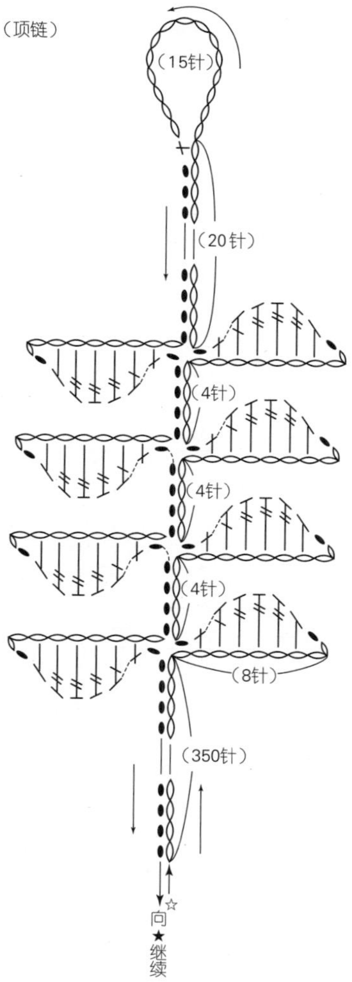

藤蔓（帽饰）

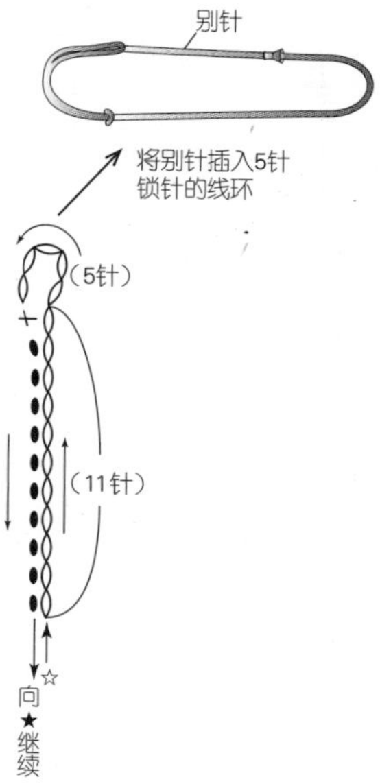

藤蔓（通用）

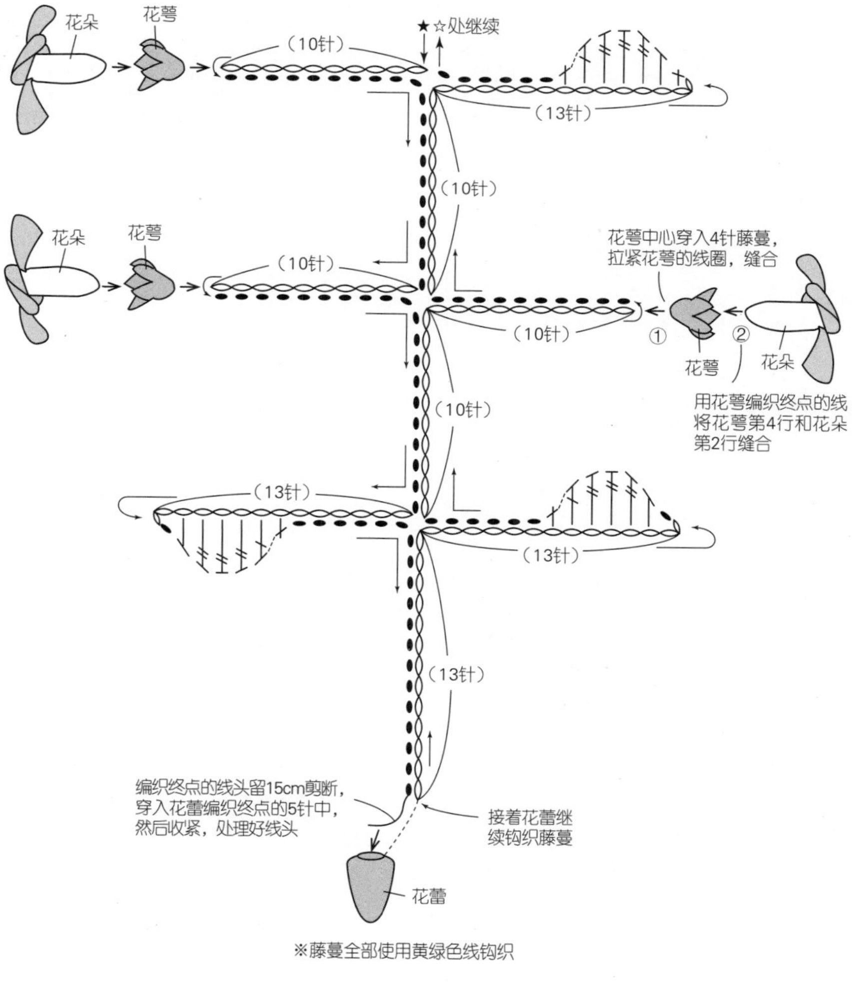

※藤蔓全部使用黄绿色线钩织

材料
奥林巴斯 Emmy Grande、Emmy Grande <Colors>、Emmy Grande<House>、金票40号蕾丝线<晕染>，毛线的用量和辅材等请参照下表

工具
蕾丝针0号，钩针3/0号

成品尺寸
参照图示

编织要点
●参照图示编织各部件。西瓜皮和刨冰杯子要一边包住配色线，一边钩织。参照组合方法组合。

44、45页的作品★★★

西瓜

※全部使用0号蕾丝针钩织
※以1块西瓜为例

西瓜皮

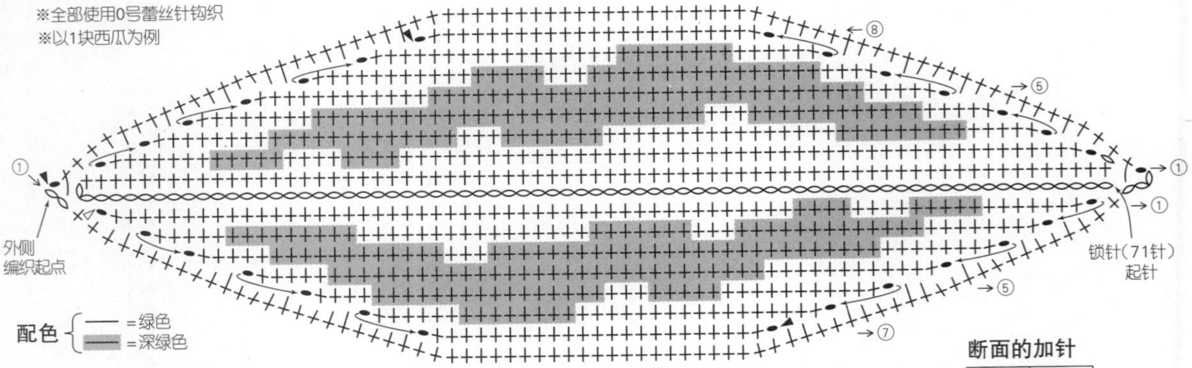

配色 { — =绿色 ▬ =深绿色

▷ = 加线
▶ = 剪线
⌒、⌒ = 渡线

断面 2片

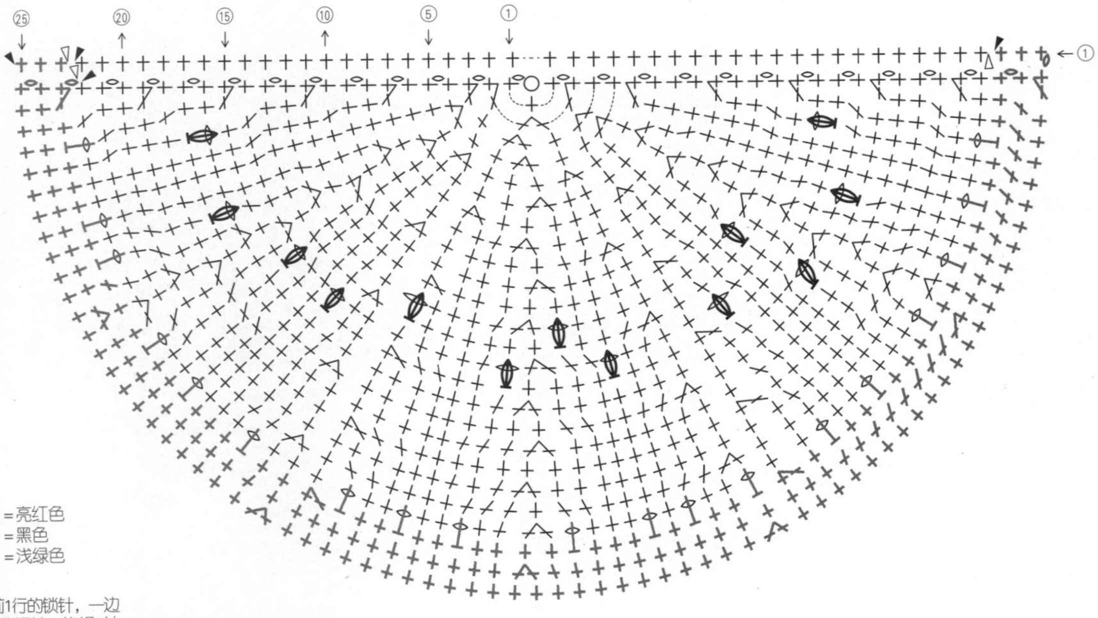

配色 { — =亮红色 ▬ =黑色 — =浅绿色

=一边包住前1行的锁针，一边挑起前2行的短针，钩织3针中长针的枣形针

=一边包住前1行的锁针，一边挑起前2行的短针，钩织中长针

断面的加针

行数	针数	
25行	75针	(+3针)
24行	72针	(+3针)
23行	69针	(+3针)
22行	66针	(+3针)
21行	63针	(+3针)
20行	60针	(+3针)
19行	57针	(+3针)
18行	54针	(+3针)
17行	51针	(+3针)
16行	48针	(+3针)
15行	45针	(+3针)
14行	42针	(+3针)
13行	39针	(+3针)
12行	36针	(+3针)
11行	33针	(+3针)
10行	30针	(+3针)
9行	27针	(+3针)
8行	24针	(+3针)
7行	21针	(+3针)
6行	18针	(+3针)
5行	15针	(+3针)
4行	12针	(+3针)
3行	9针	(+3针)
2行	6针	(+3针)
1行	3针	

组合方法

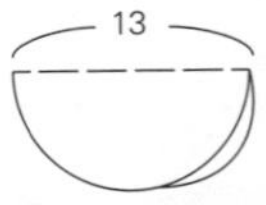

直径13cm的厚纸对折

将织好的断面反面相对对齐，分别用相应的颜色做卷针缝

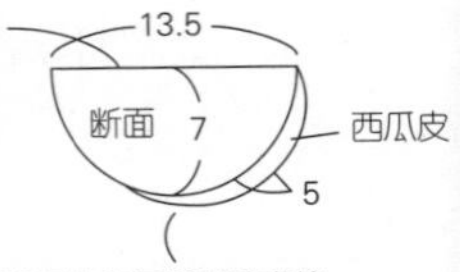

里面放入厚纸和填充棉，西瓜皮挑起头部2根线，断面挑取头部1根线，用浅绿色线做卷针缝

毛线的用量和辅材

	用线	色名（色号）	用量	辅材
西瓜（2块）	Emmy Grande	亮红色（700）	24g/1团	直径13cm的厚纸 2片 填充棉适量
		浅绿色（251）	6g/1团	
		深绿色（238）	4g/1团	
	Emmy Grande<Colors>	绿色（265）	10g/1团	
		黑色（901）	少量/1团	
刨冰	Emmy Grande<House>	白色（H1）	16g/1团	直径5cm的厚纸 1片 吸管 1根 填充棉适量
		蓝色（H14）	4g/1团	
	金票40号蕾丝线<晕染>	黄色系段染（53）	8g/1团	
	Emmy Grande	亮红色（700）	少量/1团	

刨冰

杯子 3/0号针

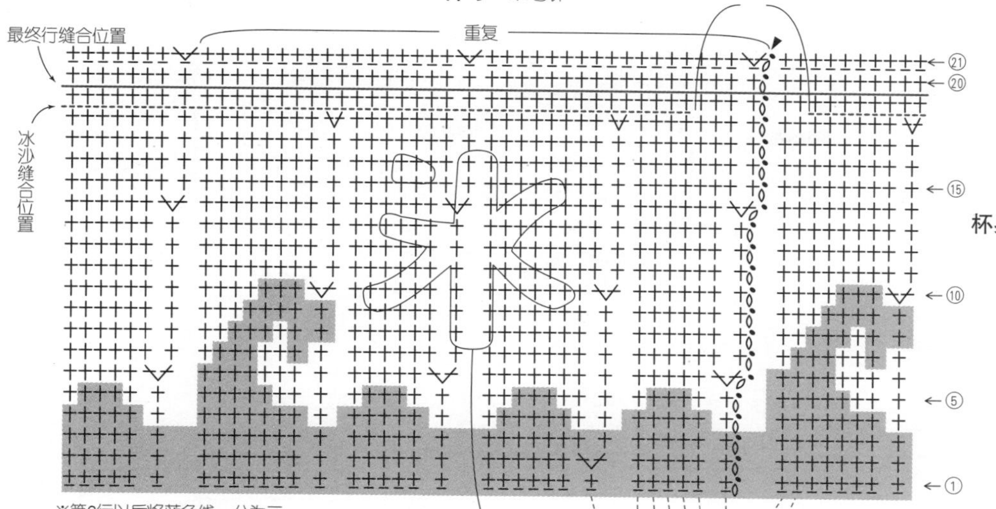

※第6行以后将蓝色线一分为二，每行在反面渡线钩织

文字的缝合位置

配色 ━ =白色 ━ =蓝色

± =短针的条纹针

※编织方法参照第85页

杯子的加针

	行数	针数	
杯身	21行	76针	（+4针）
	19～20行	72针	
	18行	72针	（+4针）
	15～17行	68针	
	14行	68针	（+4针）
	11～13行	64针	
	10行	64针	（+4针）
	7～9行	60针	
	6行	60针	（+4针）
	3～5行	56针	
	2行	56针	（+2针）
	1行	54针	
杯底	8行	54针	（+6针）
	7行	48针	（+6针）
	6行	42针	（+7针）
	5行	35针	（+7针）
	4行	28针	（+7针）
	3行	21针	（+7针）
	2行	14针	（+7针）
	1行	7针	

杯底

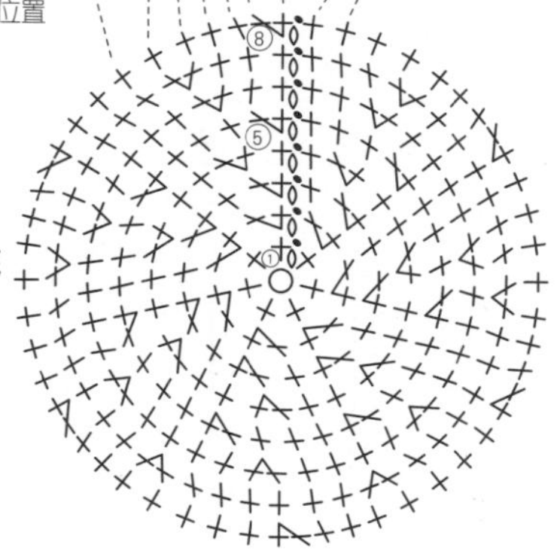

► = 剪线

冰沙 黄色系段染 取2根 3/0号针

※第1、2、4、6、8行看着反面钩织

长针的棱形针 =

※ 将钩针插入前一行短针的后侧半针，钩织长针

日文“氷”
亮红色 2片
0号蕾丝针

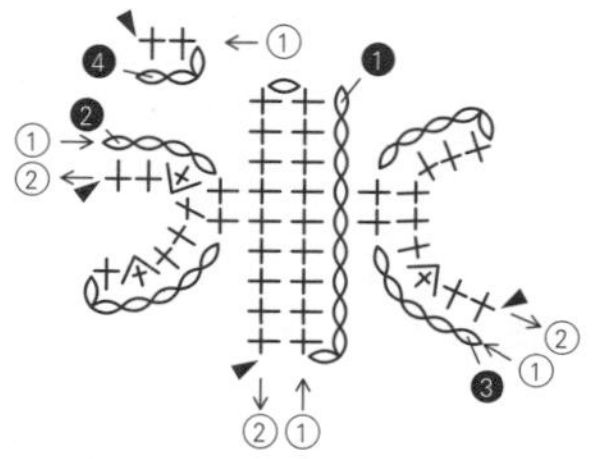

※❶～❹是编织顺序

组合方法

将最终行折向外侧，在第19行头部做卷针缝

杯身上“氷”字的缝合位置（前后2处）

杯底缝入直径5cm的厚纸

留出吸管孔，缝合杯身第18行和冰沙最终行

里面塞入填充棉

吸管孔（6针）

插入吸管

横向渡线钩织短针配色花样

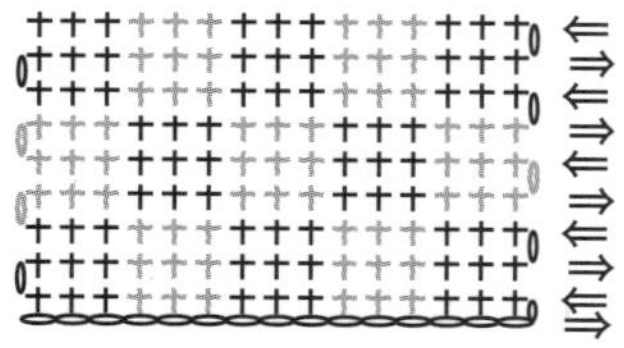

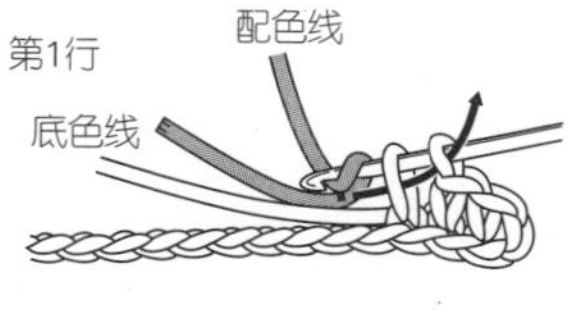

1 在底色线最后引拔时，将配色线挂在钩针上并引拔出。

2 同时挑取配色线的线头和底色线，挂线并拉出。

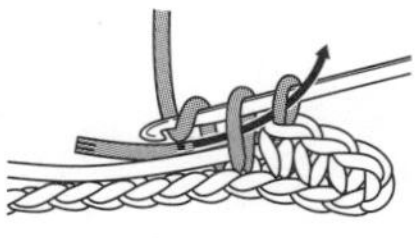

3 一边包住配色线的线头和底色线，一边用配色线钩织短针。

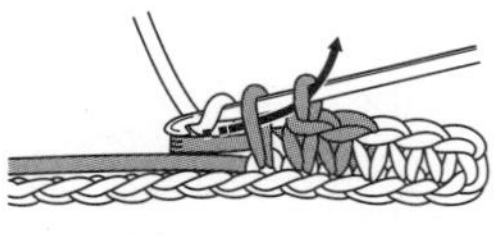

4 配色线最后引拔时，将底色线挂到钩针上并引拔出。

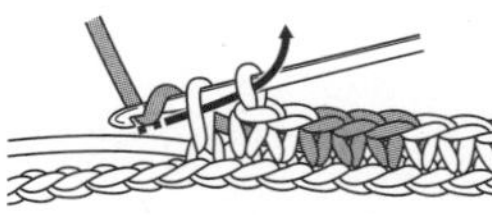

5 下次换用配色线时，方法同步骤1。

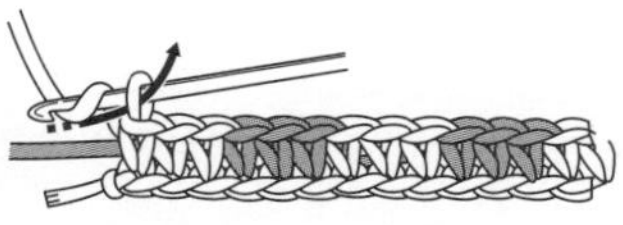

6 按照相同方法，钩织至端头。立织1针锁针，翻转织片。

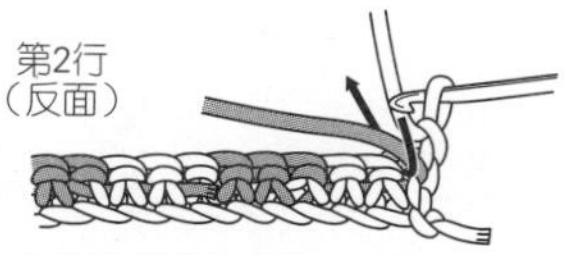

7 将配色线渡在前面，一边包住配色线，一边用底色线钩织短针。重复此织法。

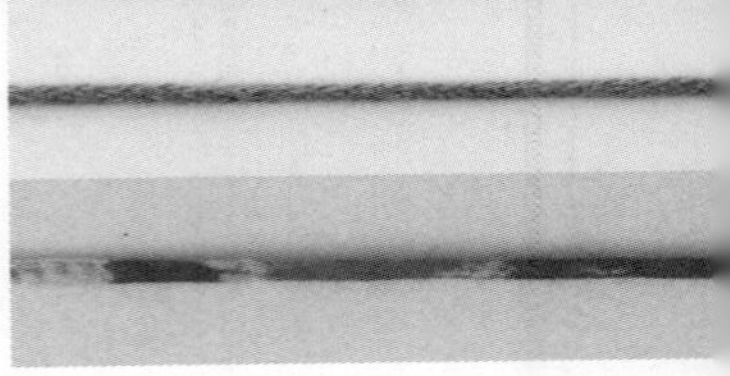

材料

芭贝 Cotton Kona 原白色(2) 225g/6团，Zambia Print 红色系段染(430)125g/3团；直径15mm的包扣芯4颗

工具

钩针6/0号、5/0号

成品尺寸

胸围93cm，衣长48cm，连肩袖长37.5cm

编织密度

10cm×10cm面积内：短针方眼钩编条纹花样A、B均为14K，28行

编织要点

●身片、育克…参照第36页，左身片钩织短针方眼钩编条纹花样A。右身片按照相同方法钩织，最终行一边在后中心接合，一边钩织。育克挑取指定数量的针目，编织短针方眼钩编条纹花样B。参照图示编织加减针。育克最终行一边接合肩部一边钩织。

●组合…挑取指定数量的针目，下摆、门襟、领口做边缘编织A，袖口做边缘编织B。右门襟开扣眼。制作包扣并缝在左门襟上。

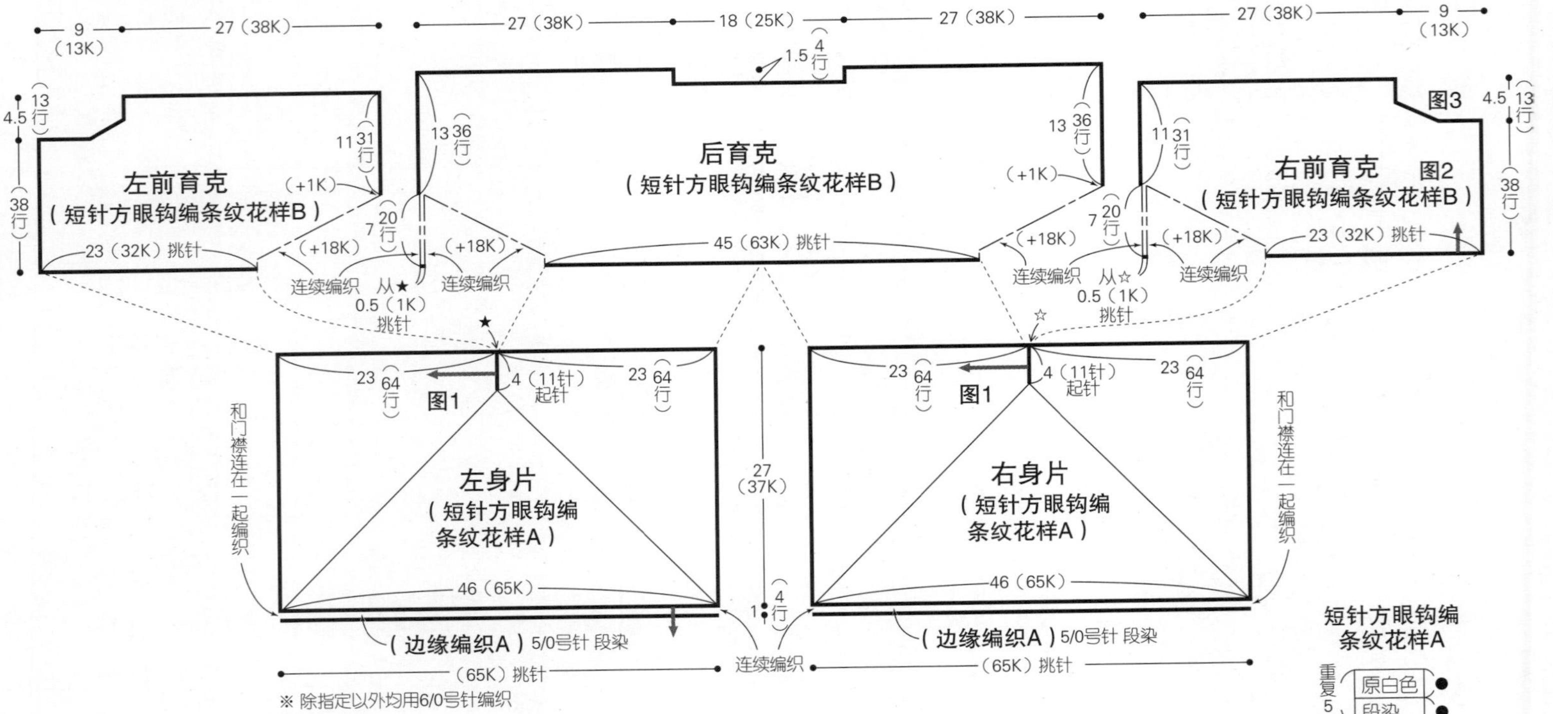

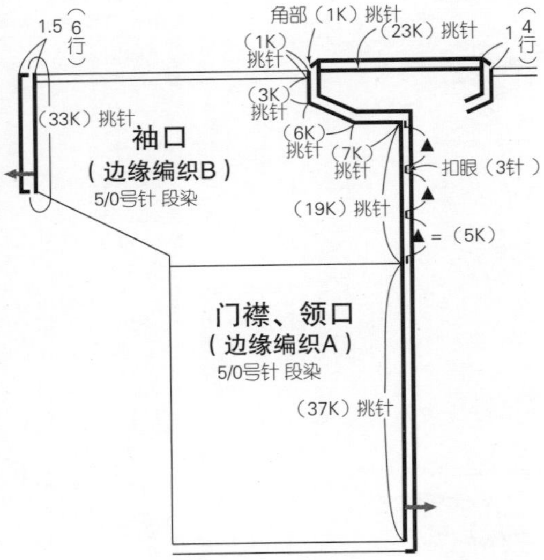

图1 左、右身片编织起点

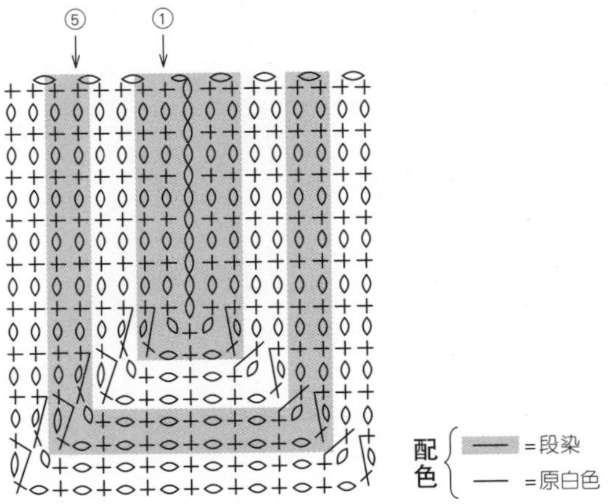

短针方眼钩编条纹花样A

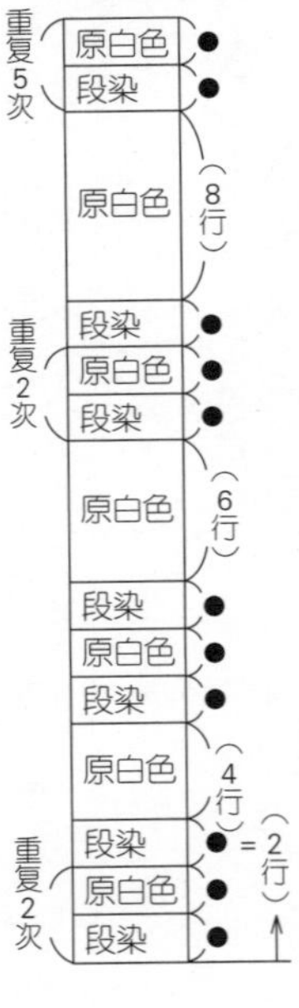

► =剪线

边缘编织A

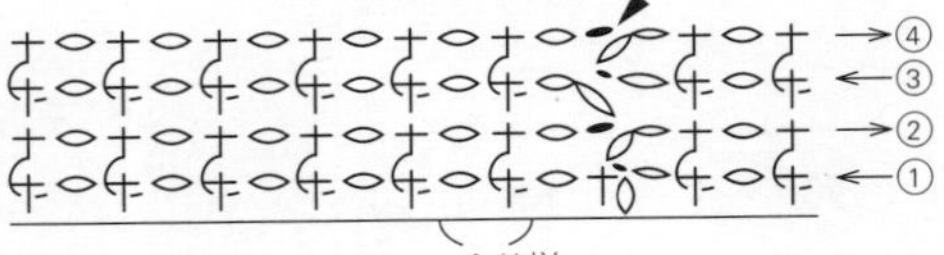

=短针的反拉针（从反面钩织时，钩织正拉针）
※参照第37页，挑起前一行短针的根部钩织

边缘编织B

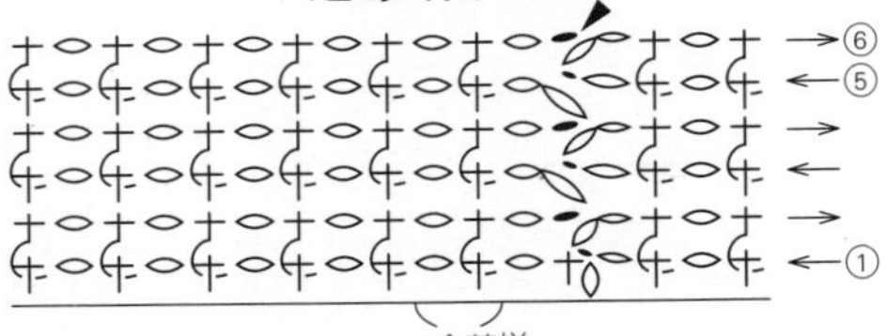

=短针的反拉针（从反面钩织时，钩织正拉针）
※参照第37页，挑起前一行短针的根部钩织

35页改变颜色

Cotton Kona	Zambia Print
黄色（77）	绿色系段染（434）
灰色（65）	蓝色系段染（429）

短针方眼钩编条纹花样B

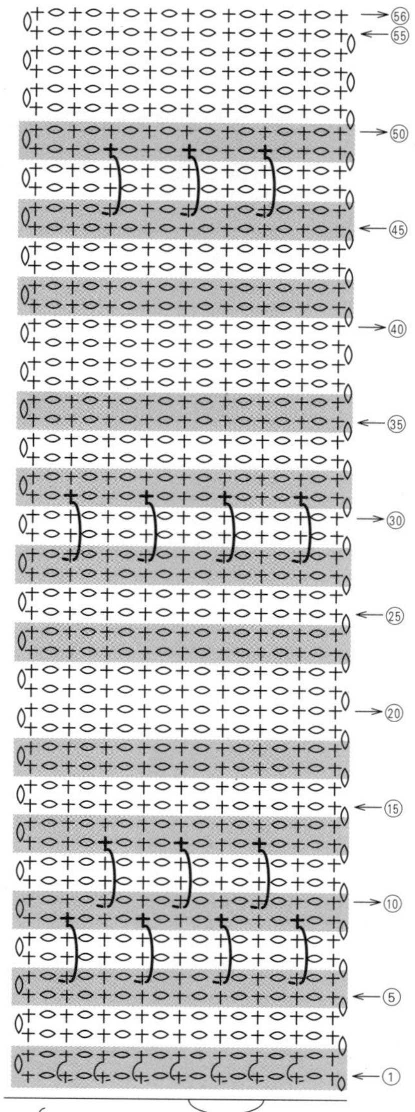

配色 { —— =原白色 / —— =段染 }

1个花样

=短针的反拉针（从反面钩织时，钩织正拉针）
※参照第37页，挑起前一行短针的根部钩织

=短针的正拉针
（挑起2行下方的短针）

图2 袖下

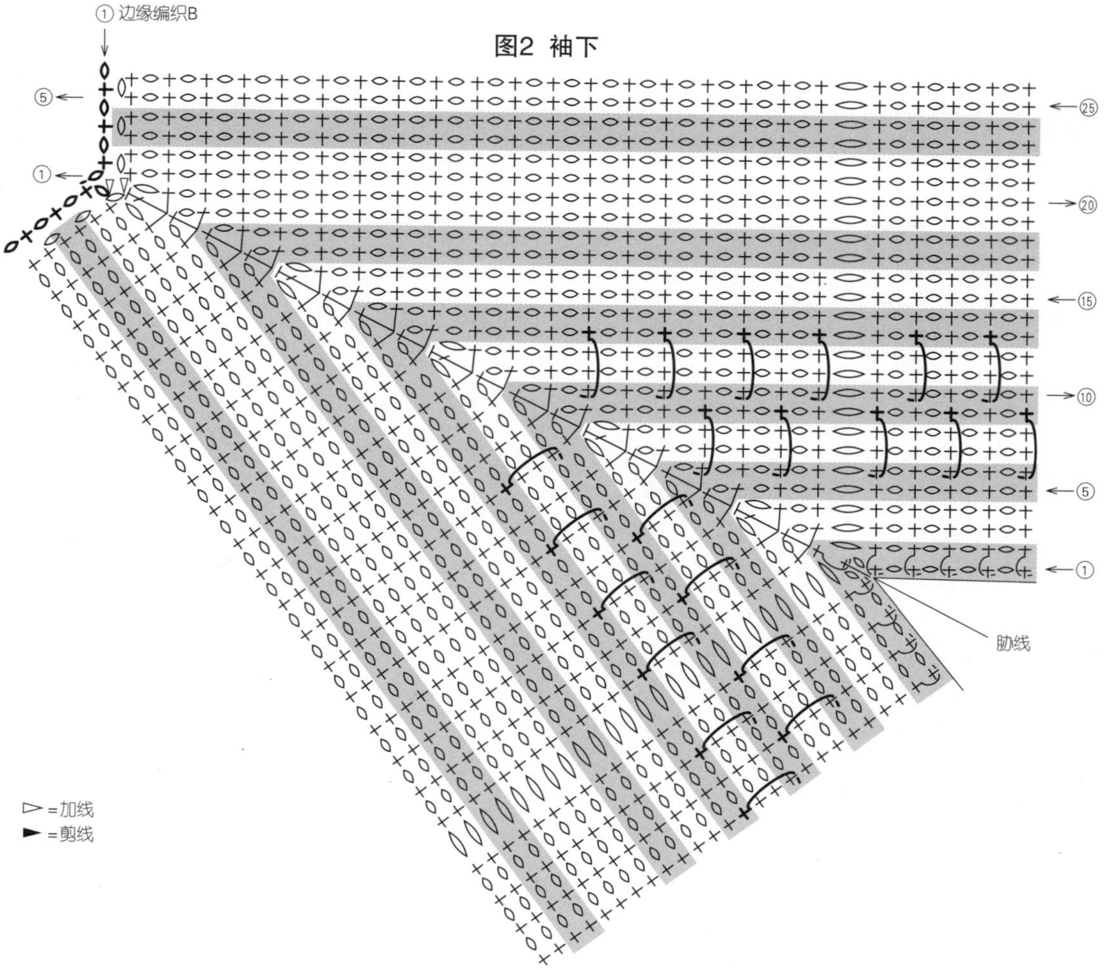

▷ =加线
► =剪线

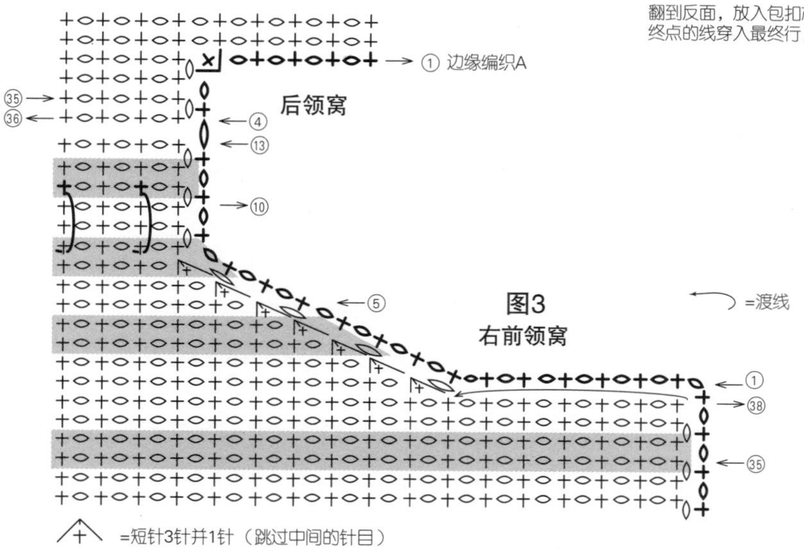

=短针3针并1针（跳过中间的针目）

⌒ =渡线

包扣

5/0号针 段染
4颗

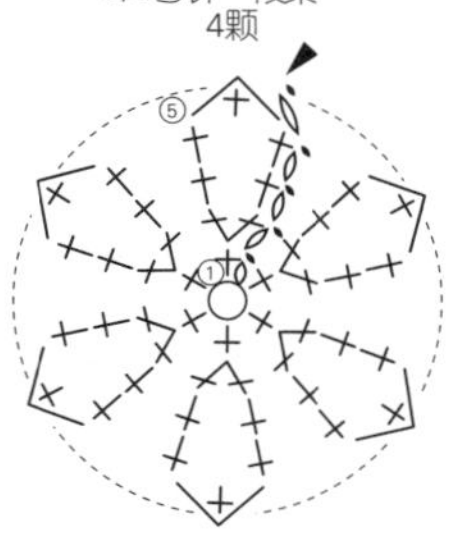

翻到反面，放入包扣芯，将编织终点的线穿入最终行，收紧

角部的编织方法和扣眼

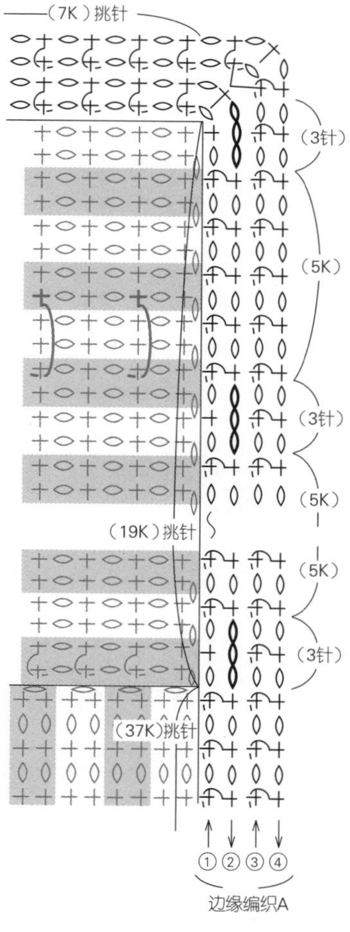

材料

和麻纳卡 Kasane 绿色系段染(25) 105g/6团，Silk Cotton<Fine> 水蓝色(18) 100g/4团，Soie de Eclat 白色(1) 60g/3团、淡灰色(2) 55g/3团；直径20mm的包扣芯2颗

工具

钩针6/0号

成品尺寸

胸围100cm，衣长51cm，连肩袖长25.5cm

编织密度

10cm×10cm面积内：序号钩编16K，32行

编织要点

●请参照第40页用序号钩编的方法完成一个个织块（花片）。从第2片花片开始，一边和相邻花片连接，一边钩织。对齐相同标记做连接。挑取指定数量的针目，下摆做边缘编织A，领口边缘、袖口做边缘编织B。制作包扣，缝在指定位置。

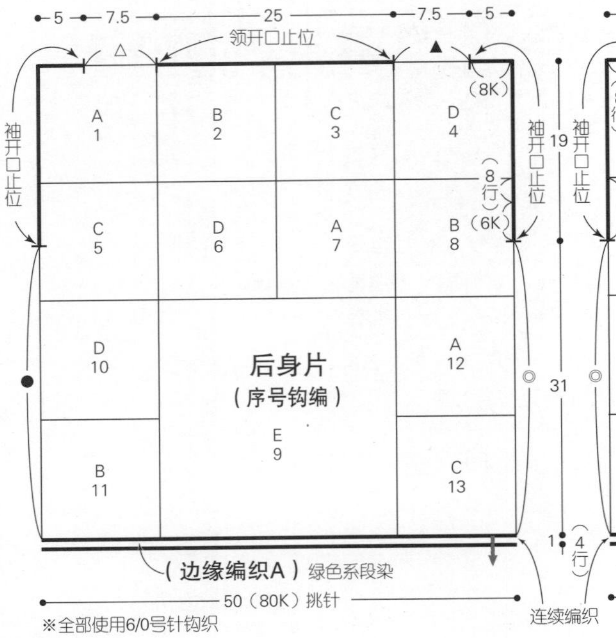

39页改变颜色

Kasane	红褐色系段染（31）	米色系段染（29）
Silk Cotton<Fine>	米色（4）	藏青色（14）
Soie de Eclat	芥末色（20）	淡灰色（2）
	米色（21）	芥末色（20）

※全部使用6/0号针钩织

※1K= ＋○

※花片内的数字表示连接顺序

※对齐相同标记做连接

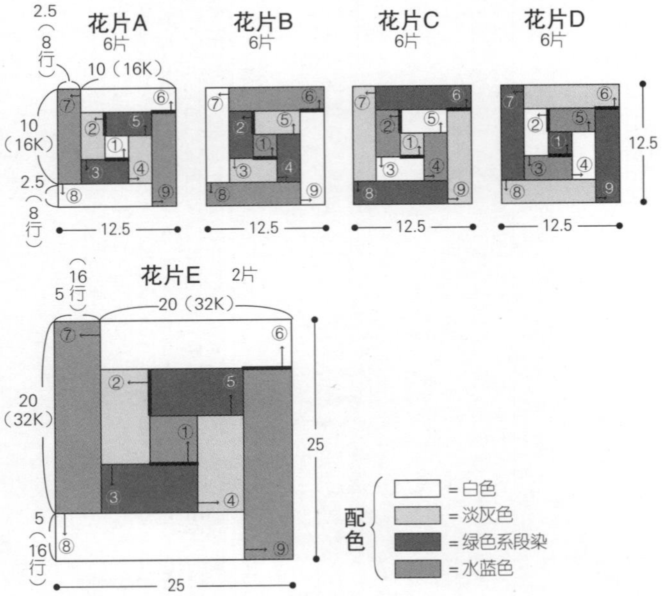

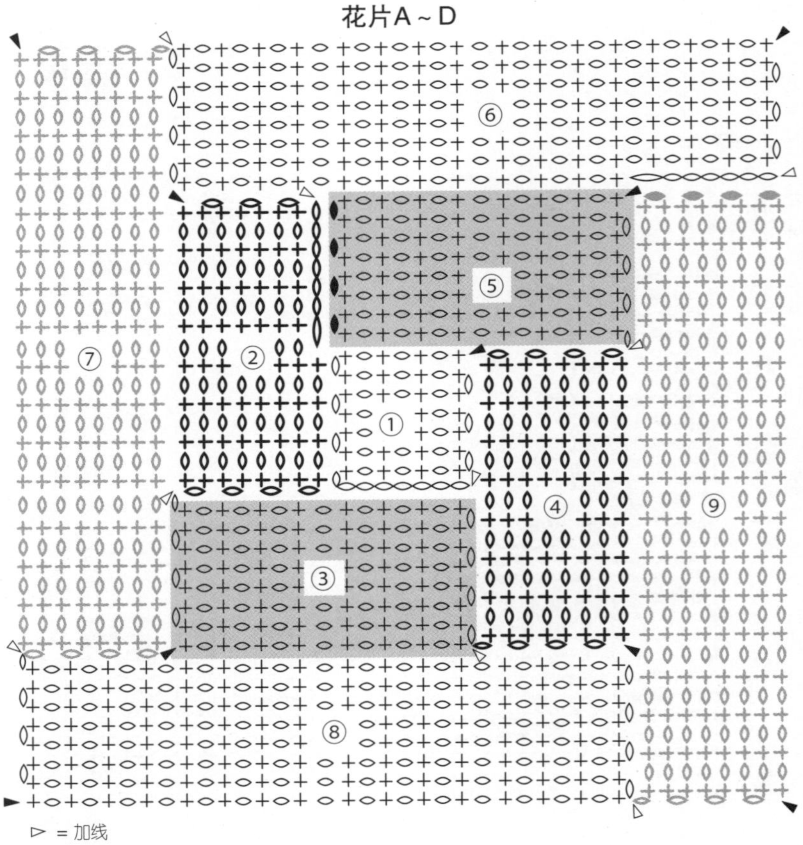

▷ = 加线

► = 剪线

边缘编织A

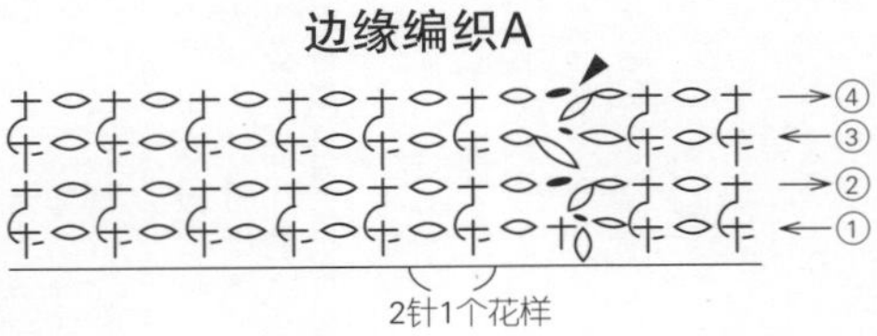

=短针的反拉针（从反面钩织时，钩织正拉针）

※参照第37页，挑起前一行短针的根部钩织

花片E

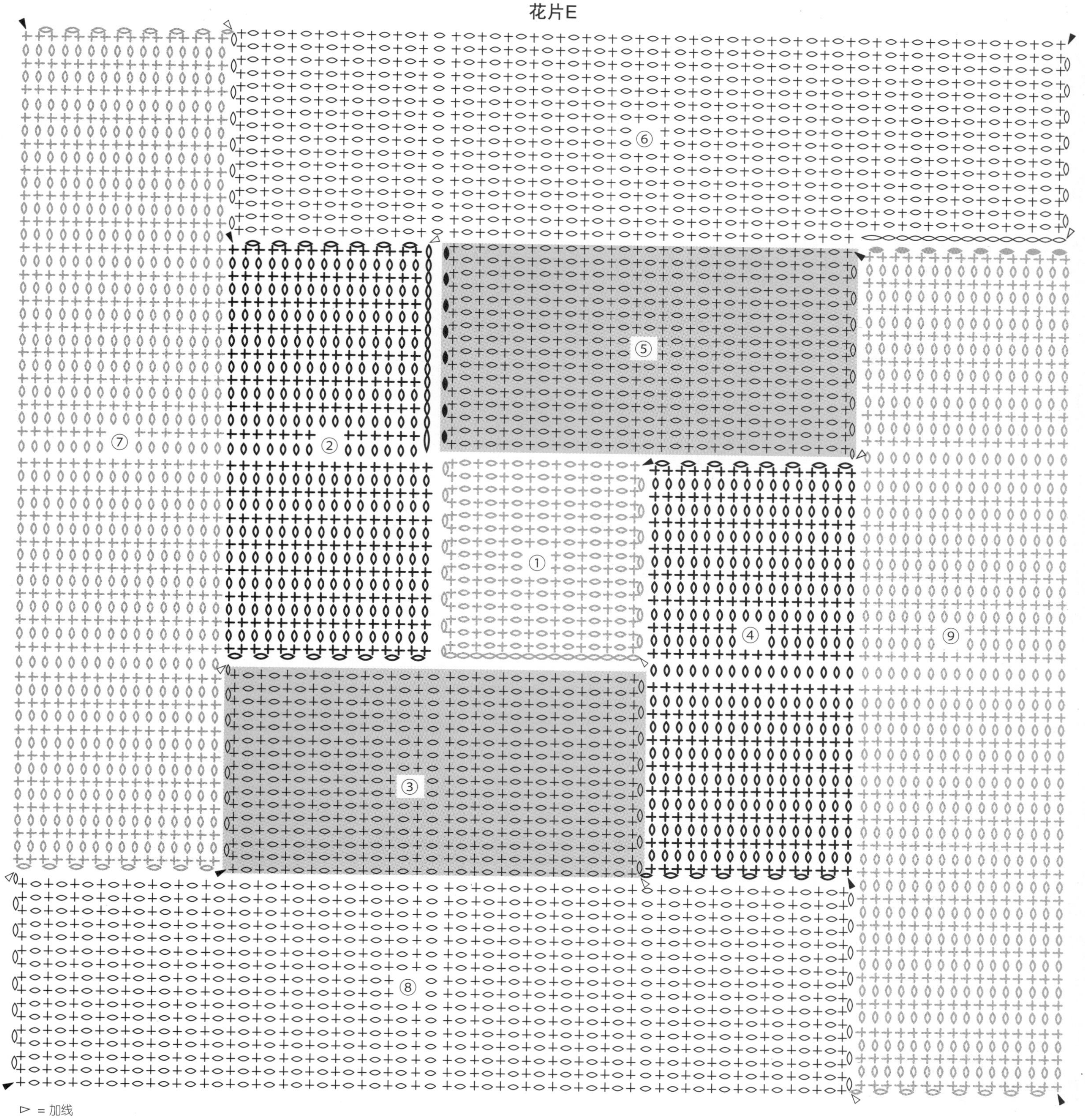

▷ = 加线

► = 剪线

领口边缘、袖口（边缘编织B）绿色系段染

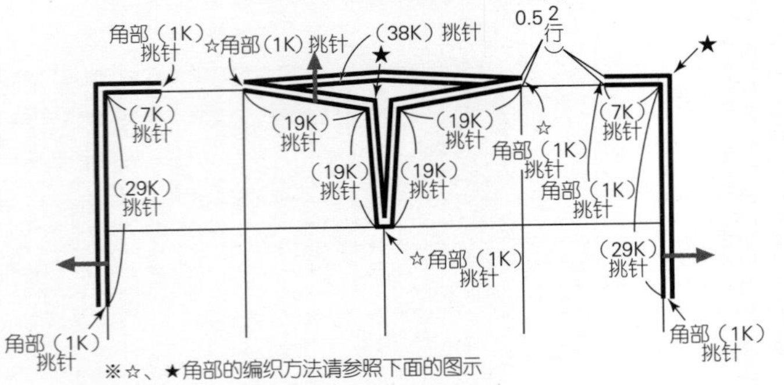

※☆、★角部的编织方法请参照下面的图示

边缘编织B

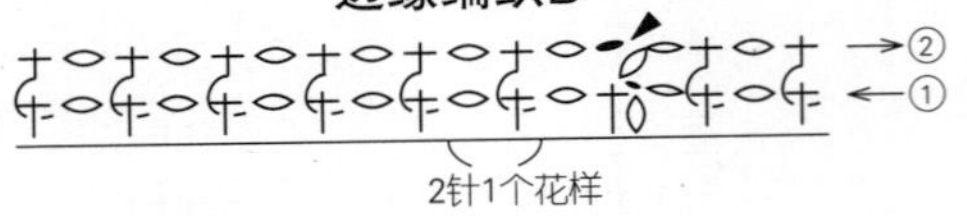

=短针的反拉针（从反面钩织时，钩织正拉针）
※参照第37页，挑起前一行短针的根部钩织

★角部的编织方法

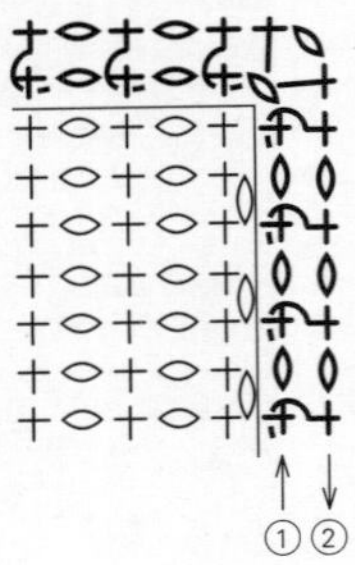

☆角部的编织方法

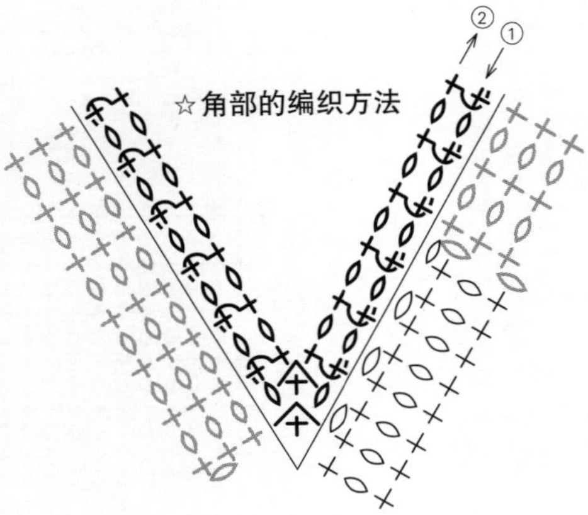

※ 袖口编织方法相同

包扣

绿色系段染　2颗　　► = 剪线

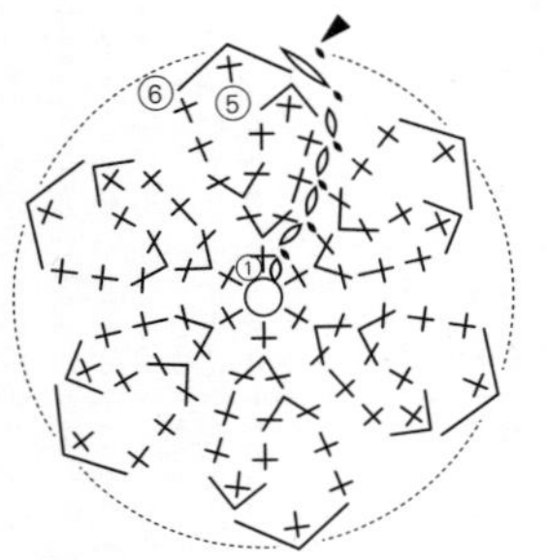

翻到反面，放入包扣芯，将编织终点的线穿入最终行，收紧

肩部组合方法

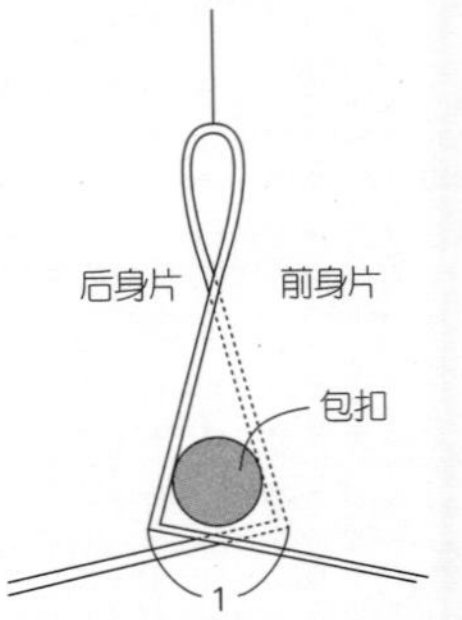

前、后肩部重叠1cm，用包扣缝合固定

罗纹绳

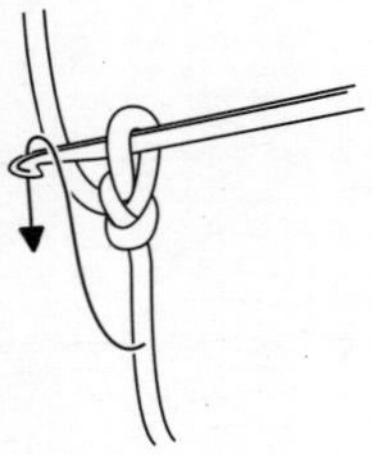

1 线头留罗纹绳的3倍长，锁针起针钩织端头的针目。将线头从前向后挂在钩针上。

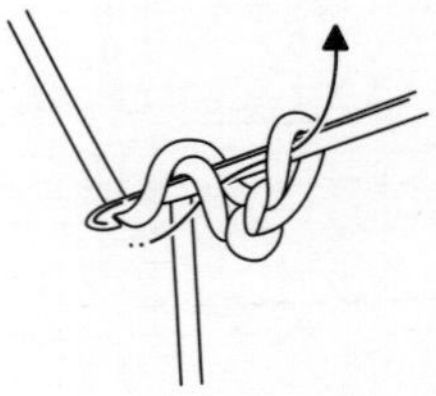

2 挂线，从钩针上的线头和1个线圈中引拔出。

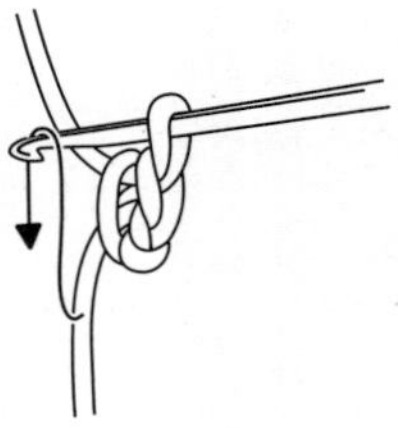

3 第1针完成。下一针将线头从前向后挂在钩针上。

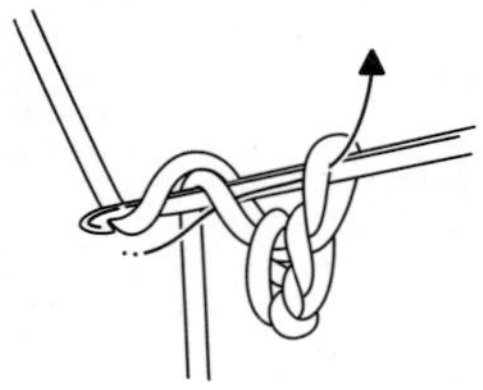

4 从钩针上的线头和1个线圈中引拔出。

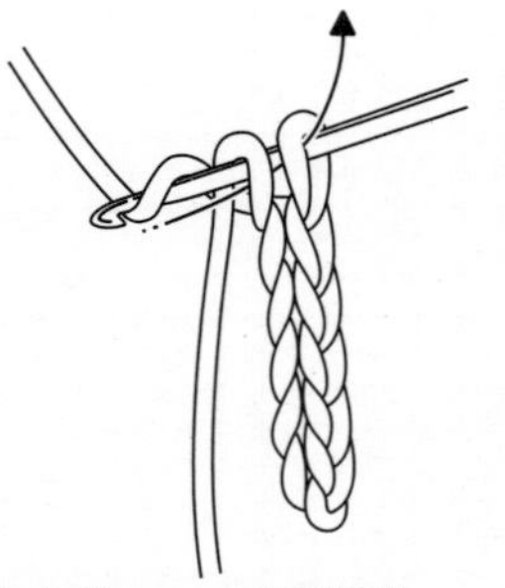

5 重复步骤3、4，最后引拔出锁针。

1针长针交叉

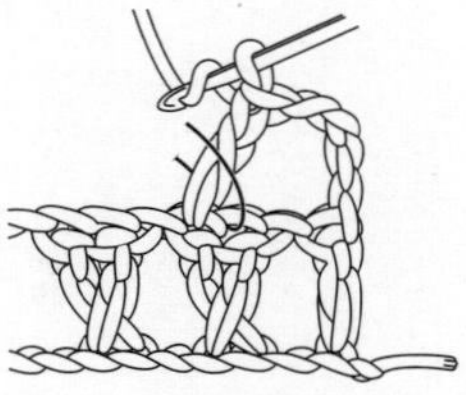

1 跳过1针钩织长针，然后将钩针插入前一行右侧的长针头部。

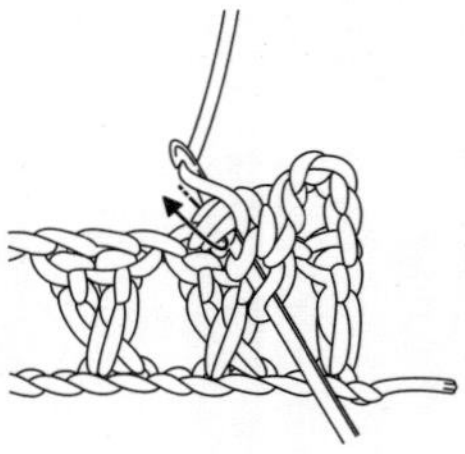

2 包住先前钩织的长针，将线拉出。

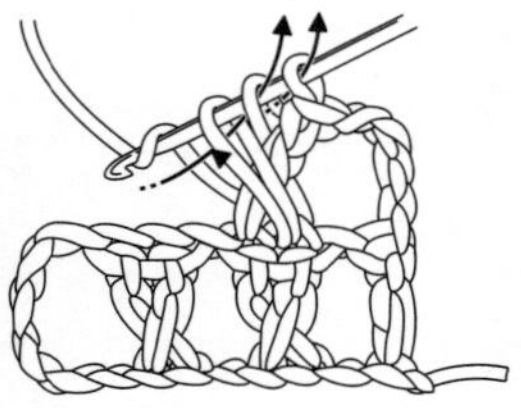

3 挂线，包住步骤1中钩织的长针，钩织长针。

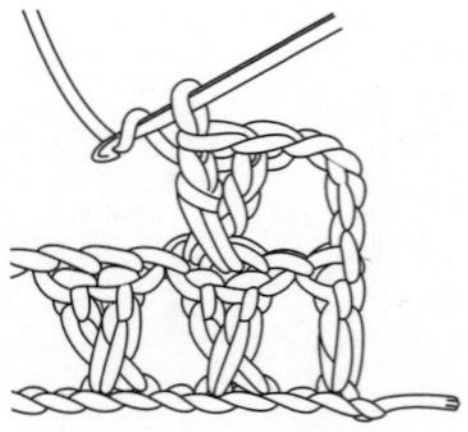

4 1针长针交叉完成。

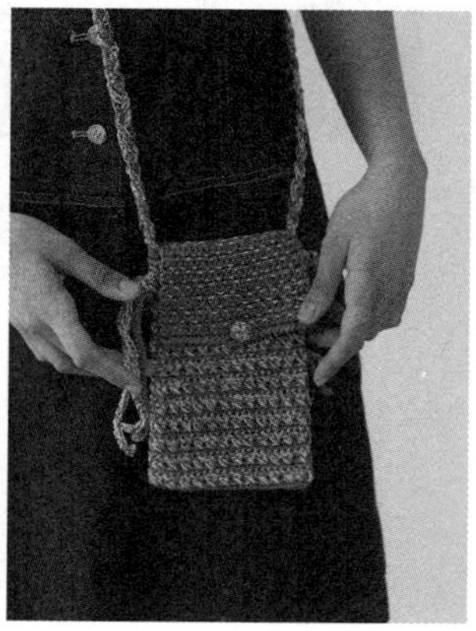

材料

LANA GATTO NUOVO JAIPUR 茶色(7906) 35g/1团，Cable 8 黄色(6567)、粉红色(6573)、紫色(6591)各20g/各1团

工具

钩针6/0号、7/0号

成品尺寸

宽12.5cm，深17.5cm

编织密度

10cm×10cm面积内：条纹花样20针，14行；编织花样20针，21行

编织要点

●锁针起针后开始钩织。底部钩织短针。接着按条纹花样钩织袋身，钩织24行后，下一行钩织26针反短针，将织物翻至反面，在剩下的针目里钩织短针。接着参照图示，钩织袋盖部分的编织花样和边缘。在边缘编织的第1行制作扣眼。钩织细绳a和b，参照组合方法装上细绳。钩织纽扣，缝在指定位置。

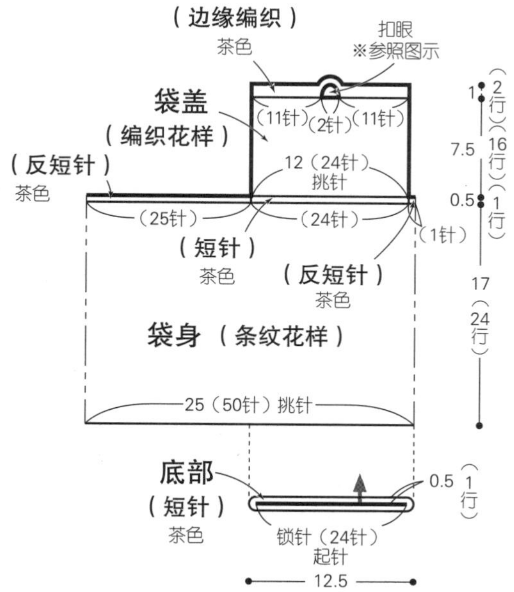

※ 除指定以外均用6/0号针钩织

※ 茶色用1根线钩织

细绳 a

（罗纹绳）1条

7/0号针 茶色

※ 罗纹绳的钩织方法请参照第144页

细绳 b

（罗纹绳）2条

7/0号针 黄色、粉红色、紫色各取1根线

◀ = 剪线

纽扣

黄色、粉红色、紫色各取1根线

※ 将反面用作正面

※ 预留15cm长的线头后开始钩织，将钩织起点的线头塞入小圆球中

※ 钩织终点留出20cm长的线头剪断，在最后一行针目的头部穿线后收紧

编织花样的钩织方法

用茶色线钩织短针，但是两端的针目要将黄色、粉红色、紫色的3根线包在针目里面钩织

＋ = 将3根线在正面渡线钩织

＋ = 将3根线在反面渡线钩织

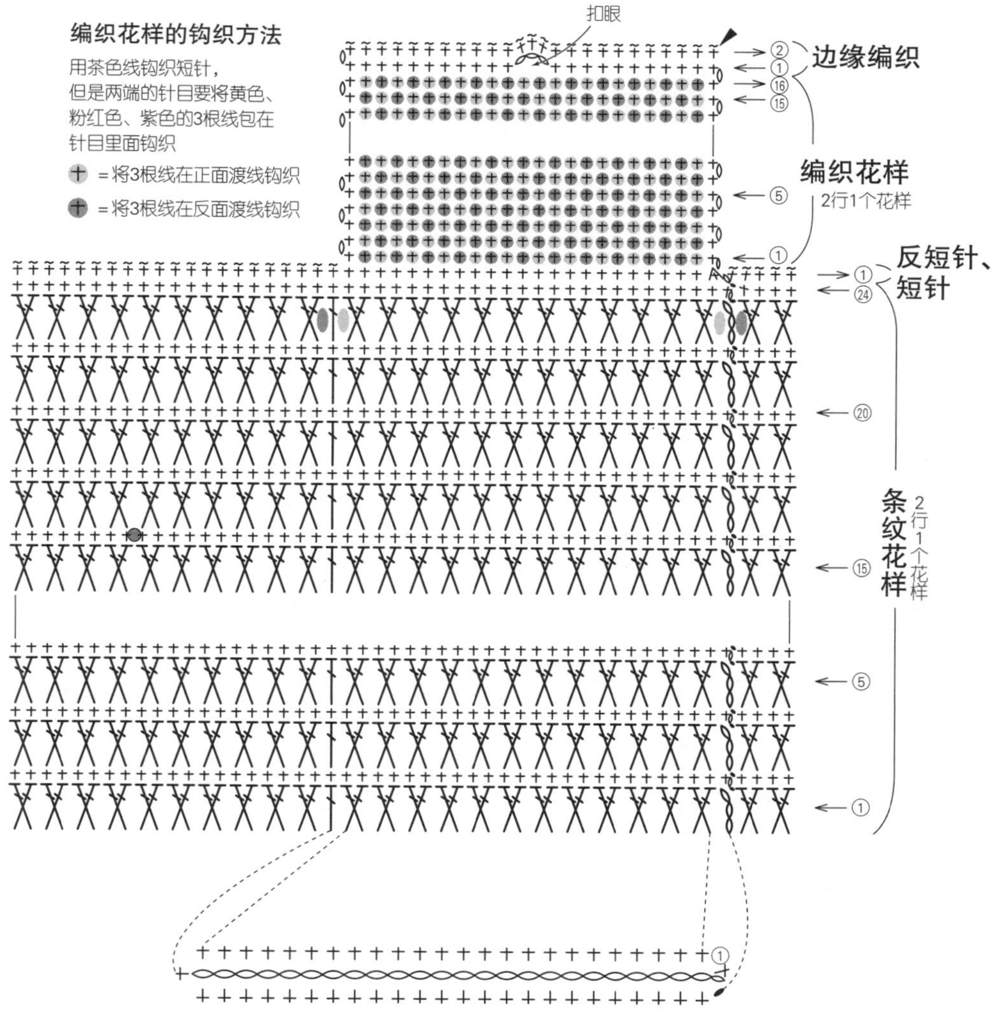

组合方法

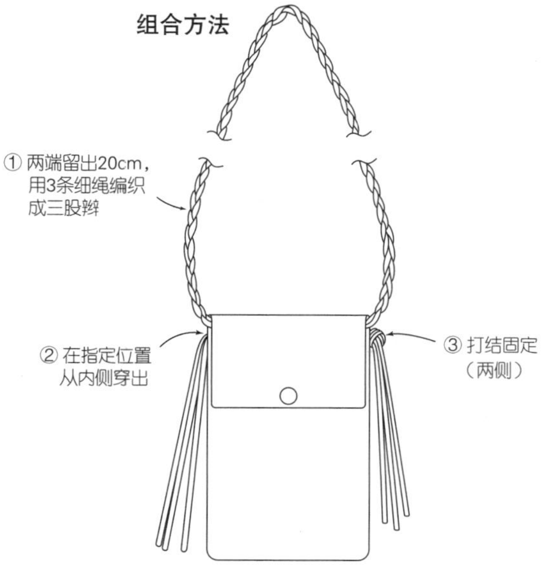

配色 { — = 茶色；— = 黄色、粉红色、紫色各取1根线

Ⅹ = 1针长针交叉

※ 钩织方法请参照第144页

干 = 反短针

※ 钩织方法请参照第87页

● = 缝纽扣的位置

● = 穿入细绳a的位置

● = 穿入细绳b（2条）的位置

材料

LANA GATTO Cable 5 蓝绿色(8883) 45g/1团，蓝色(6596) 40g/1团，橘黄色(6569) 35g/1团

工具

棒针12号，钩针8/0号

成品尺寸

宽38.5cm，深19.5cm

编织密度

10cm×10cm面积内：下针编织20针，20行；编织花样7.5格，7行

编织要点

●全部用指定的2根线合并编织。孔斯特起针后，环形编织下针。参照图示加针，编织结束时做伏针收针。接着从伏针上挑针，按编织花样钩织。加减针请参照图示。最后钩织细绳，穿在指定位置。

环保袋（编织花样）

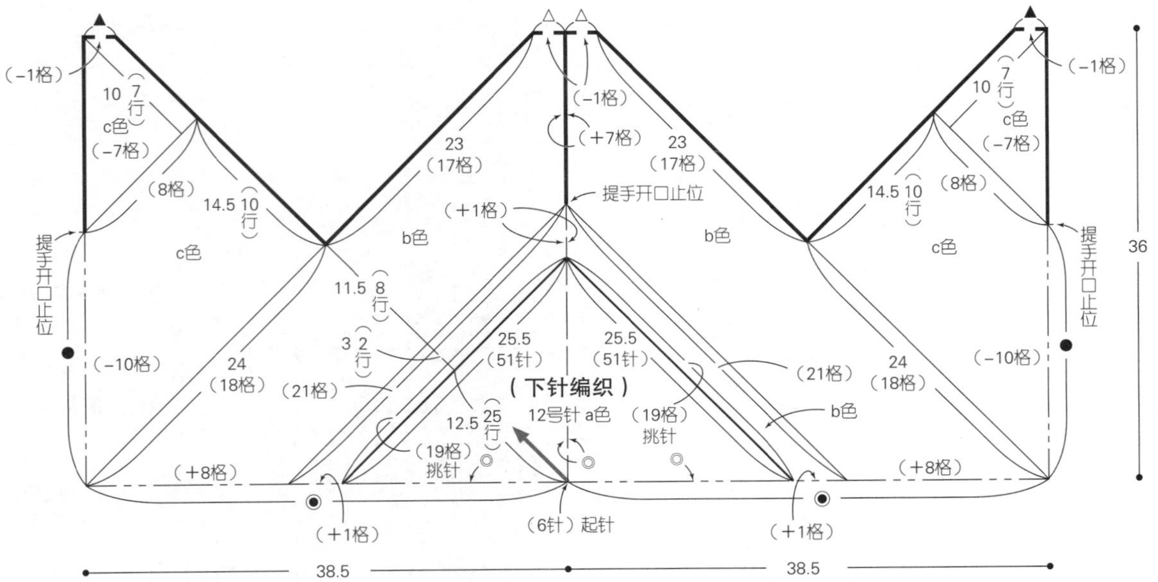

※ 除指定以外均用8/0号针钩织

※ 相同标记◉、●、△为连续钩织，▲处做连接

◎= {1行平 1-1-24 行针 次 (+24针)

配色

a色	橘黄色和蓝色各取1根线
b色	蓝绿色和蓝色各取1根线
c色	蓝绿色和橘黄色各取1根线

细绳 2条

（锁针） 8/0号针

橘黄色

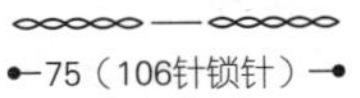

←75（106针锁针）→

※先用手指制作1针大锁针，再用3根线合并钩织

组合方法

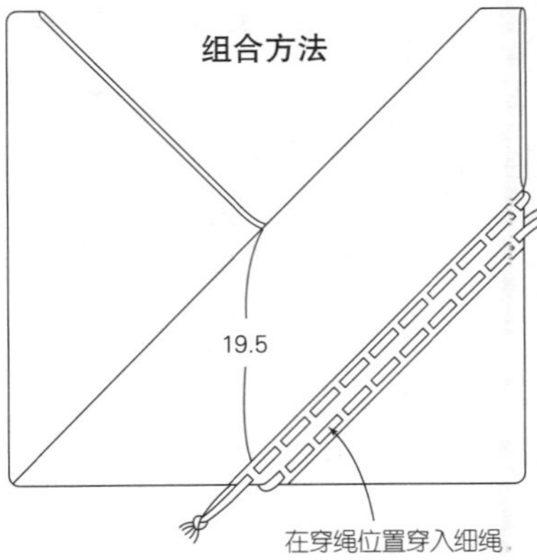

在穿绳位置穿入细绳，分别在末端打一个结

下针编织

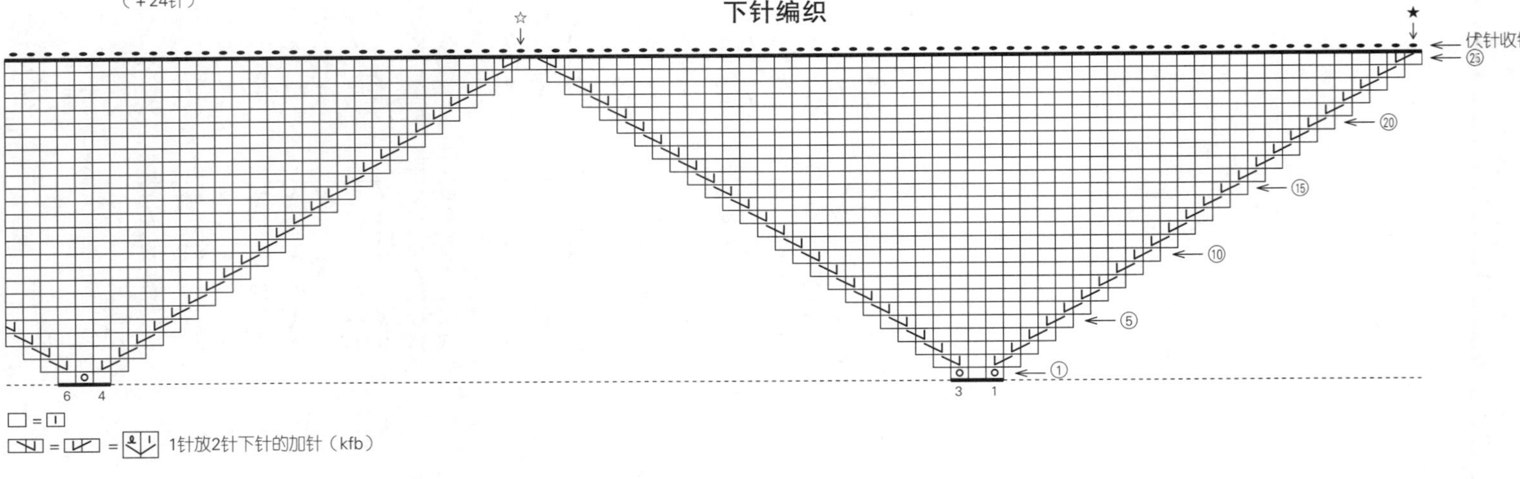

1针放2针下针的加针（kfb）

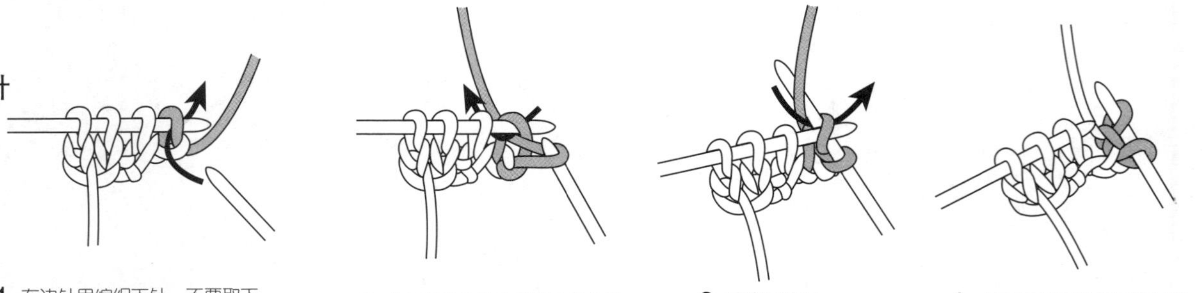

1 在边针里编织下针。不要取下左棒针上的针目。

2 按扭针的入针方式插入右棒针。

3 挂线后拉出。

4 1针放2针下针的加针完成。

编织花样

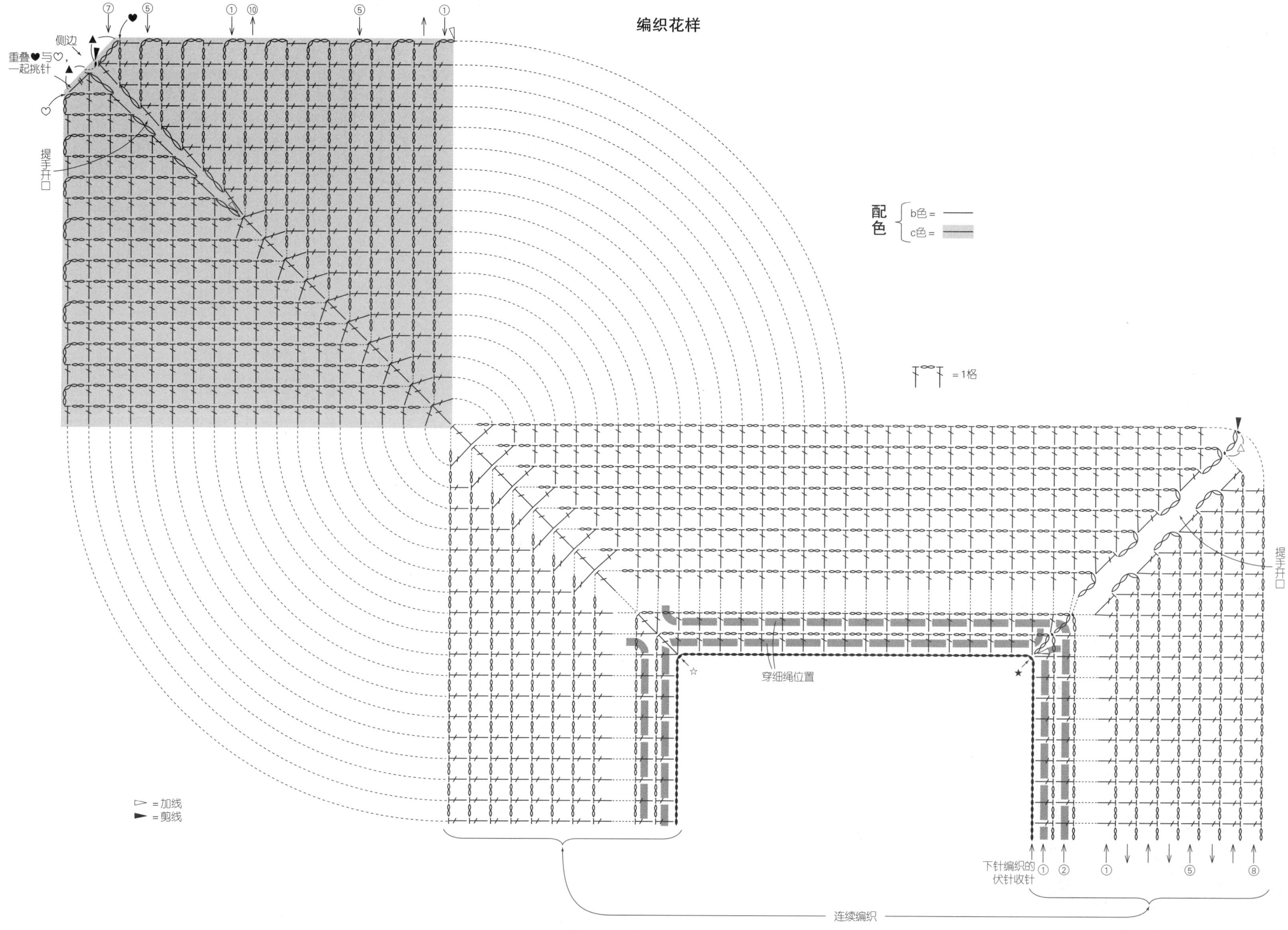

材料

Isager Bomulin 浅灰绿色(46)

[S号] 180g/4团

[M号] 200g/4团

[L号] 225g/5团

[XL号] 245g/5团

工具

棒针3号

成品尺寸

[S号] 胸围108cm，衣长54.5cm，连肩袖长31.5cm

[M号] 胸围116cm，衣长56cm，连肩袖长33.5cm

[L号] 胸围124cm，衣长59.5cm，连肩袖长36cm

[XL号] 胸围130cm，衣长62cm，连肩袖长38cm

编织密度

10cm×10cm面积内：下针编织25针，34行(适当拉伸，熨烫后测量)

编织要点

●身片…松松地用共线锁针起针，做边缘编织A、下针编织，在前身片蝴蝶结的挑针位置编织上针。然后做编织花样和下针编织，一边在编织花样交界处加针，一边编织。领窝减2针及以上时休针，减1针时端头第3针和第4针编织2针并1针。蝴蝶结在指定位置挑针，做下针编织、起伏针。参照图示加针，编织终点做伏针收针。

●组合…按照尺寸拉伸，别上珠针，熨烫整型。肩部做引拔接合，胁部使用毛线缝针做挑针缝合。领口挑取指定数量的针目，做边缘编织B。编织终点做单罗纹针收针。

S、M号

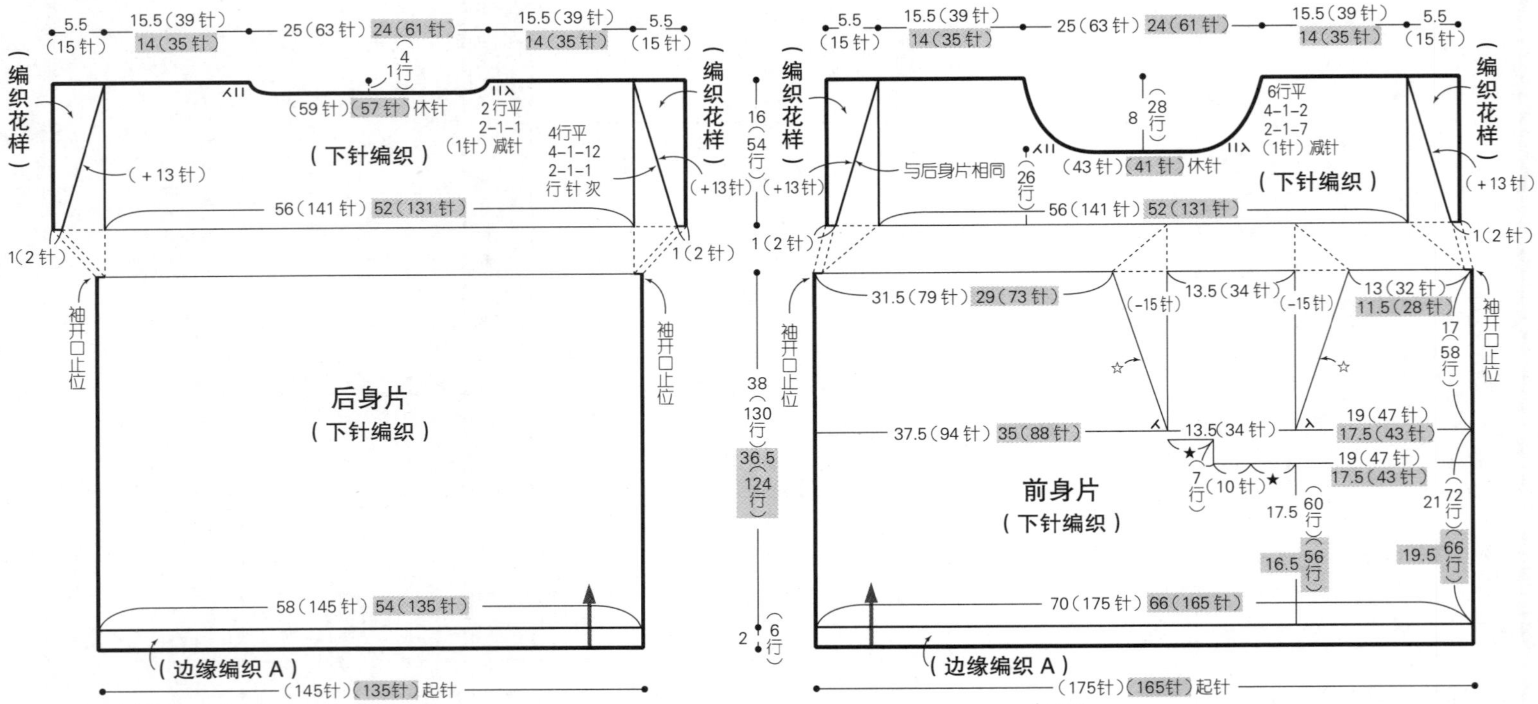

※全部使用3号针编织

※ ░ 是S号，其他是M号或者通用

★=4.5(12针)
※蝴蝶结挑针位置

☆= 2行平 4-1-14 行针次 (1针)减针

领口(边缘编织B)

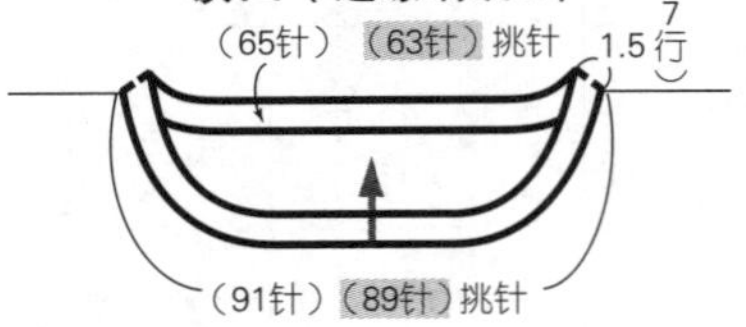

袖口的加针方法

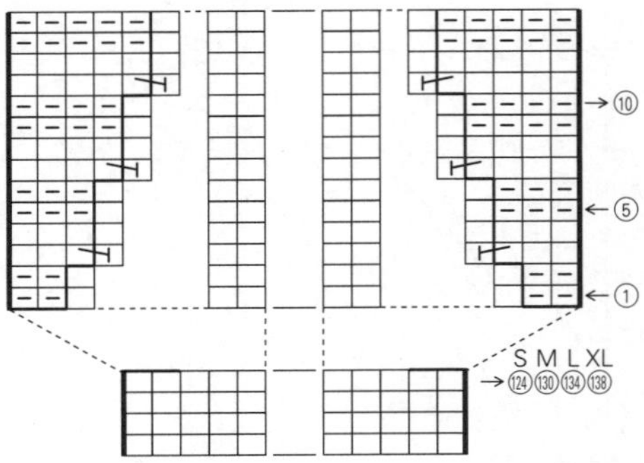

□=▯

⊣ =左加针

⊢ =右加针

※ 编织方法请参照第110页

蝴蝶结挑针位置

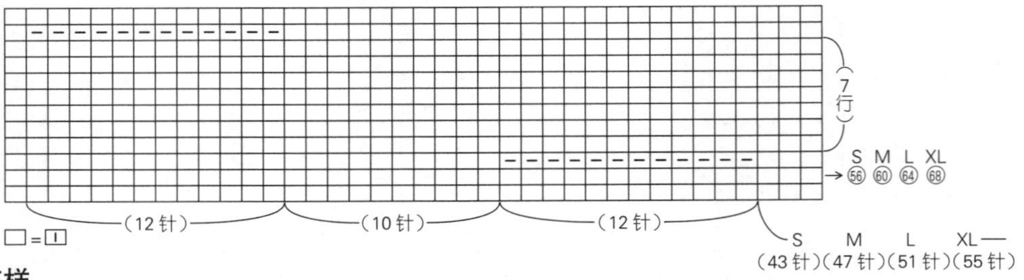

□=▯

编织花样

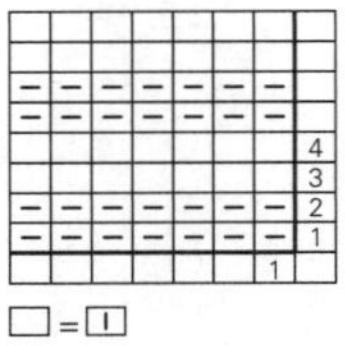

□=▯

边缘编织A

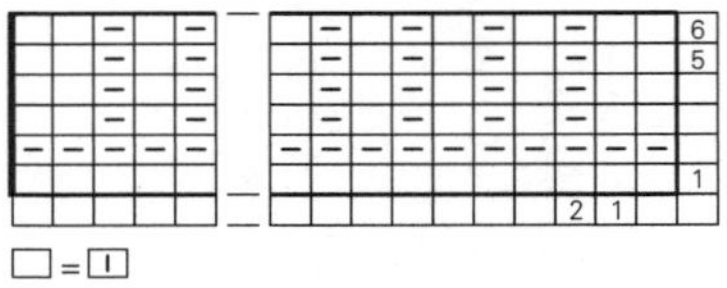

□=▯

边缘编织B

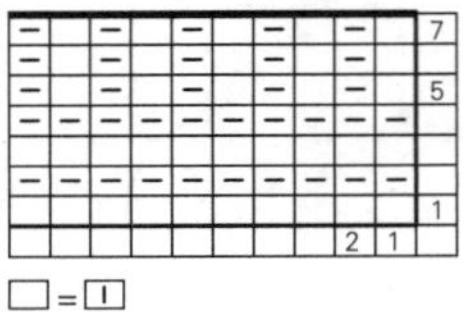

□=▯

L、XL 号

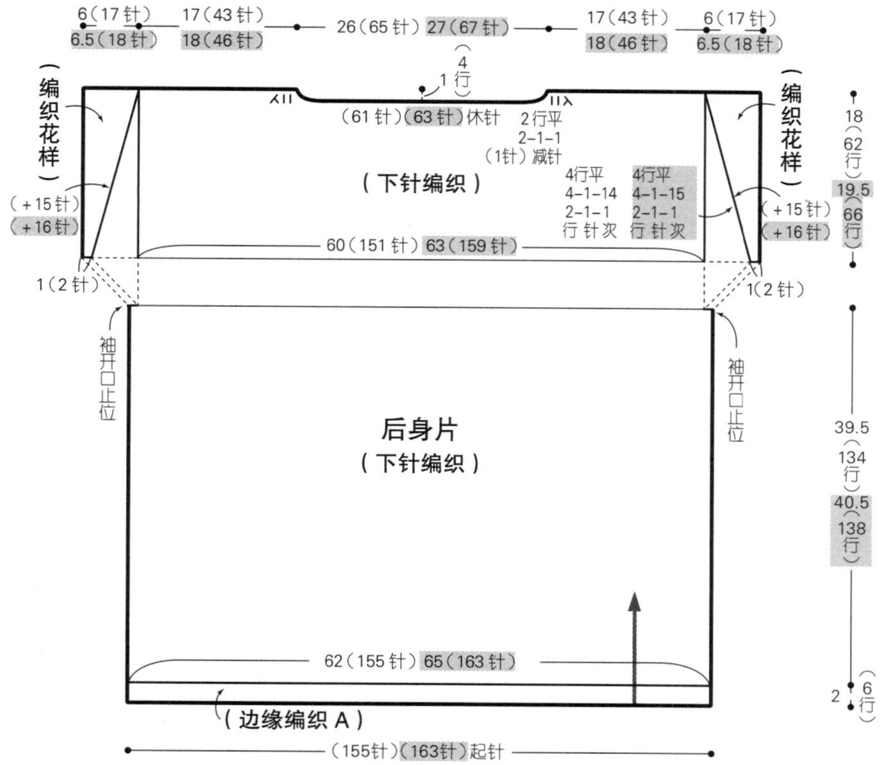

※全部使用3号针编织
※ ▒ 是XL号，其他是L号或者通用

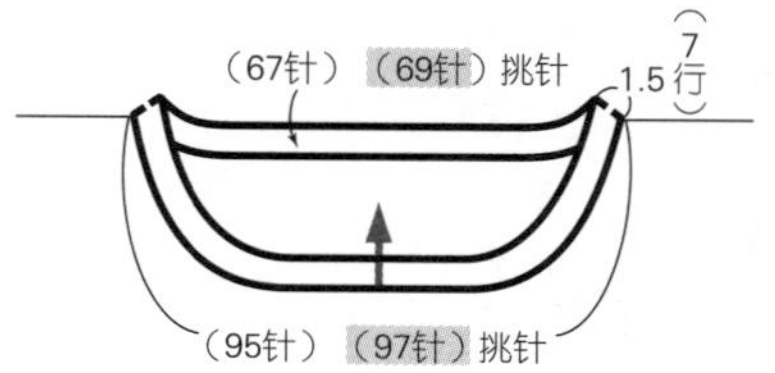

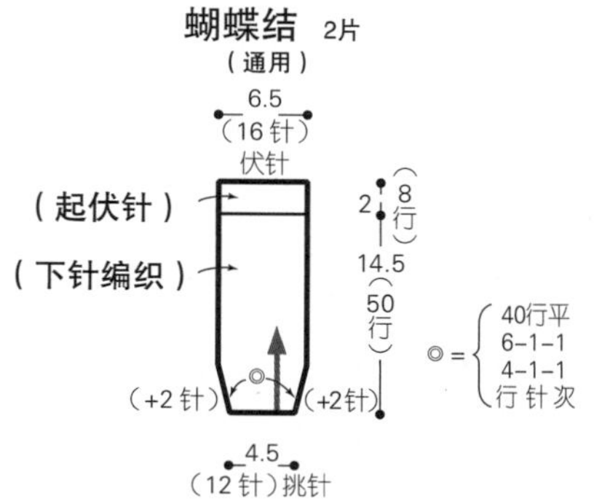

※将前身片倒过来拿好，将钩针插入蝴蝶结的挑针位置，挑针钩织

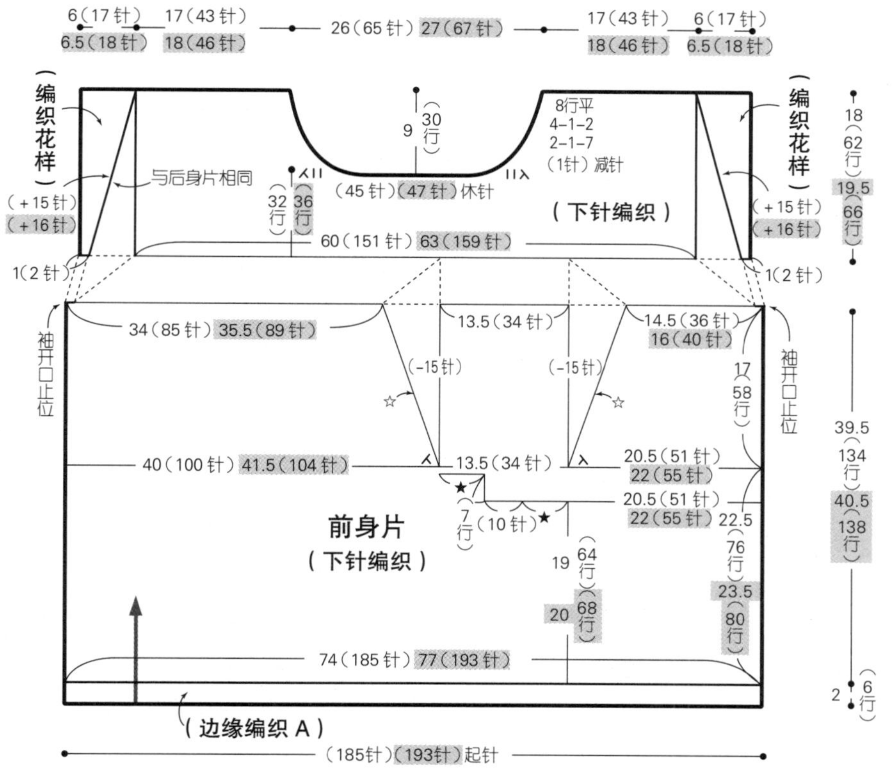

★=4.5（12针）
※蝴蝶结的挑针位置

☆= 2行平 4-1-14 行针次 （1针）减针

蝴蝶结的加针

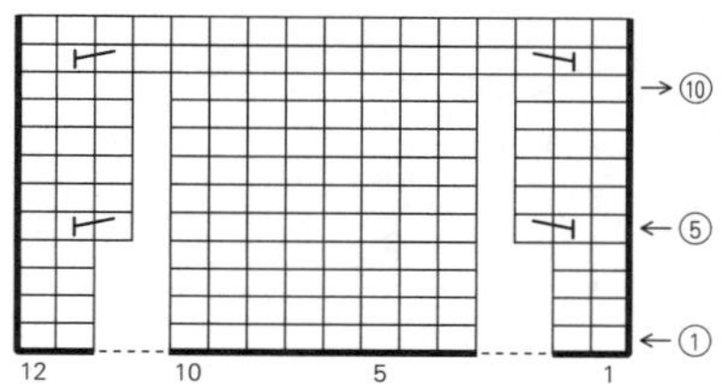

□=Ⅰ

=左加针

=右加针

※ 编织方法请参照第110页

起伏针

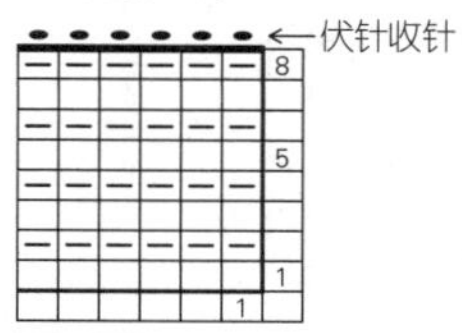

□=Ⅰ

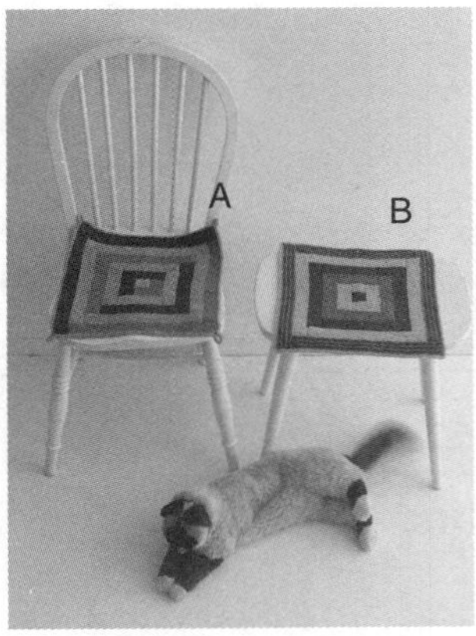

材料

芭贝 QUEEN ANNY

[A] 芥末色(104)、绿色(935)、烟青色(971)各35g/各1团，浅绿色(957)20g/1团

[B] 米色(812)50g/1团，红色(990)、灰色(832)各40g/各1团

工具

棒针4号

成品尺寸

34cm×34cm

编织密度

10cm×10cm面积内：起伏针、起伏针条纹均为23.5针，46行

编织要点

●用一边编织一边起针的方法起针，从织块❶开始按顺序编织，A编织起伏针，B编织起伏针、起伏针条纹。编织终点休针。边缘周围另线锁针起针，用I-cord收针法和I-cord编织，编织终点和编织起点做下针无缝缝合。

主体（起伏针、起伏针条纹）

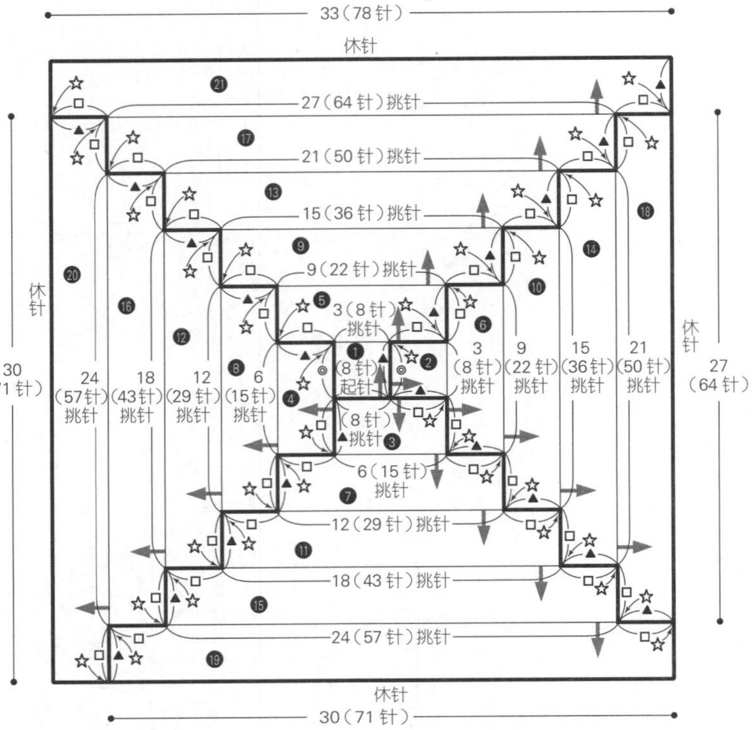

※全部使用4号针编织

※A在❶～㉑编织起伏针

※B在❶～⑰编织起伏针，⑱～㉑编织起伏针条纹

▲＝3 14行

◎＝（7针）挑针

□＝（6针）挑针

☆＝从端头（1针）挑针

主体的编织方法

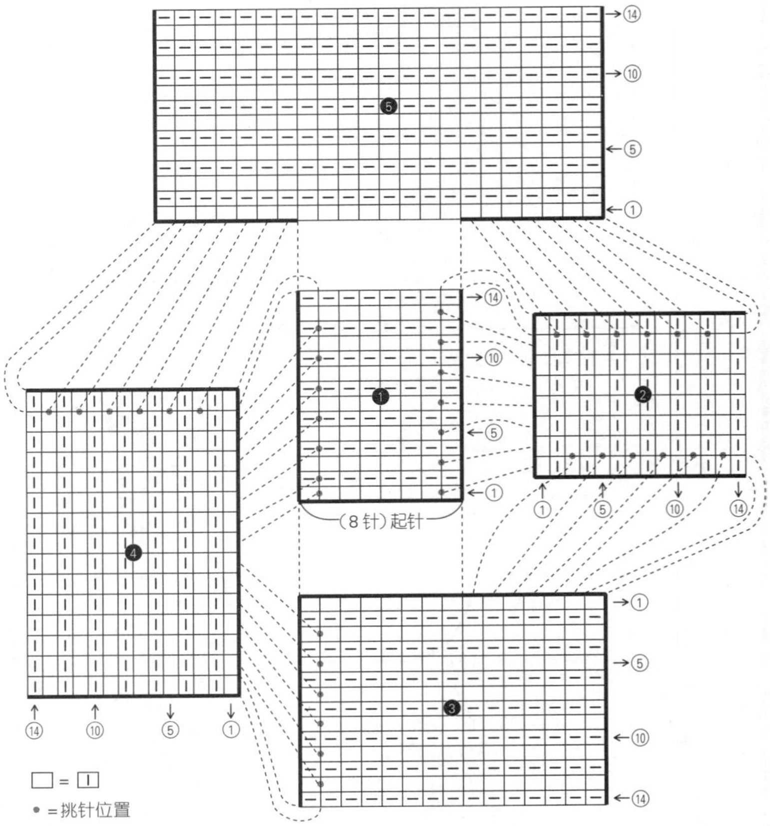

□＝|

•＝挑针位置

起伏针

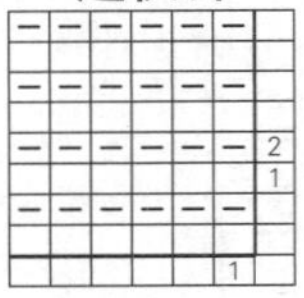

□＝|

起伏针条纹

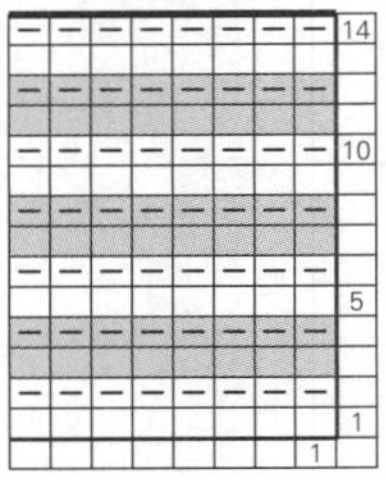

□＝|

配色 { □＝灰色 ▨＝红色

一边编织一边起针

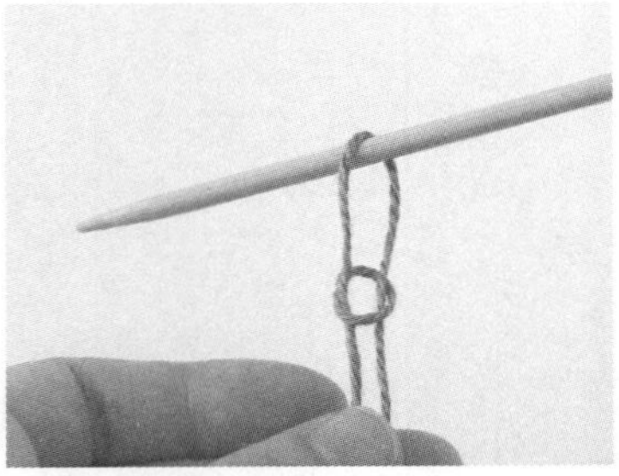

1 如图将棒针插入线圈，拉紧线将线圈收紧。这是第1针。

2 将右棒针插入针目1。

3 挂线并拉出。

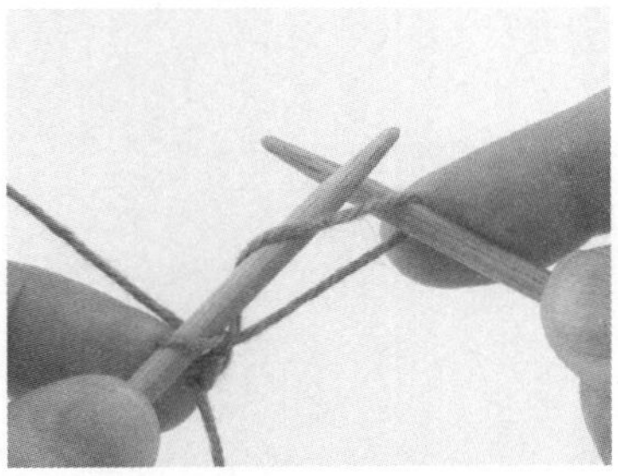

4 从前面将针目挂在左棒针上。

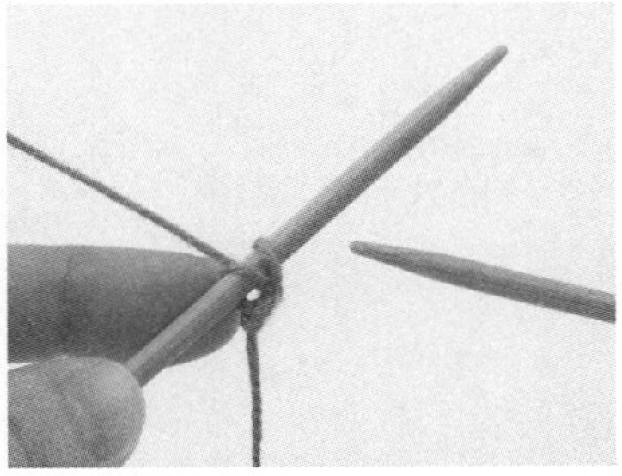

5 将针目拉紧。这是第2针。

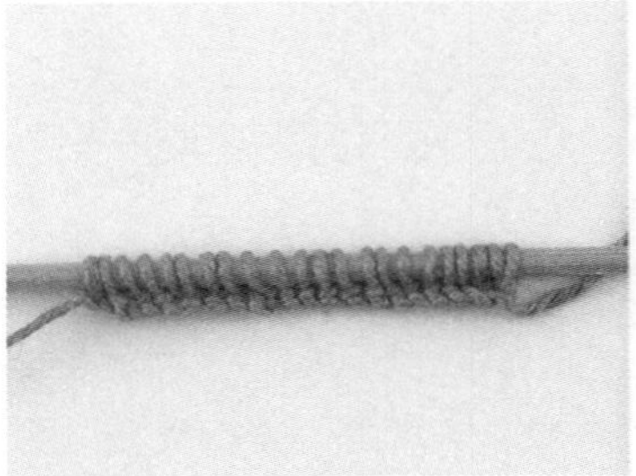

6 重复步骤2~4，起所需要的针数。

边缘周围

A: 芥末色 B: 米色

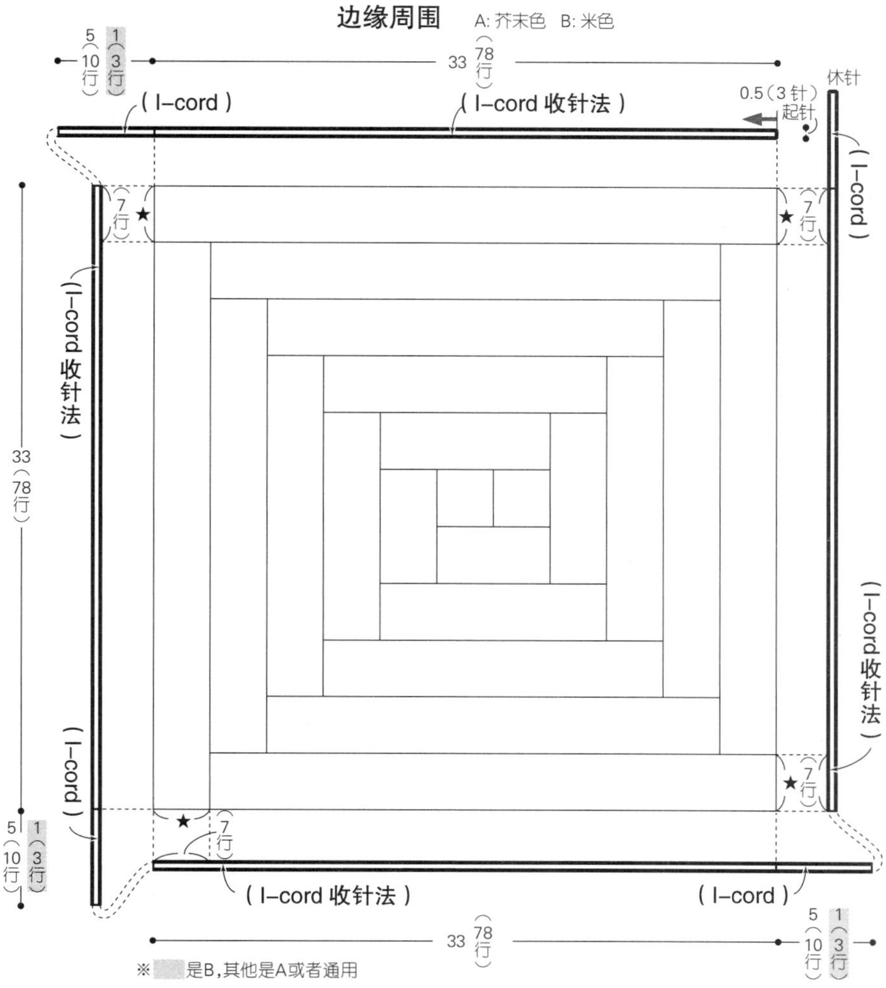

※ 是B，其他是A或者通用

※★=将端头针目挂在棒针上，用I-cord收针法编织

56、57 页改变颜色

56 页	57 页
灰色（832）	灰青色（987）
粉米色（101）	绿色（935）
原白色（880）	蓝色（965）
橙色（103）	红色（990）
浅橙色（988）	水蓝色（962）
黄色（934）	浅绿色（957）
灰米色（991）	芥末色（104）

配色表

	A	B
❶	芥末色	红色
❷❸	绿色	米色
❹❺	烟青色	
❻❼	芥末色	灰色
❽❾	浅绿色	
❿⓫	烟青色	红色
⓬⓭	绿色	
⓮⓯	浅绿色	米色
⓰⓱	芥末色	
⓲⓳	绿色	重复灰色2行、红色2行
⓴㉑	烟青色	

I-cord的编织方法

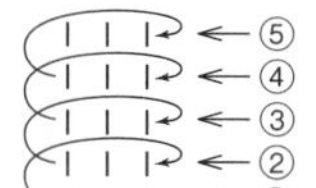

※第1行编完后，将线头从后面拉回编织起点，沿着相同的方向编织第2行。重复上述方法

I-cord 收针法
休针部分

1 将I-cord（3针）移至左棒针，用右棒针编织2针。

2 第3针如箭头所示从后面将右棒针插入剩余的针目。

3 挂线并拉出。

4 I-cord针目在上，1针伏针完成。

5 角部只编织I-cord，编织3行（A为10行）。

行边部分

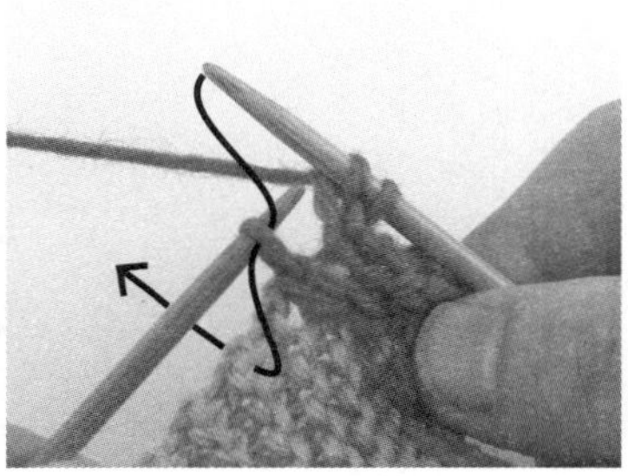

6 编织2针I-cord后，将右棒针插入第3针和主体端头针目与针目之间。

7 挂线并拉出。

8 行边部分也编织了I-cord。

材料

[大包] 芭贝 Leafy 米色(761) 165g/5团，藏青色(763) 65g/2团

[小包] 芭贝 Leafy 藏青色(763) 30g/1团，米色(761) 10g/1团

工具

钩针8/0号

成品尺寸

[大包] 宽33cm，深37cm

[小包] 宽16.5cm，深18cm

编织密度

花片A、B的边长均为16.5cm

编织要点

●通用…花片A先编织〈下〉。然后在第2行上编织〈上〉。

●大包…花片A钩织指定片数，做卷针缝。侧片锁针起针，钩织短针。后片、前片、侧片钩织引拔针接合。包口、提手挑取指定数量的针目，钩织短针。包口、提手边缘钩织1行引拔针。

●小包…钩织花片A、B，反面相对对齐，钩织引拔针接合。包口、提手挑取指定数量的针目，钩织短针。

大包

后片、前片
（连接花片）

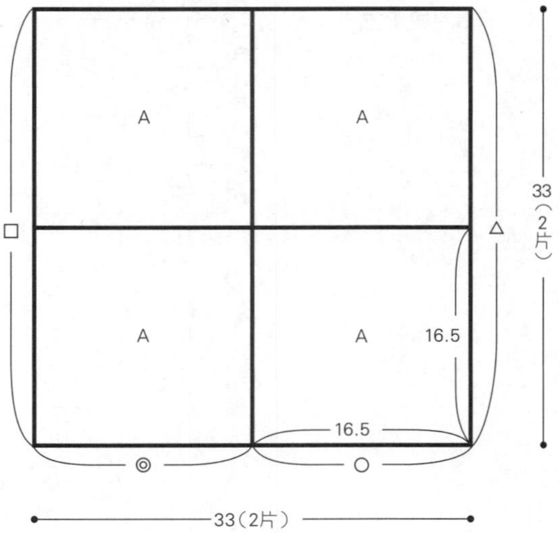

花片A

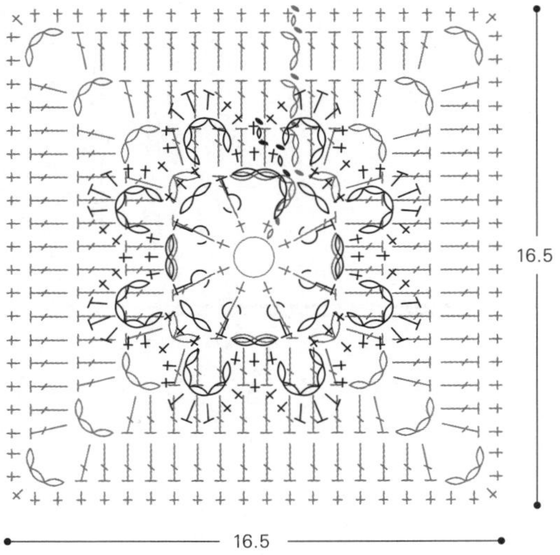

侧片（短针）
米色

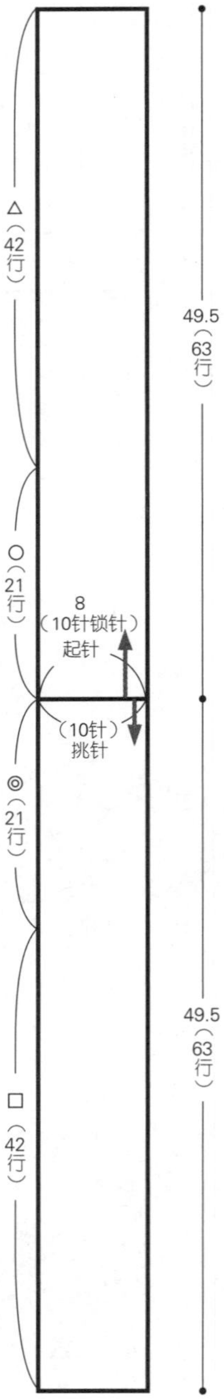

※ 全部使用8/0号针钩织

※ 除指定以外每种颜色均取2根线钩织

▷ = 加线

▶ = 剪线

花片A〈下〉
大包：米色 8片 小包：藏青色 1片

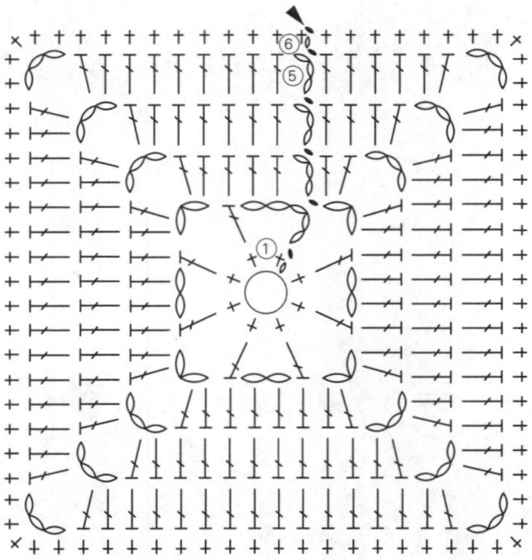

花片A〈上〉
大包：藏青色 8片 小包：米色 1片

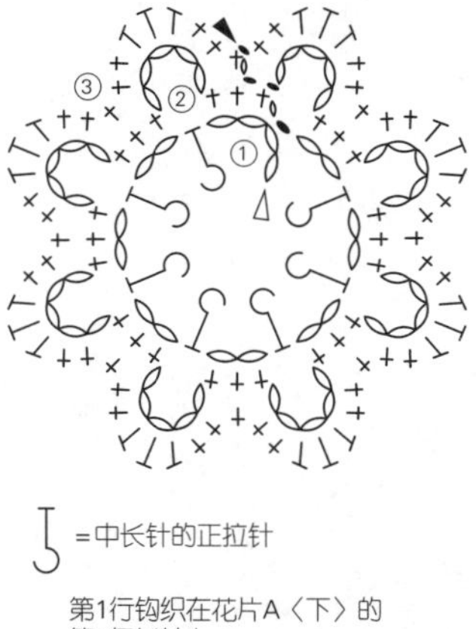

= 中长针的正拉针

第1行钩织在花片A〈下〉的第2行长针上

包口、提手的编织方法 （大包）

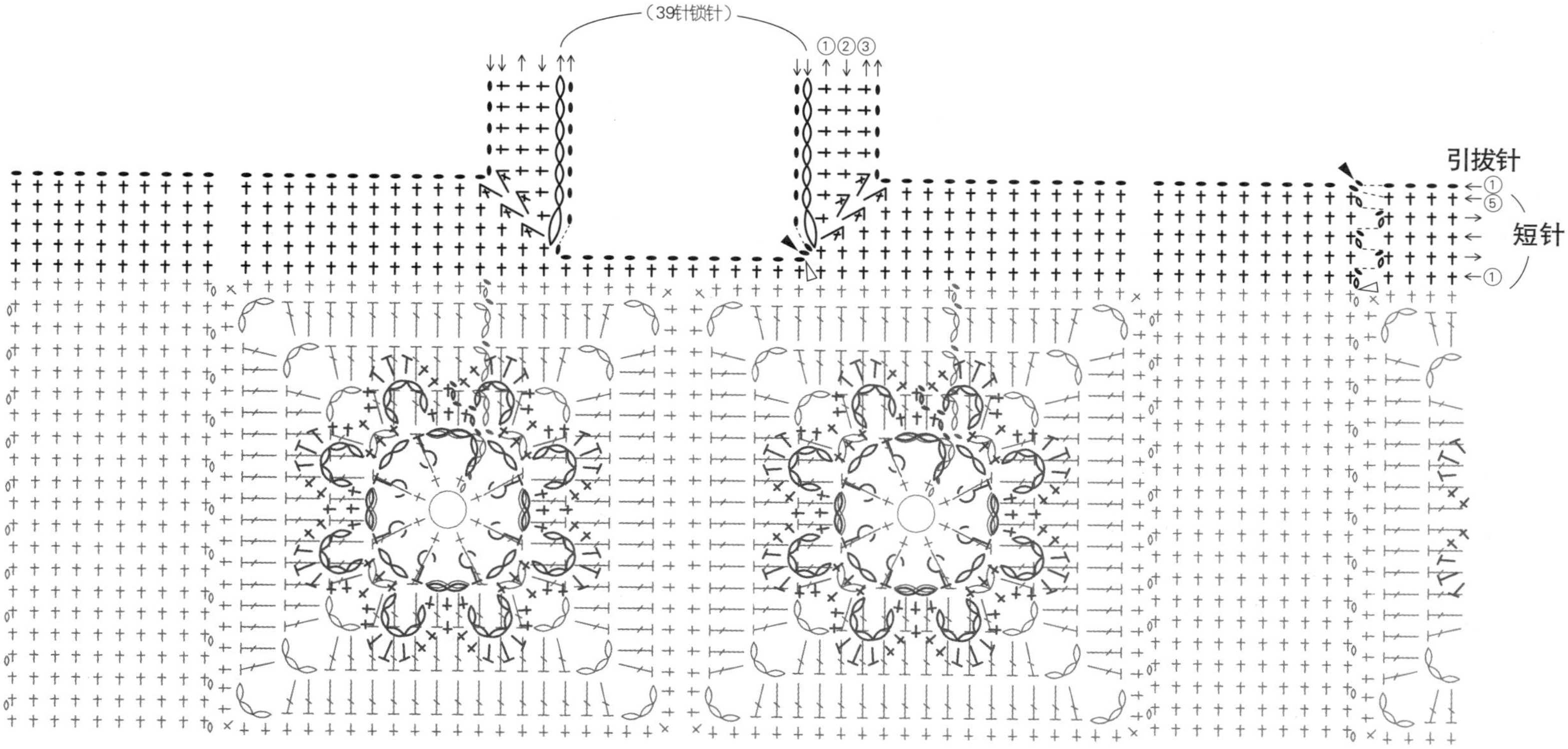

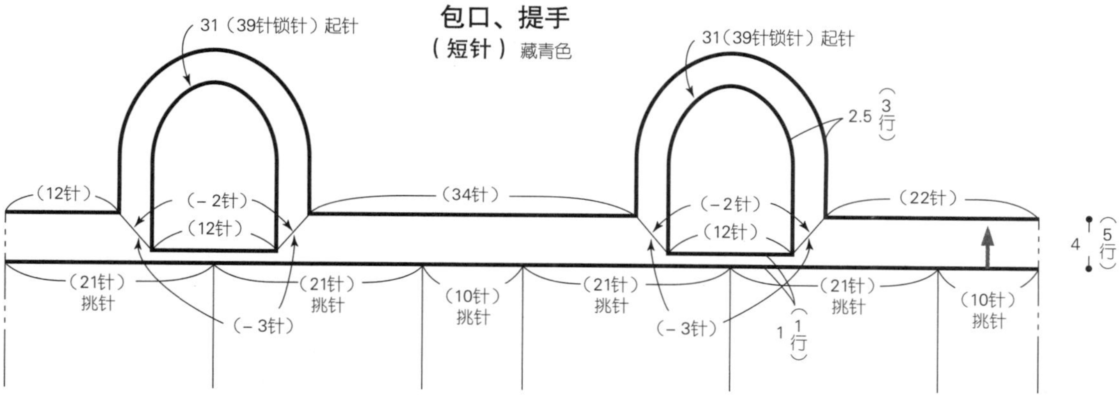

※全部（104针）挑针

※接着包口第2行钩织提手部分的锁针

组合方法

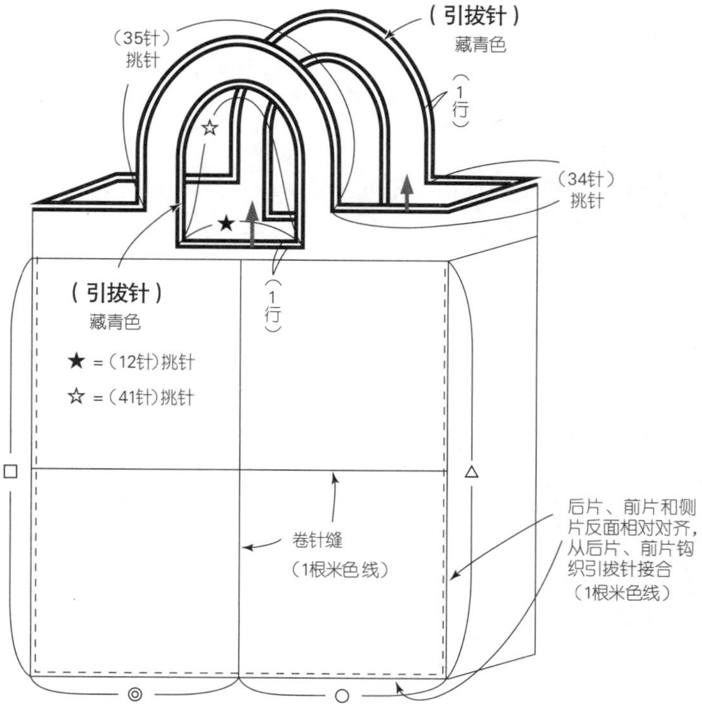

卷针缝

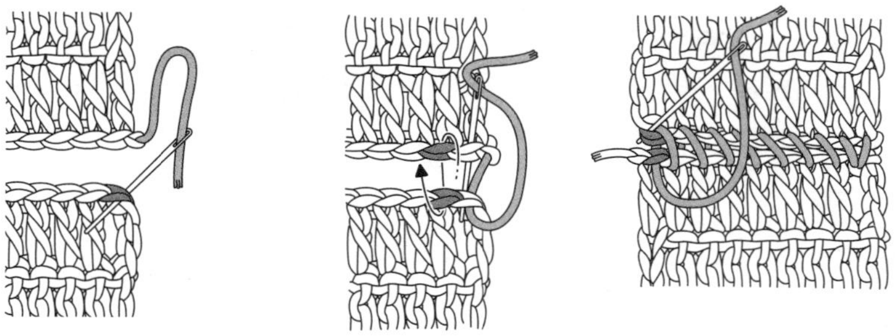

1 将2片织片正面朝外对齐，将毛线缝针插入下方织片锁针的2根线中。

2 交错着将毛线缝针插入2个织片，将线拉出。

3 重复步骤2，缝合终点在同一个位置重复一次。

小包

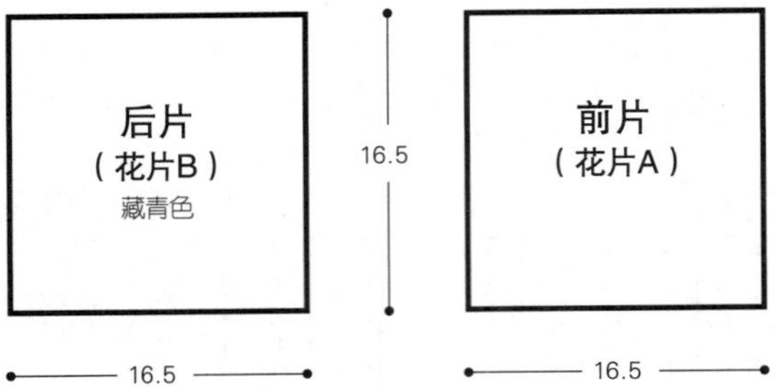

※ 全部使用8/0号针钩织

※ 除指定以外每种颜色均取2根线钩织

包口、提手

（短针） 米色

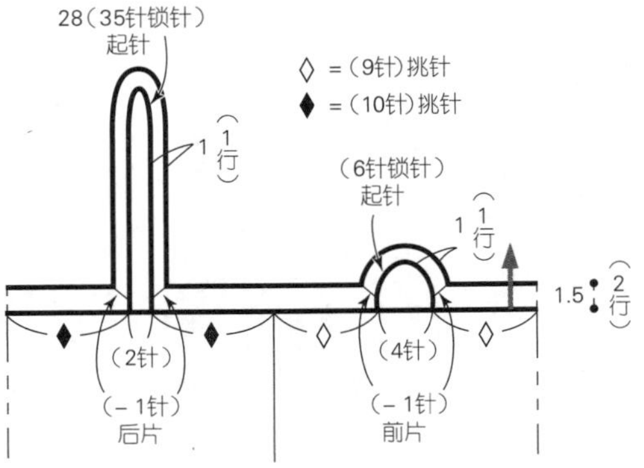

组合方法

▷ = 加线

◀ = 剪线

花片B

藏青色 1片

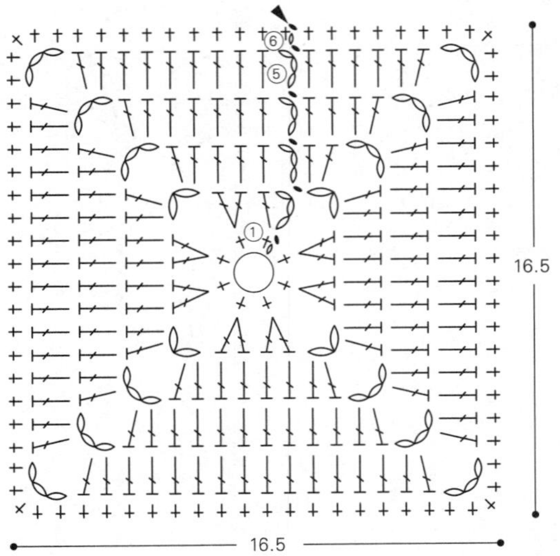

包口、提手的编织方法（小包）

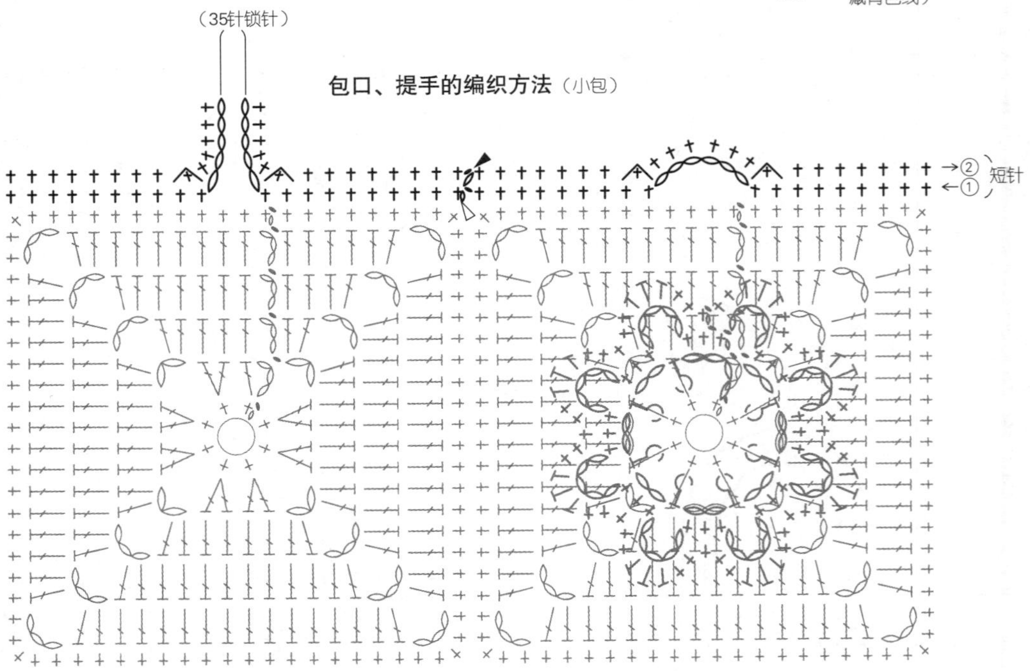

 的编织方法

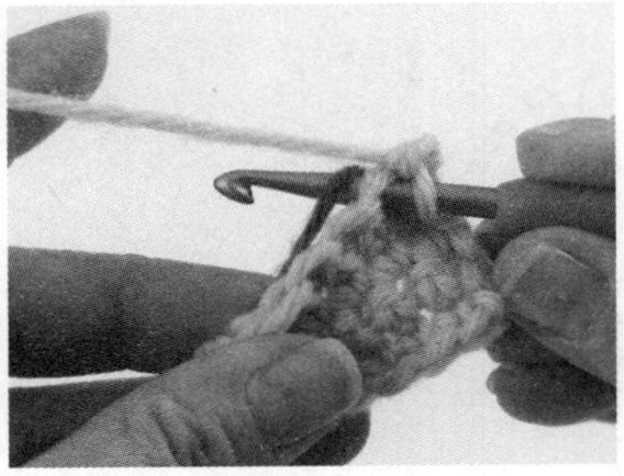

1 钩织1针锁针，将配色线挂在钩针上，一边包住配色线一边钩织短针。

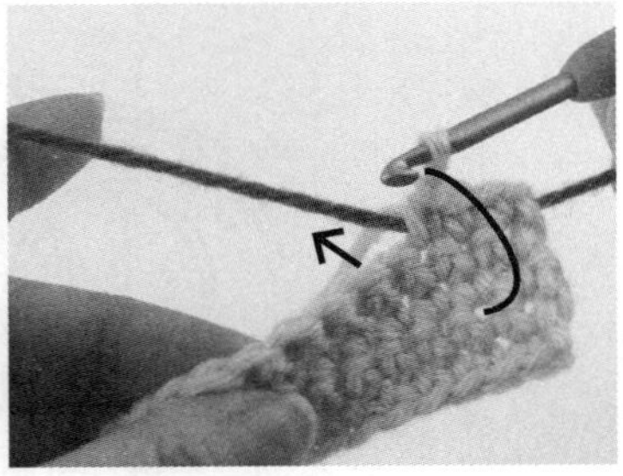

2 钩织至第3针后，换线，如图所示将钩针插入前3行2针前面的短针中。

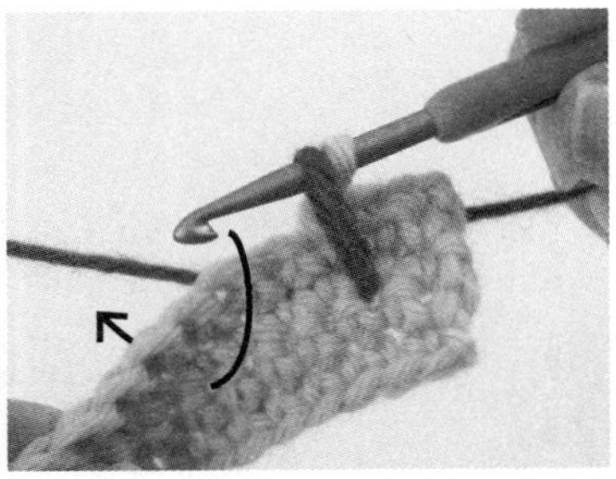

3 将配色线长长地拉出。同样将钩针插入前方4针左边的针目，将线拉出。

4 换线，将底色线挂在钩针上，从钩针上的3个线圈中一次性引拔出。

5 钩织好了1个花样。

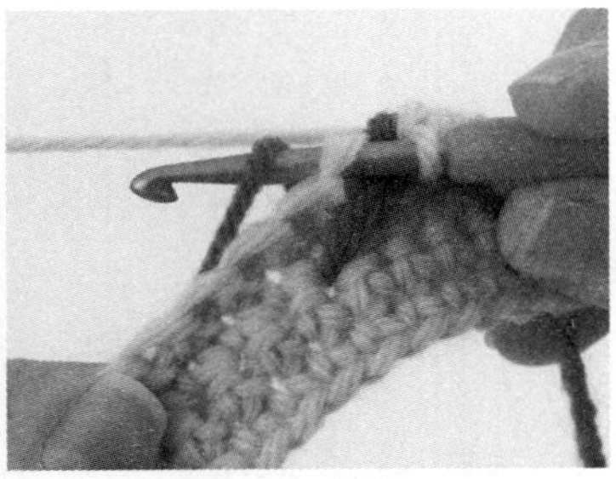

6 继续入针，一边包住配色线，一边钩织3针短针。

7 重复步骤2~6，钩织至端头。将配色线包在针目里面编织到倒数第2针。

材料

芭贝 Leafy 米色(761) 100g/3团，Nuvola 藏青色(405) 55g/2团

工具

钩针8/0号、7/0号

成品尺寸

宽23cm，深18.5cm

编织密度

10cm×10cm面积内：条纹花样A 15.5针，15行；条纹花样B 16针，15行

编织要点

●包底锁针起针，钩织短针。包身从指定位置挑针，钩织条纹花样A。从条纹花样A的侧面挑针，钩织条纹花样B。对齐相同标记，钩织引拔针接合，或者做卷针缝。包口挑取指定数量的针目，环形钩织短针条纹。钩织12行后，钩织1行引拔针。提手和包底的起针方法相同，钩织条纹花样C。钩织3行后，周围钩织1行引拔针。

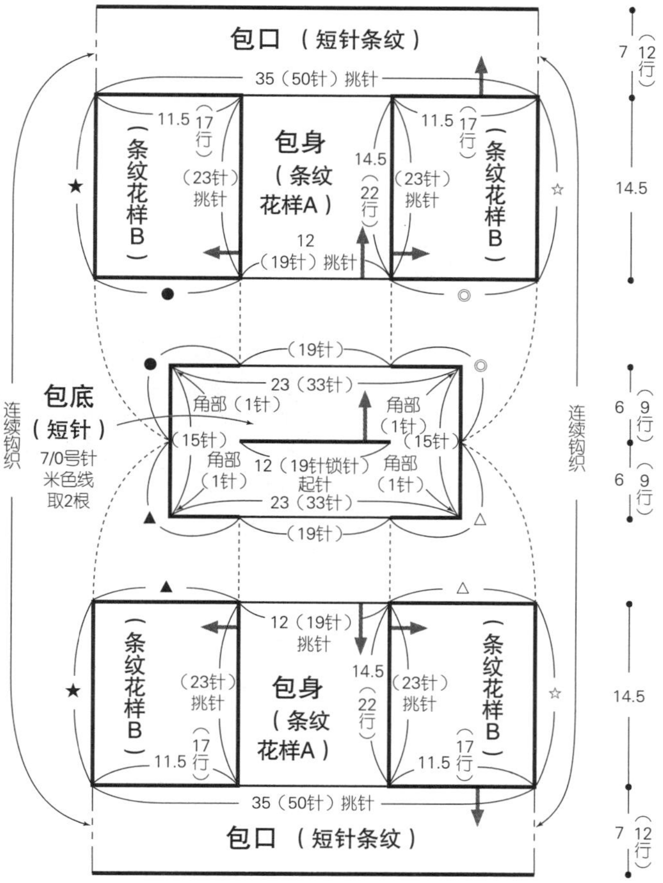

※ 除指定以外均用8/0号针

※ 对齐●、▲、△、◎相同标记，正面相对对齐，用2根米色线钩织引拔针接合

※ 对齐★、☆相同标记，用2根米色线做卷针缝（请参照第153页）

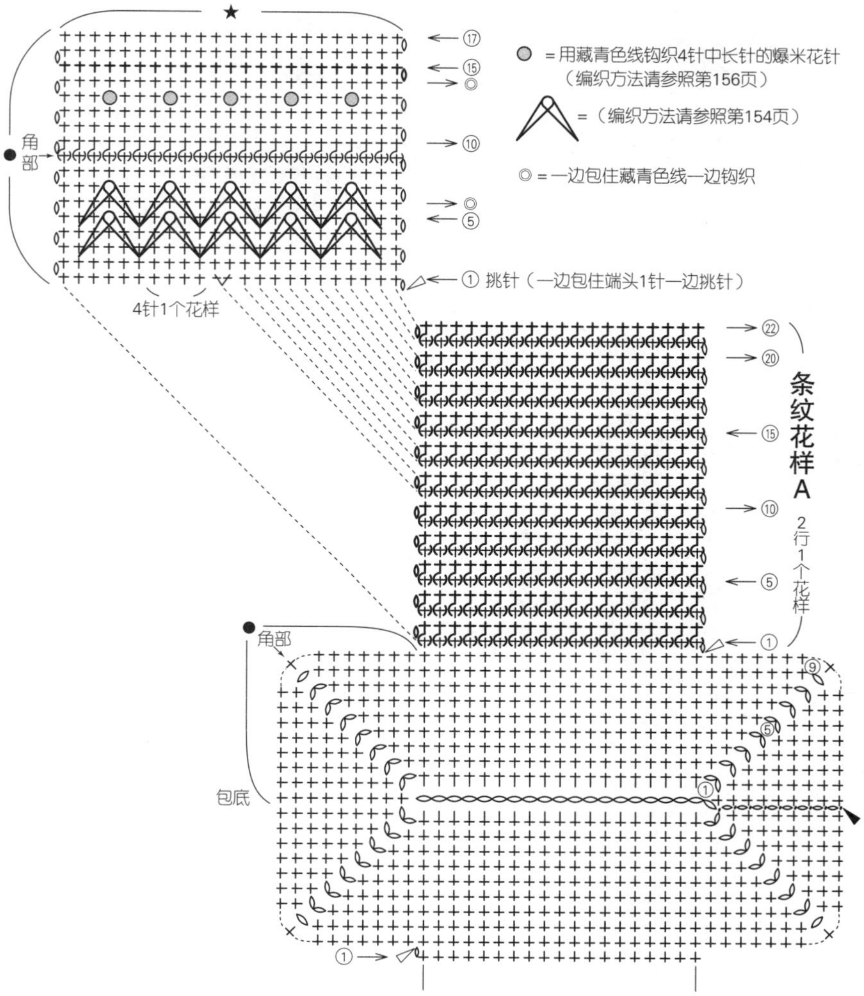

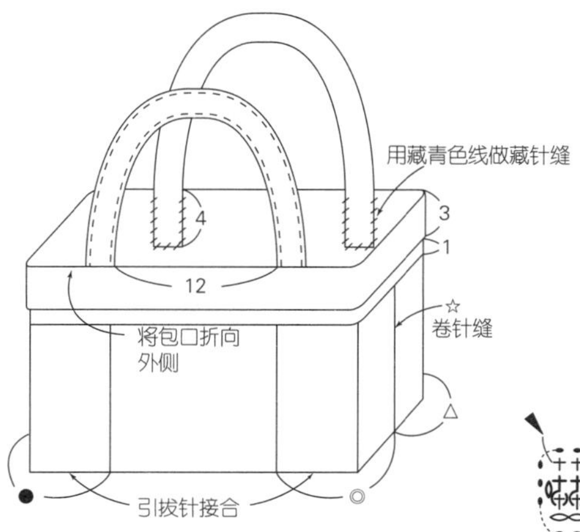

配色 —=米色线 取2根 —=藏青色

⸢短针的反拉针（从反面钩织时，钩织正拉针）

※ 编织方法请参照第87页

▷=加线

▶=剪线

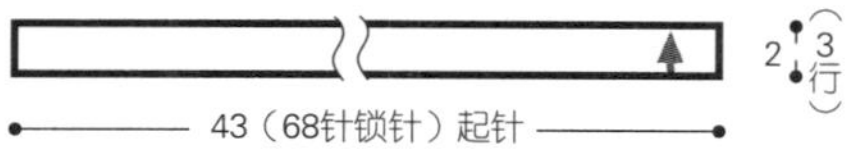

※ 周围用藏青色线钩织1行引拔针（参照图示）

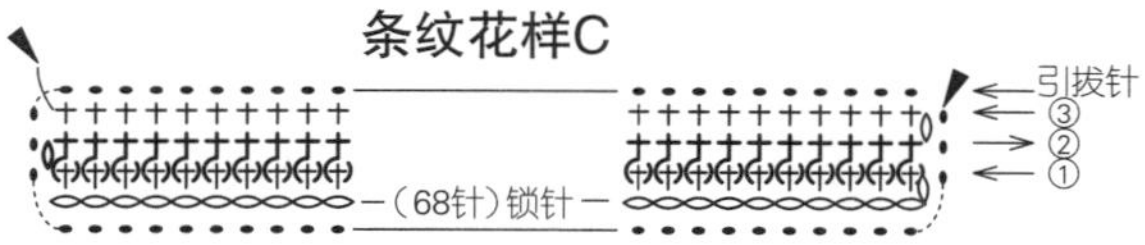

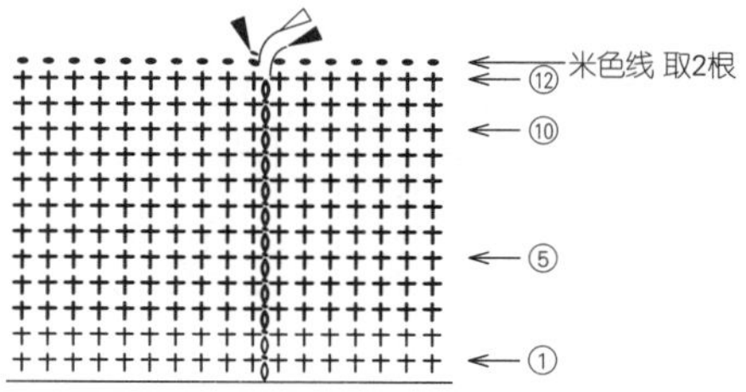

4针中长针的爆米花针的编织方法 ○

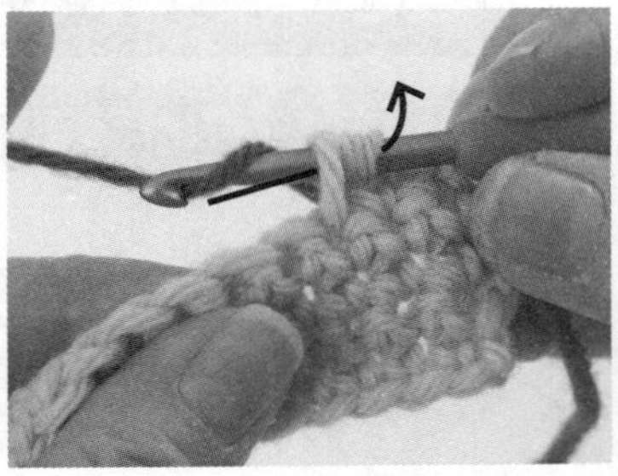

1 从端头第2针短针开始包住配色线钩织。第2针钩织未完成的短针，换线用配色线引拔。

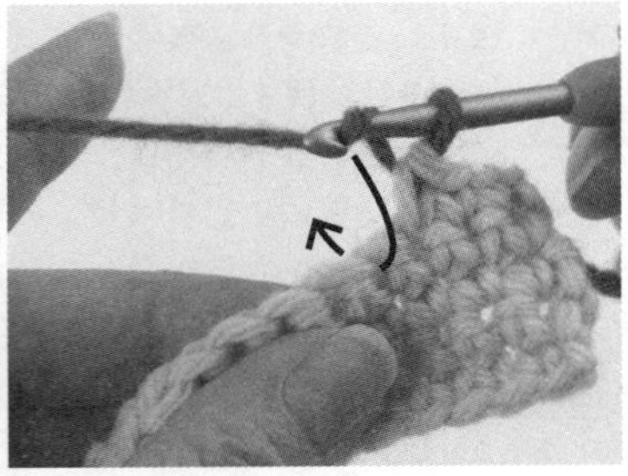

2 下一针钩织3针中长针，第4针钩织未完成的中长针。

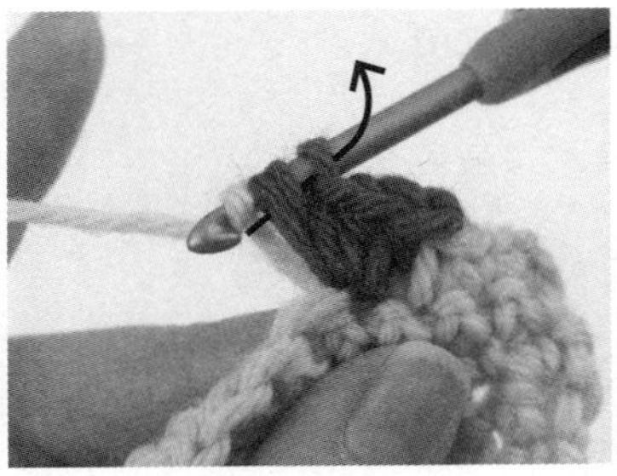

3 换用底色线，从钩针上的3个线圈中引拔出。

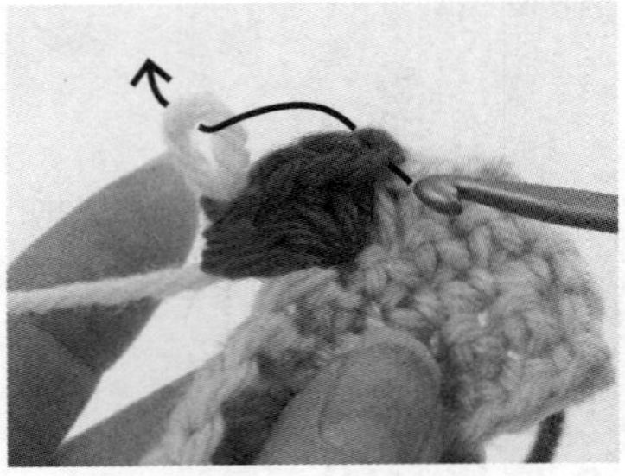

4 将钩针抽出，插入第1针中长针头部，然后再挑起刚刚取下的针目。

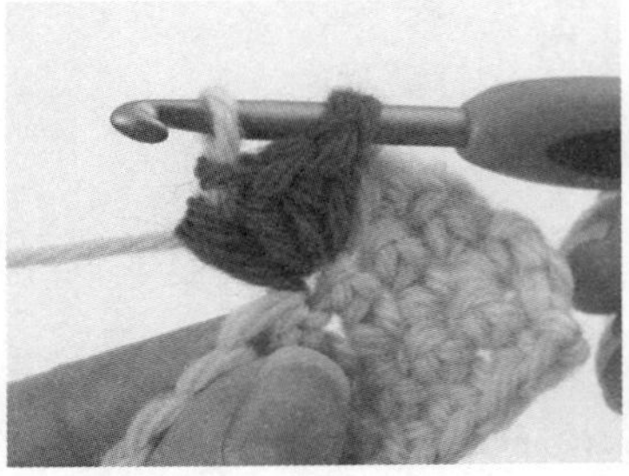

5 将针目拉出。

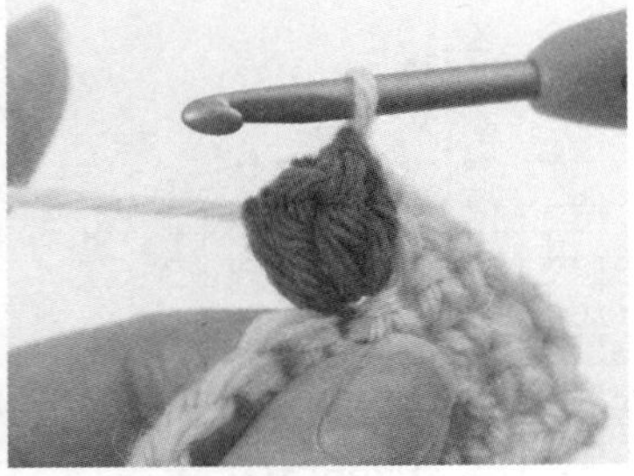

6 用配色线钩织了1针爆米花针。

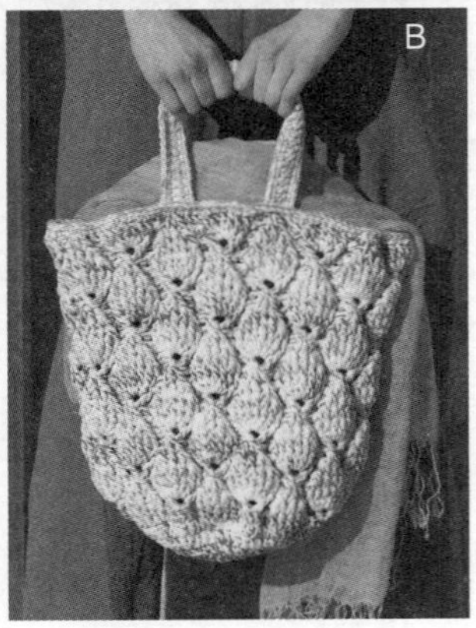

61 页的作品 ★★

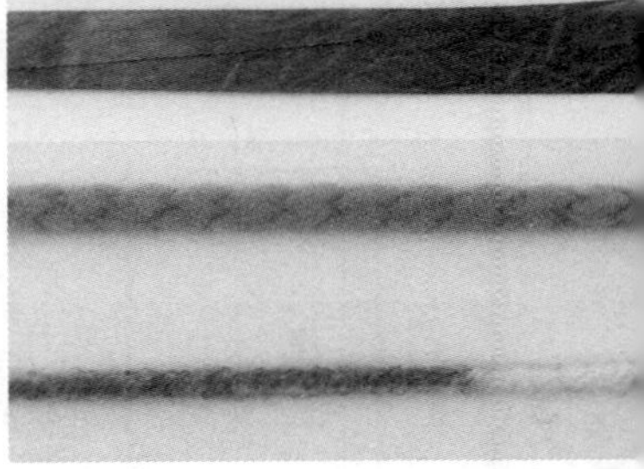

材料

[A]芭贝 Leafy 米色、粉色、褐色系段染（744），卡其色（765）各120g/各3团

[B]芭 贝 Nuvola 白 色（401）200g/4团，Husky 绿色、蓝色系段染（335）185g/2团

工具

钩针8/0号

成品尺寸

宽40cm，深30cm

编织密度

编织花样1个花样10cm，8.5行10cm

编织要点

●全部取指定的线并在一起编织。包底环形起针，参照图示一边加针，一边钩织长针。包身做编织花样和边缘编织。提手锁针起针，参照图示钩织。参照组合方法，将提手缝在指定位置。

包包

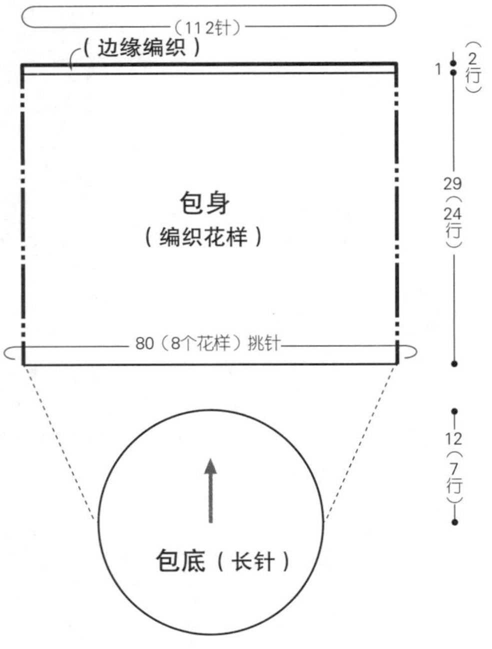

※全部使用8/0号针，A、B款均各取1根指定的线并在一起钩织

提手 各2根

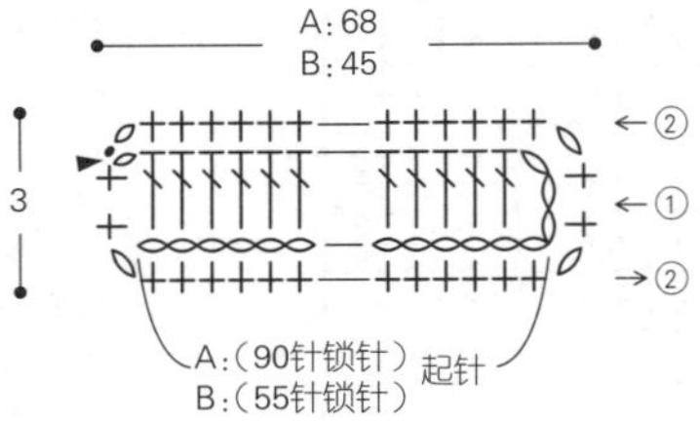

► = 剪线

组合方法

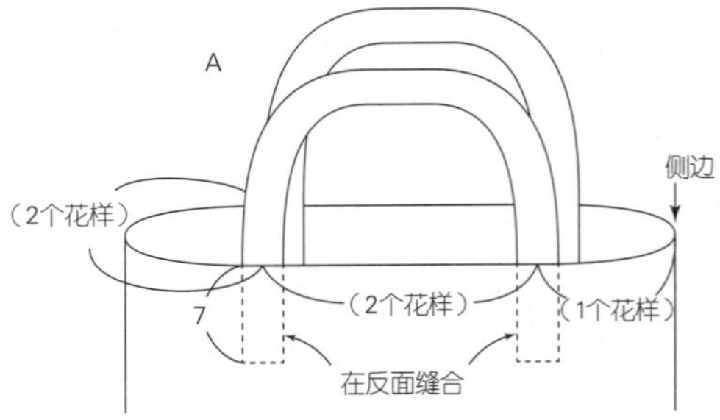

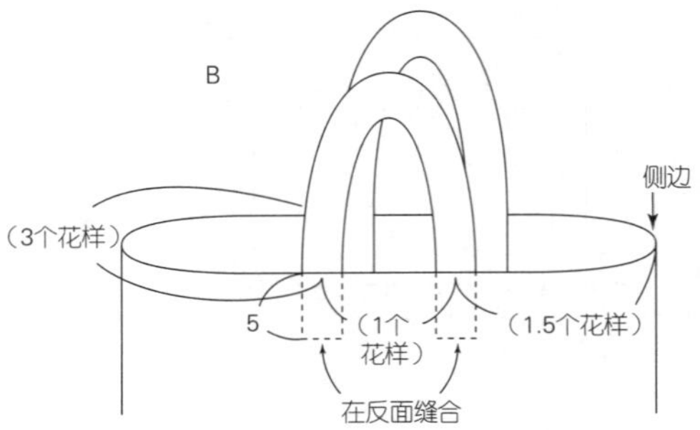

包身

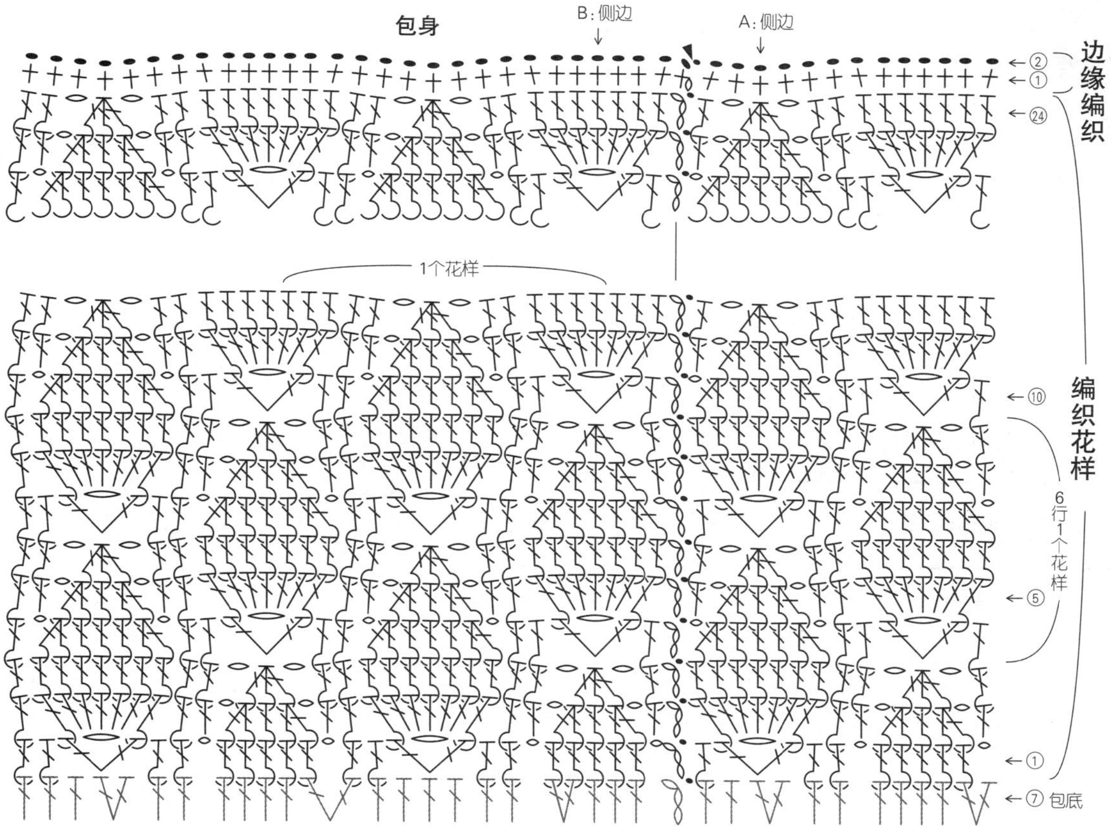

► = 剪线

包底

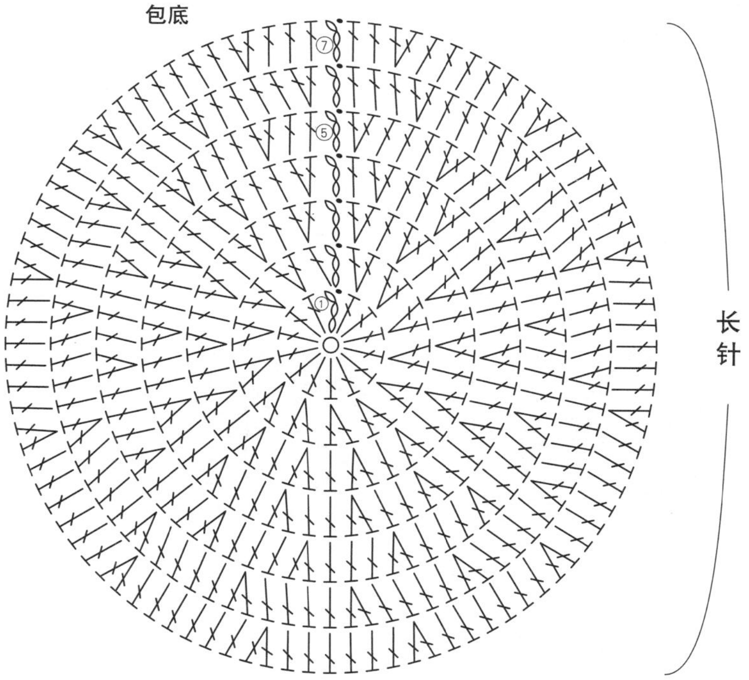

包底的加针

行数	针数	
7行	96针	（+12针）
6行	84针	（+14针）
5行	70针	（+14针）
4行	56针	（+14针）
3行	42针	（+14针）
2行	28针	（+14针）
1行	14针	

 =长针的正拉针

 =长针的反拉针

※编织方法请参照第159页

 =2针长针的正拉针并1针

※编织方法请参照第158页

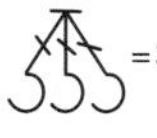 =3针长针的正拉针并1针

材料

芭贝 Leafy 褐色(753) 120g/3团

工具

钩针7/0号

成品尺寸

头围56cm，帽深19cm

编织密度

10cm×10cm面积内：短针14针，15行

编织要点

●主体取2根线编织。环形起针从帽顶开始钩织，钩织短针和编织花样。参照图示钩织加针。细绳用1根线钩织锁针，端头打结，参照组合方法缝在指定位置。

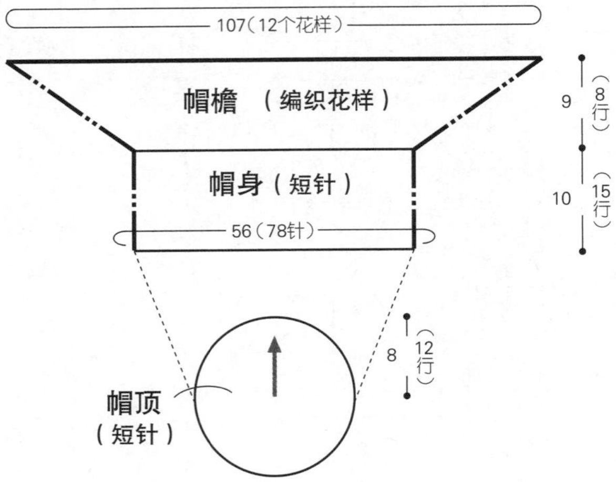

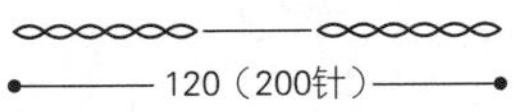

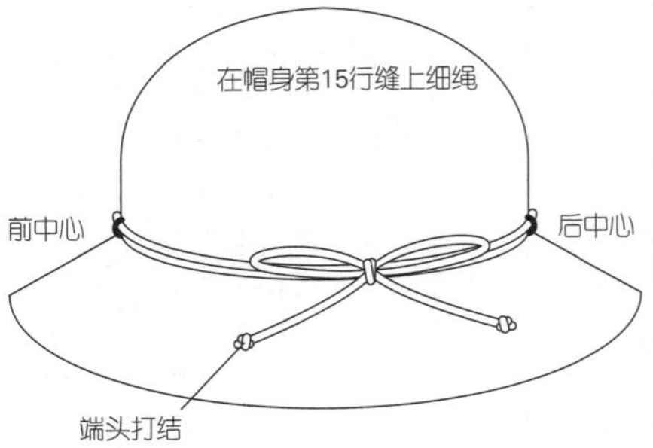

2针长针的正拉针并1针

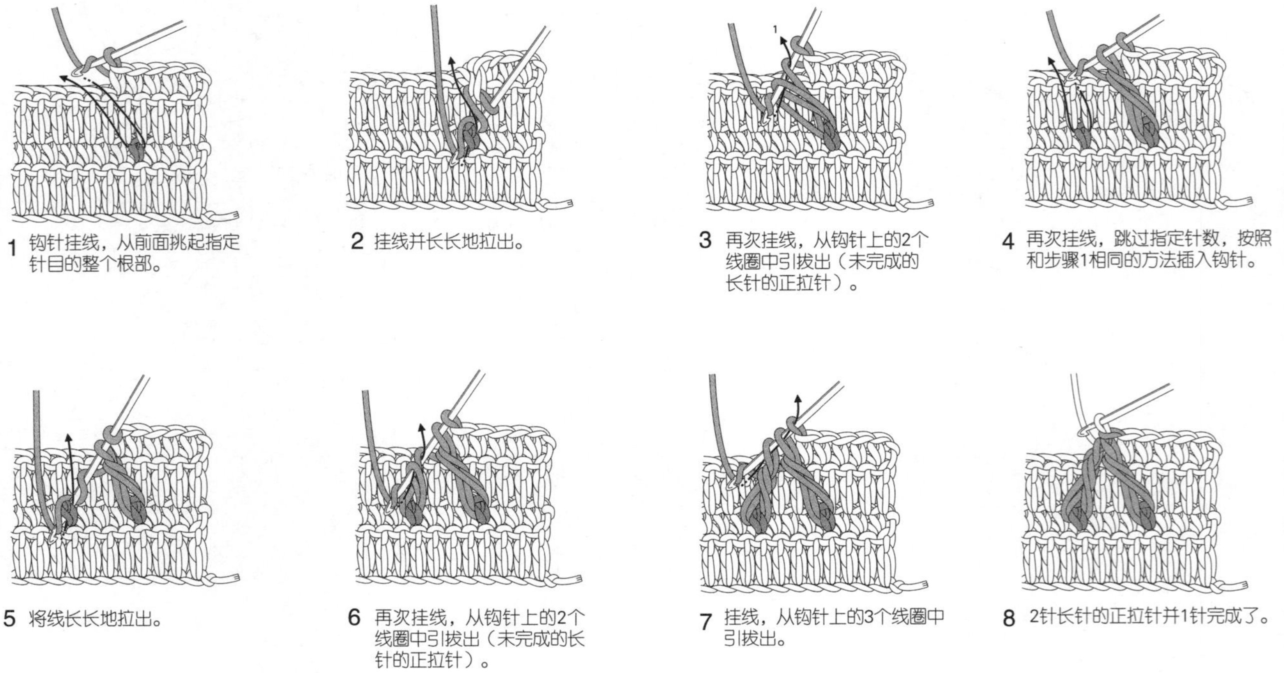

1 钩针挂线，从前面挑起指定针目的整个根部。

2 挂线并长长地拉出。

3 再次挂线，从钩针上的2个线圈中引拔出（未完成的长针的正拉针）。

4 再次挂线，跳过指定针数，按照和步骤1相同的方法插入钩针。

5 将线长长地拉出。

6 再次挂线，从钩针上的2个线圈中引拔出（未完成的长针的正拉针）。

7 挂线，从钩针上的3个线圈中引拔出。

8 2针长针的正拉针并1针完成了。

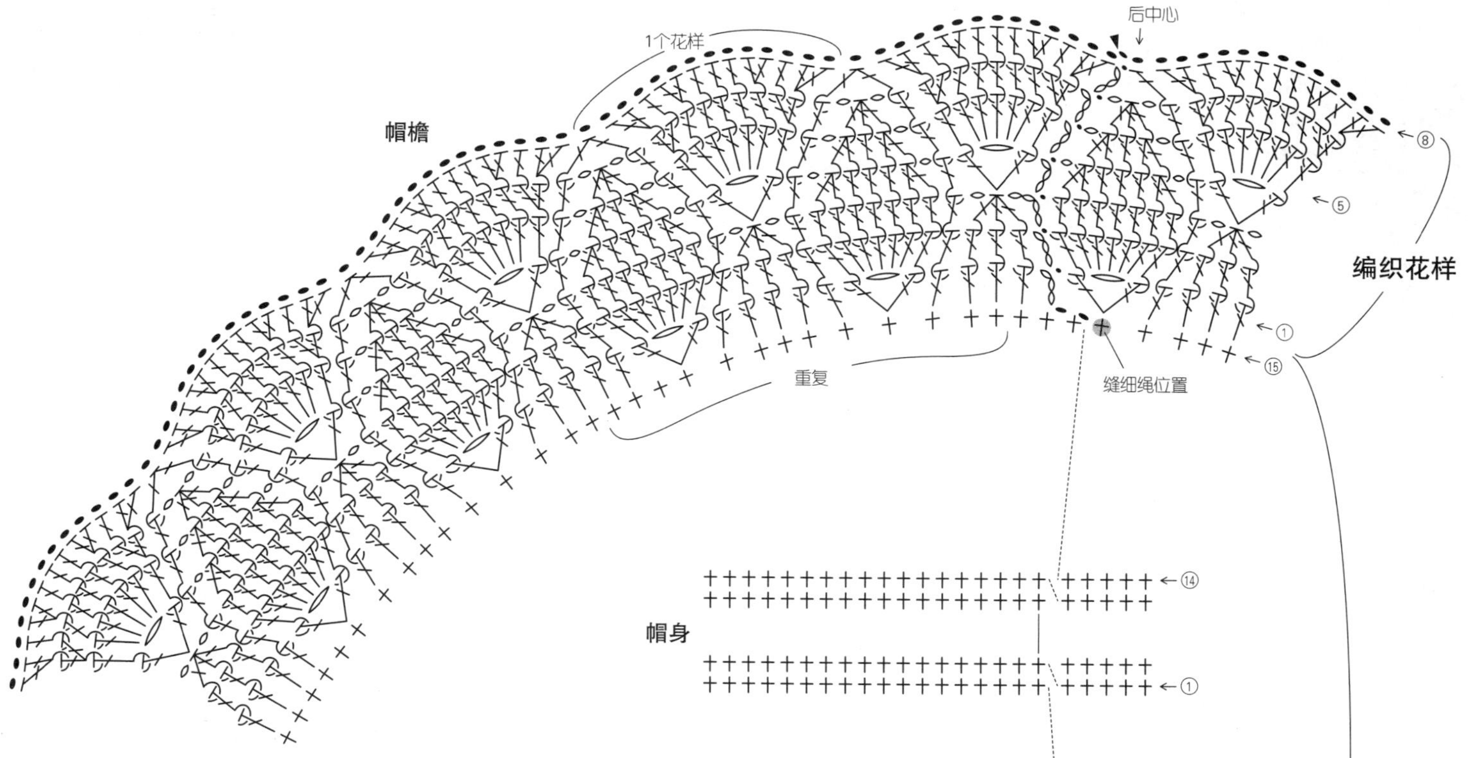

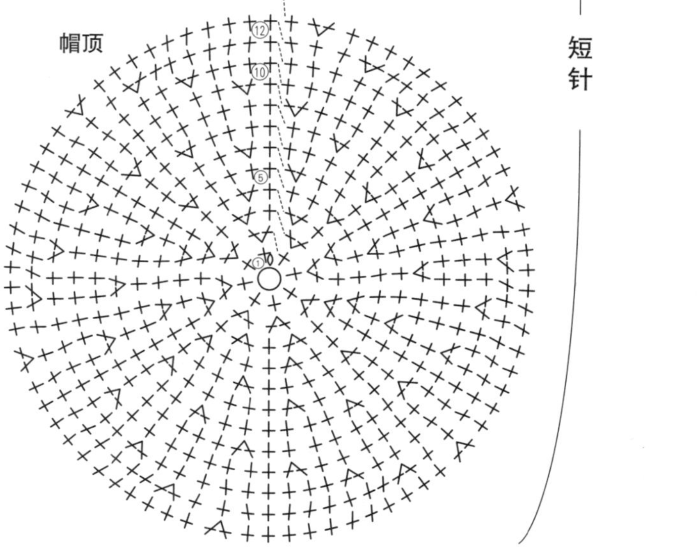

=长针的正拉针

=长针的反拉针

=2针长针的正拉针并1针

=3针长针的正拉针并1针

► = 剪线

帽顶的加针

行数	针数	
12行	78针	(+6针)
11行	72针	(+6针)
10行	66针	(+6针)
9行	60针	(+6针)
8行	54针	(+6针)
7行	48针	(+6针)
6行	42针	(+6针)
5行	36针	(+6针)
4行	30针	(+6针)
3行	24针	(+8针)
2行	16针	(+8针)
1行	8针	

长针的正拉针

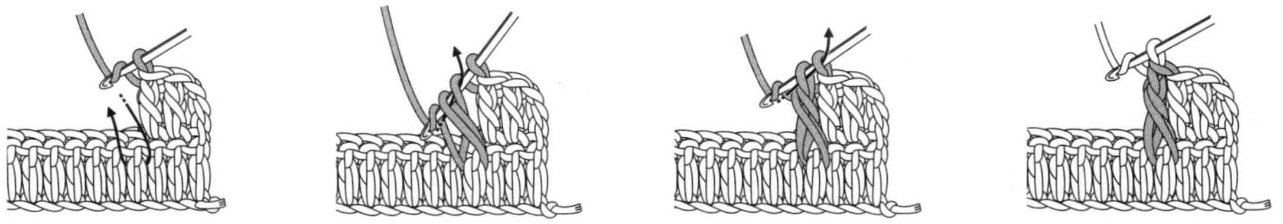

1 钩针挂线，如箭头所示，从前面将钩针插入前一行长针的根部，将线拉出。

2 挂线，从钩针上的2个线圈中引拔出。

3 再次挂线，从钩针上的2个线圈中引拔出。

4 长针的正拉针完成了。

长针的反拉针

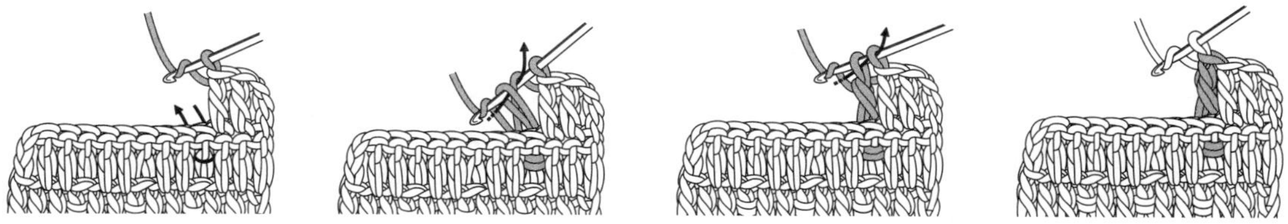

1 钩针挂线，如箭头所示，从后面将钩针插入前一行长针的根部，将线拉出。

2 挂线，从钩针上的2个线圈中引拔出。

3 再次挂线，从钩针上的2个线圈中引拔出。

4 长针的反拉针完成了。

材料

Hobbyra Hobbyre Shiny Raphis 灰色（01）100g/3团

工具

钩针6/0号

成品尺寸

头围58cm

编织密度

10cm×10cm面积内：短针16.5针，18行

编织要点

●环形起针从帽顶开始钩织。参照图示钩织加针。

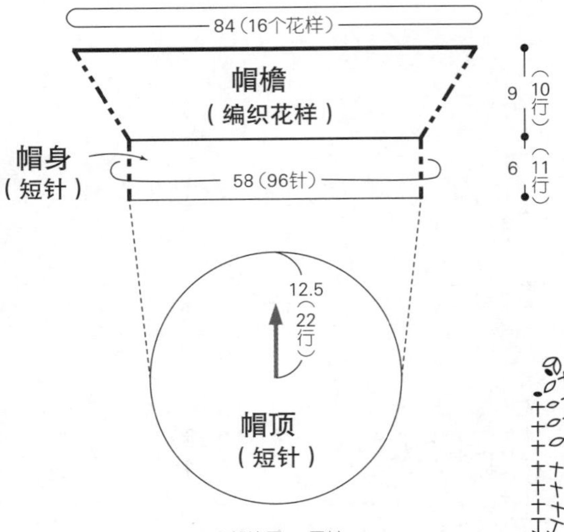

※ 全部使用6/0号针

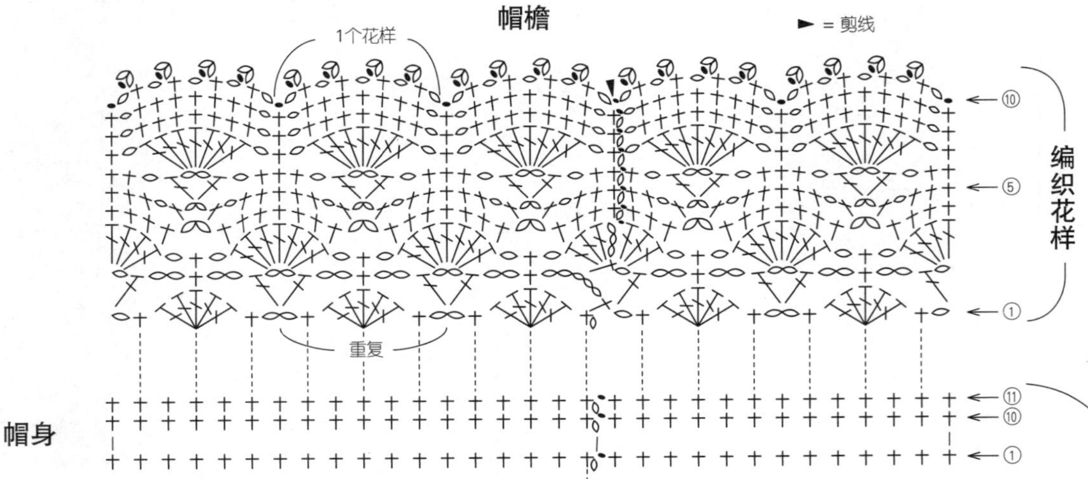

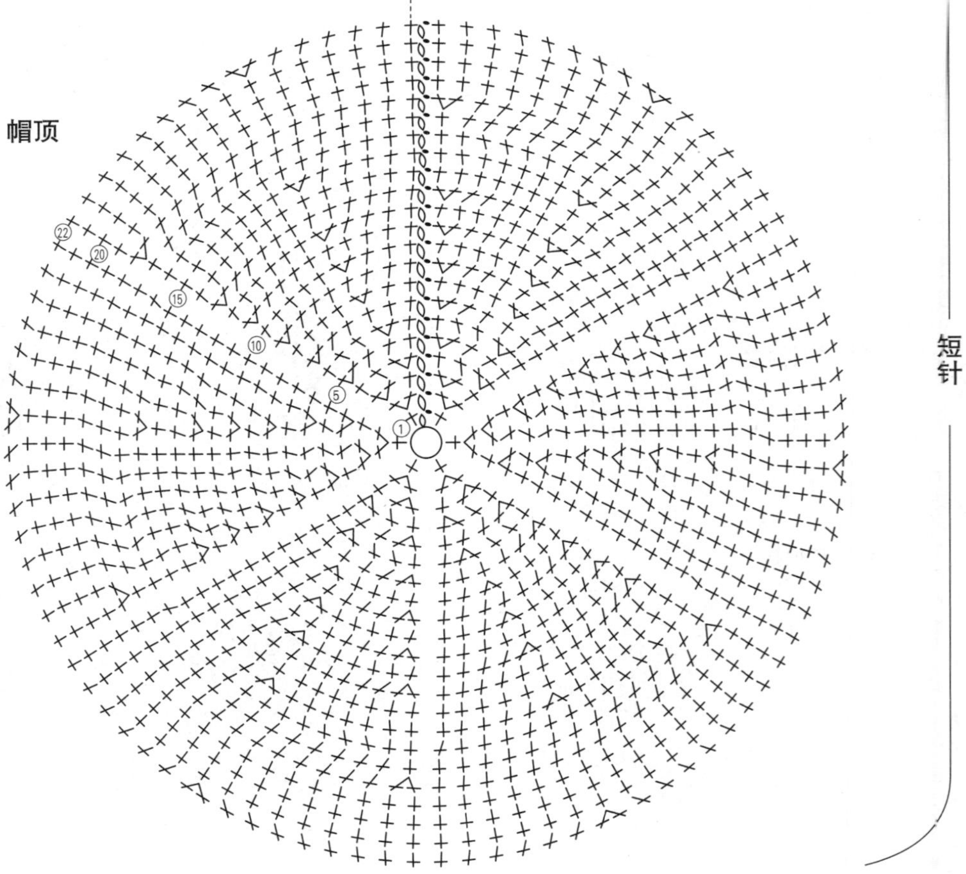

帽顶的加针

行数	针数	
22行	96针	（+6针）
19～21行	90针	
18行	90针	（+6针）
16～17行	84针	
15行	84针	（+6针）
14行	78针	
13行	78针	（+6针）
12行	72针	（+6针）
11行	66针	（+6针）
10行	60针	（+6针）
9行	54针	（+6针）
8行	48针	（+6针）
7行	42针	（+6针）
6行	36针	（+6针）
5行	30针	（+6针）
4行	24针	（+6针）
3行	18针	（+6针）
2行	12针	（+6针）
1行	6针	

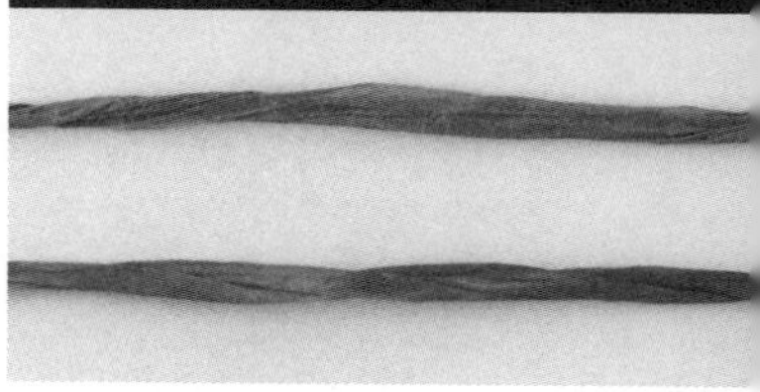

材料

Hobbyra Hobbyre

[A] Raphis Grand 褐 色(02) 180g/5团，Raphis Grand Palette 青紫色、黄色、红色系段染(05) 80g/2团

[B] Raphis Grand 米 色(05) 180g/5团，Raphis Grand Palette 水蓝色、粉色、橙色系段染(01) 80g/2团

[C] Raphis Grand 藏 青 色(07) 180g/5团，Raphis Grand Palette 紫色系段染(11) 80g/2团

工具

钩针7/0号、6/0号

成品尺寸

宽35cm，深26cm

编织密度

10cm×10cm面积内：短针15针，13.5行；条纹花样15针，10.5行

编织要点

●锁针起针，包底钩织短针。参照图示钩织加针。包身加线钩织短针、条纹花样，包口做编织花样A。提手锁针起针，做编织花样B。提手参照组合方法缝在指定位置。

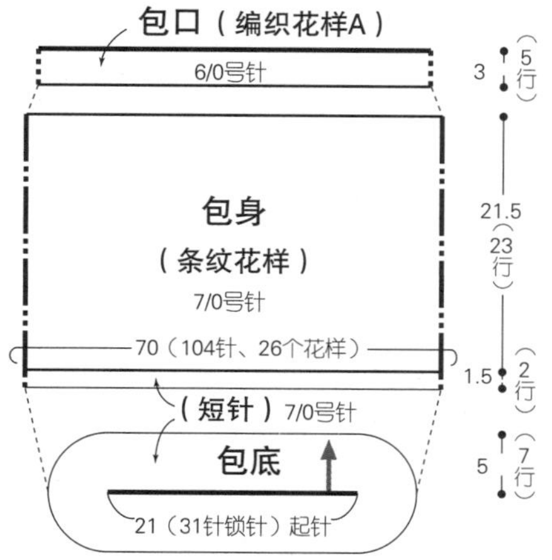

※除指定以外均用Raphis Grand线钩织

▷ = 加线

▶ = 剪线

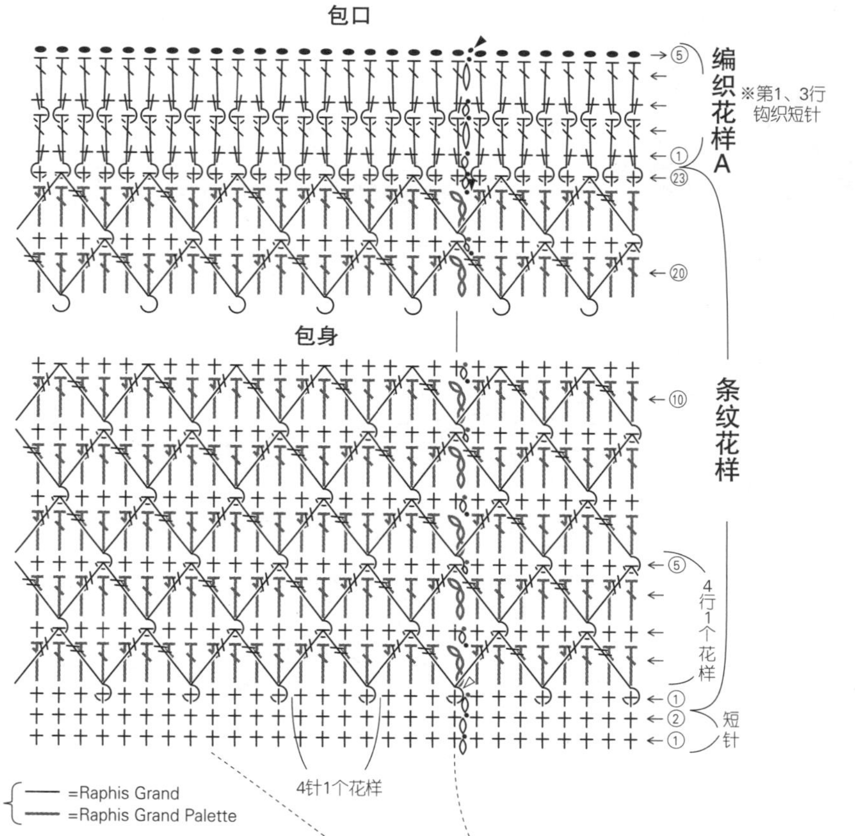

=2针长长针的正拉针并1针（挑起下方第2行针目的根部）
※请参照第158页2针长针的正拉针并1针的方法

=长针的正拉针（挑起下方第2行针目的根部）

=长针的反拉针（挑起下方第2行针目的根部）
※编织方法请参照第159页

配色 { ── =Raphis Grand ── =Raphis Grand Palette

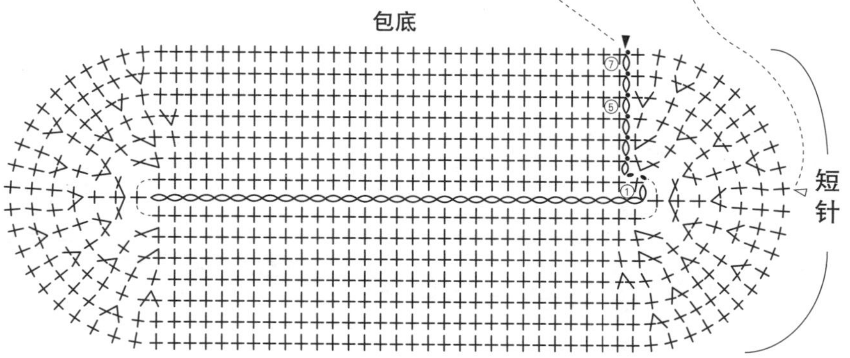

包底的加针

行数	针数	
7行	104针	
6行	104针	(+8针)
5行	96针	(+8针)
4行	88针	(+8针)
3行	80针	(+8针)
2行	72针	(+8针)
1行	64针	

提手 2根

（编织花样B）

6/0号针

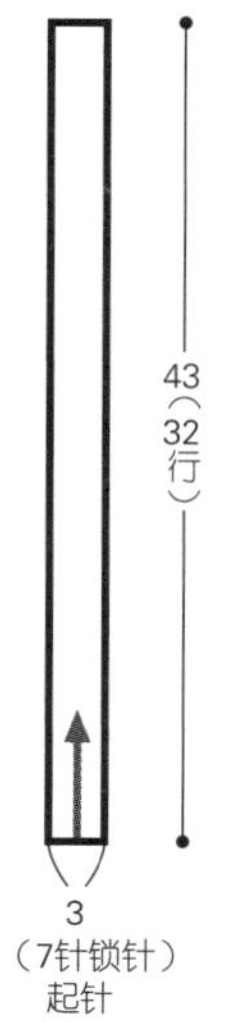

编织花样B

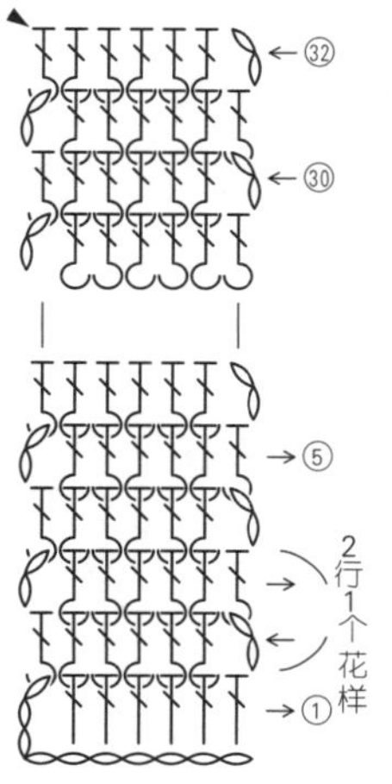

=长针的正拉针（从反面钩织时，钩织反拉针）

=长针的反拉针（从反面钩织时，钩织正拉针）

※编织方法请参照第159页

组合方法

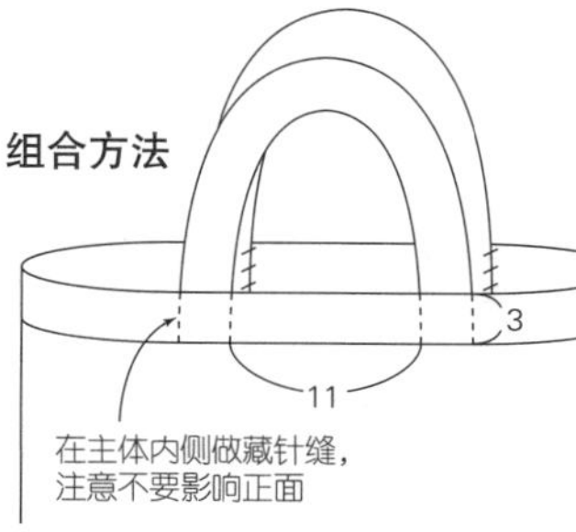

A

B

C

D

E

材料

[A] 奥林巴斯 Emmy Grande 褐色（736）50g/1团，红色（192）30g/1团，米色（731）25g/1团

[B] 奥林巴斯 Emmy Grande 原白色（851）170g/4团

[C] 奥林巴斯 Emmy Grande 灰色（486）85g/2团，藏青色（357）50g/1团，白色（801）40g/1团

[D] 奥林巴斯 Emmy Grande <Herbs> 驼色（814）105g/6团

[E] 奥林巴斯 Emmy Grande 黑色（901）25g/1团

工具

钩针 2/0 号

成品尺寸

[A、D] 长 82cm，宽 42cm

[B、C] 长 110cm，宽 56cm

[E] 长 38cm，宽 20cm

编织密度

10cm×10cm 面积内：编织花样、条纹花样均为 34 针，15 行

编织要点

●通用…钩织 1 针锁针，参照图示一边加针，一边做编织花样或条纹花样。周围钩织边缘。

●E…钩织 2 根细绳，缝在指定位置，完成。

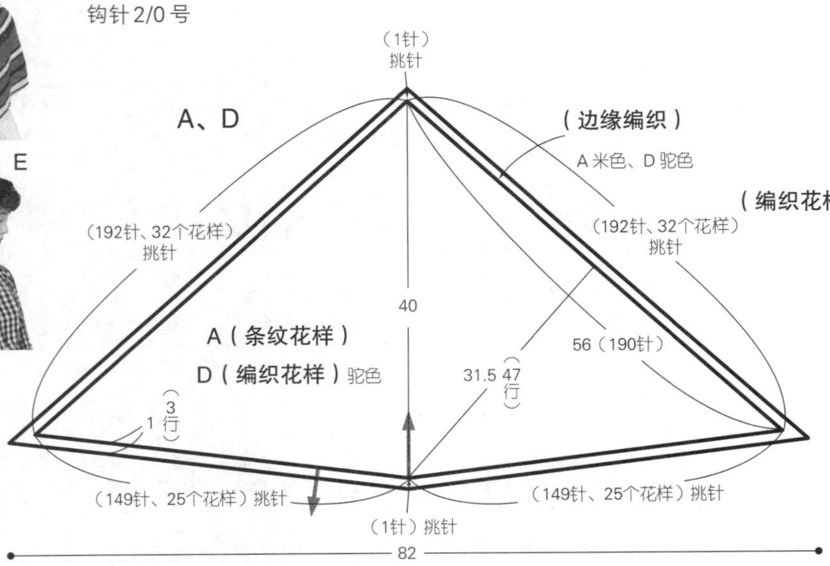

※ 全部使用 2/0 号针钩织

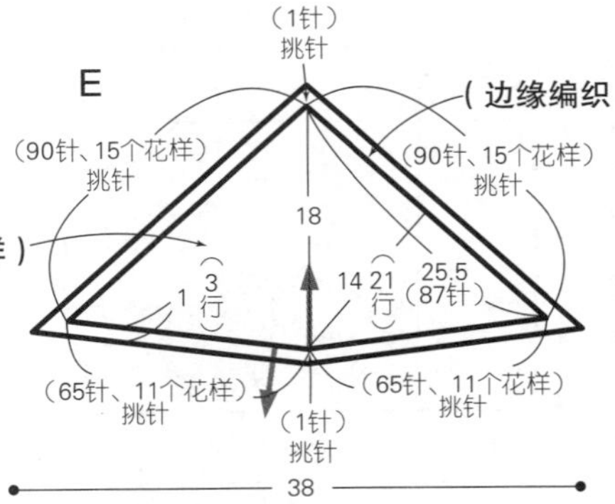

※ 全部使用 2/0 号针钩织

细绳 2 根

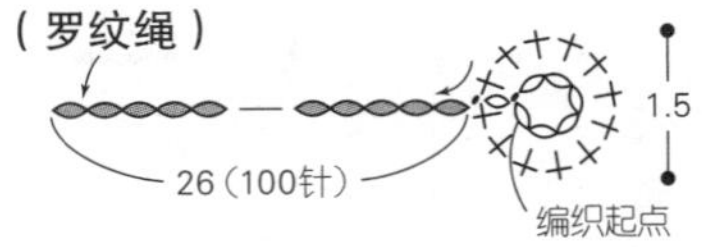

※ 线头留 80cm 开始钩织

※ 罗纹绳的编织方法请参照第 144 页

组合方法（E）

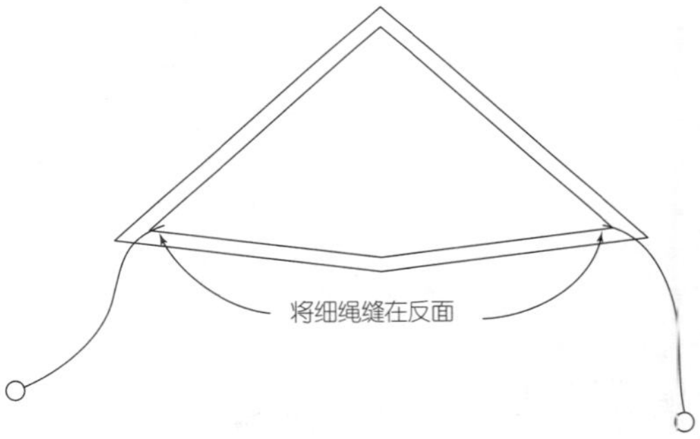

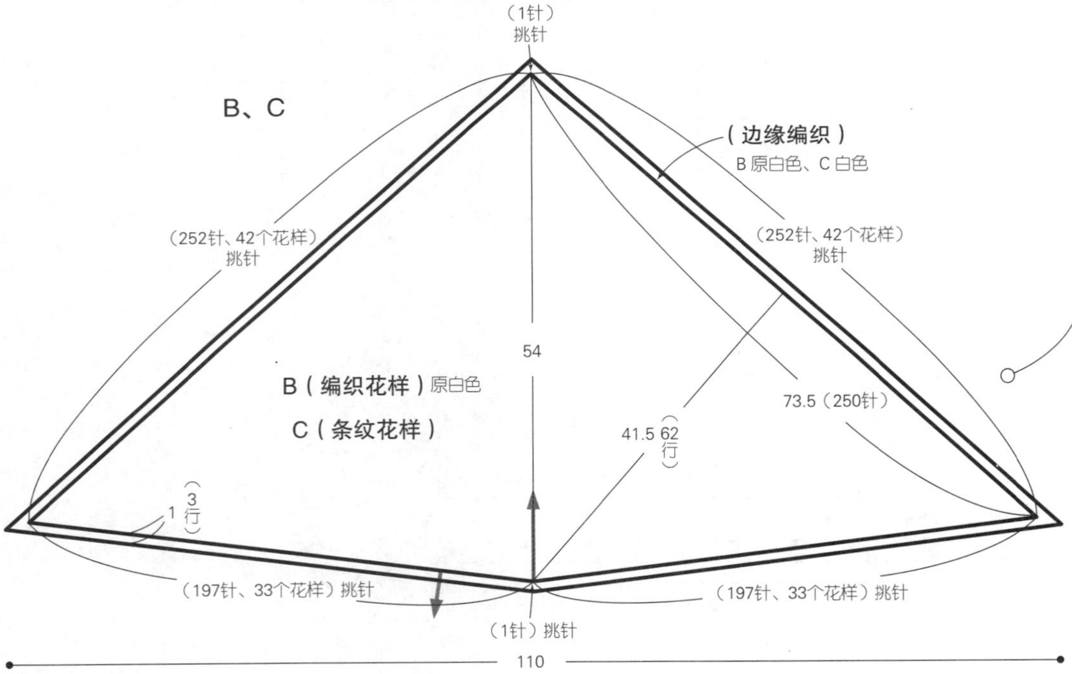

※ 全部使用 2/0 号针钩织

边缘编织

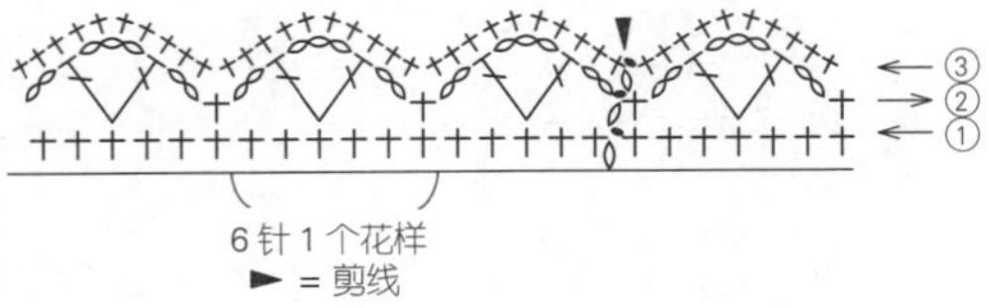

条纹花样的配色

行数	A	C
62行		藏青色
59 ~ 61行		白色
58行		藏青色
54 ~ 57行		灰色
52 ~ 53行		藏青色
48 ~ 51行		灰色
47行	红色	藏青色
44 ~ 46行	米色	白色
43行	红色	藏青色
34 ~ 42行	褐色	灰色
30 ~ 33行	红色	藏青色
27 ~ 29行	米色	白色
26行	红色	藏青色
22 ~ 25行	褐色	灰色
20 ~ 21行	红色	藏青色
16 ~ 19行	褐色	灰色
15行	红色	藏青色
12 ~ 14行	米色	白色
11行	红色	藏青色
1 ~ 10行	褐色	灰色

编织花样、条纹花样

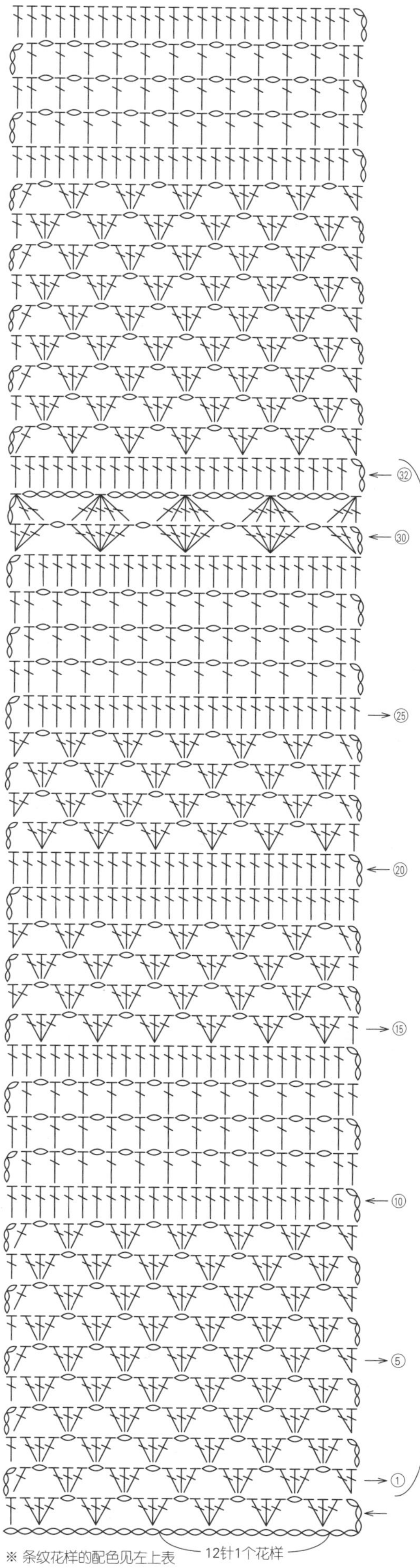

※ 条纹花样的配色见左上表

边缘编织角部的编织方法
（A ~ D）

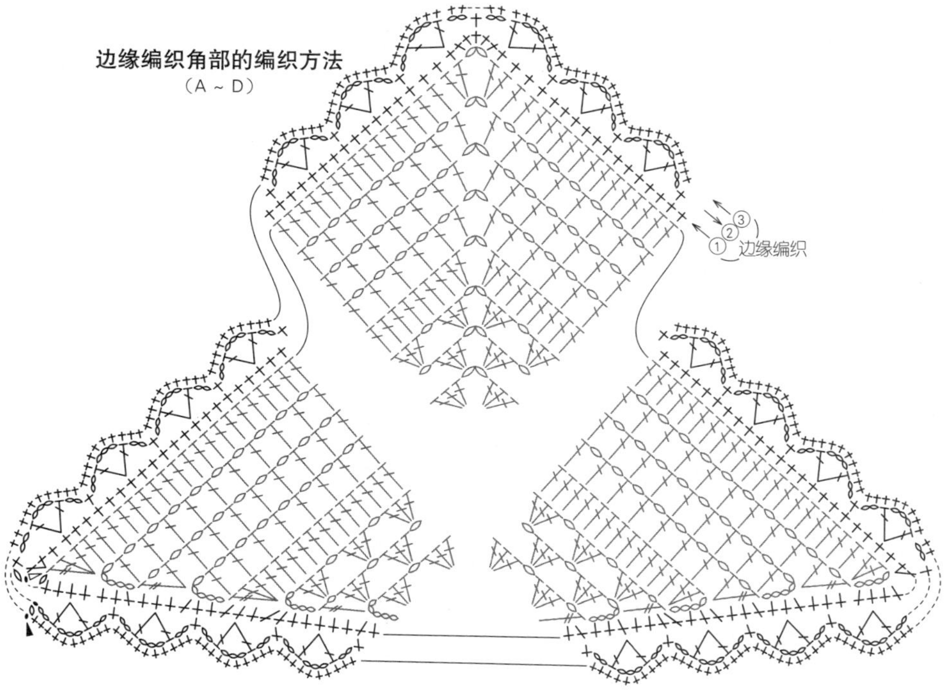

▷ = 加线
▶ = 剪线

边缘编织角部的编织方法
（E）

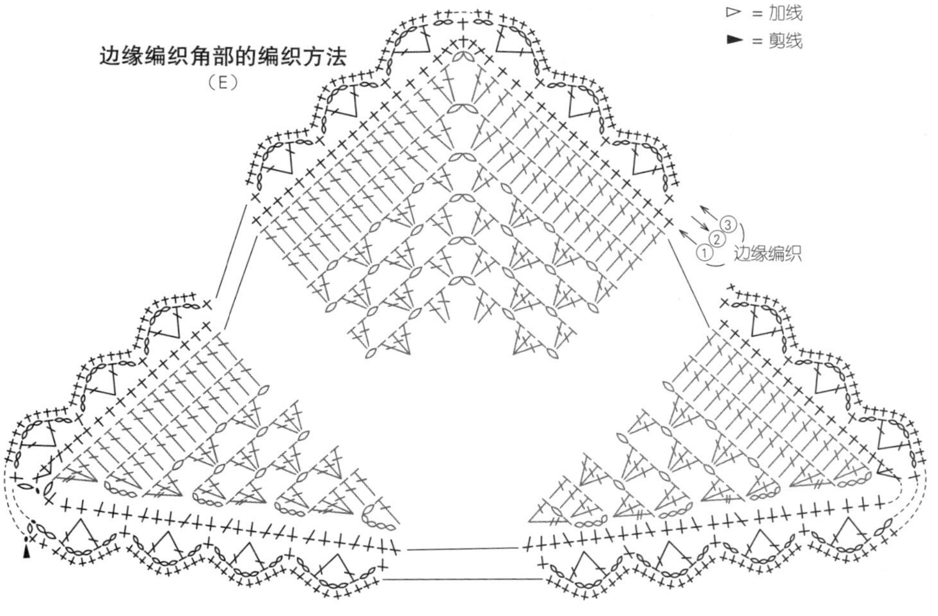

加针方法（第1~21行）

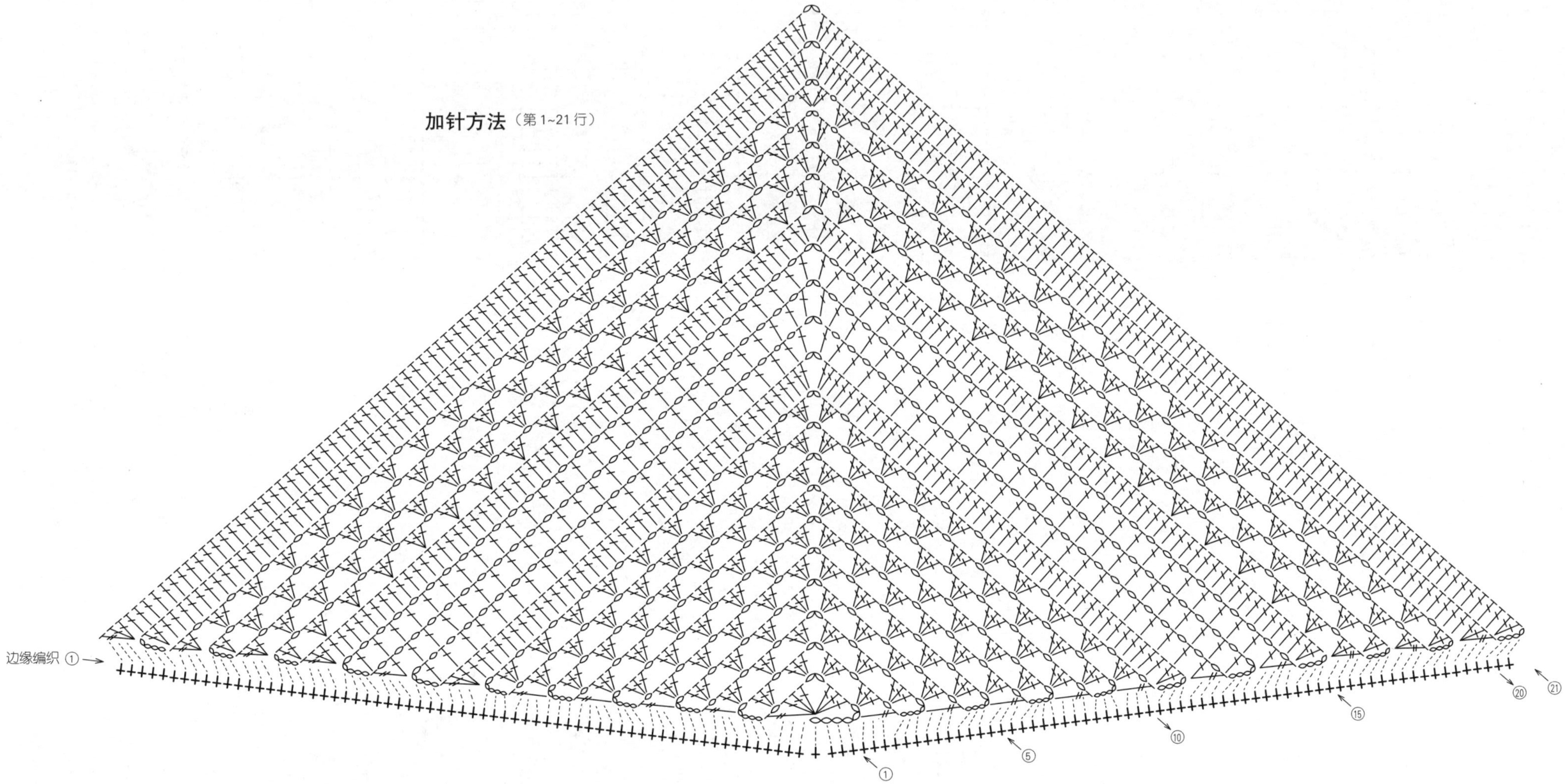

加针方法（第22~62行）

材料

钻石线 Masterseed Cotton <Silk> 浅灰粉色(8113) 240g/10团

工具

棒针5号、4号、3号

成品尺寸

胸围94cm，衣长54.5cm，连肩袖长30.5cm

编织密度

10cm×10cm面积内：编织花样A 26.5针，32行；下针编织26针，34行

编织要点

●身片、育克…身片另线锁针起针后，做编织花样A、B和下针编织。育克从身片以及预先钩好的另线锁针上挑针，一边分散减针一边按编织花样B和C编织。接着在领口编织边缘，结束时做扭针的单罗纹针收针。下摆解开起针时的锁针挑针后按编织花样B编织，结束时一边编织上针一边松松地做伏针收针。

●组合…胁部做挑针缝合。袖口从另线锁针解开后的针目以及腋下、前后差上挑针，编织边缘。结束时与领口一样收针。

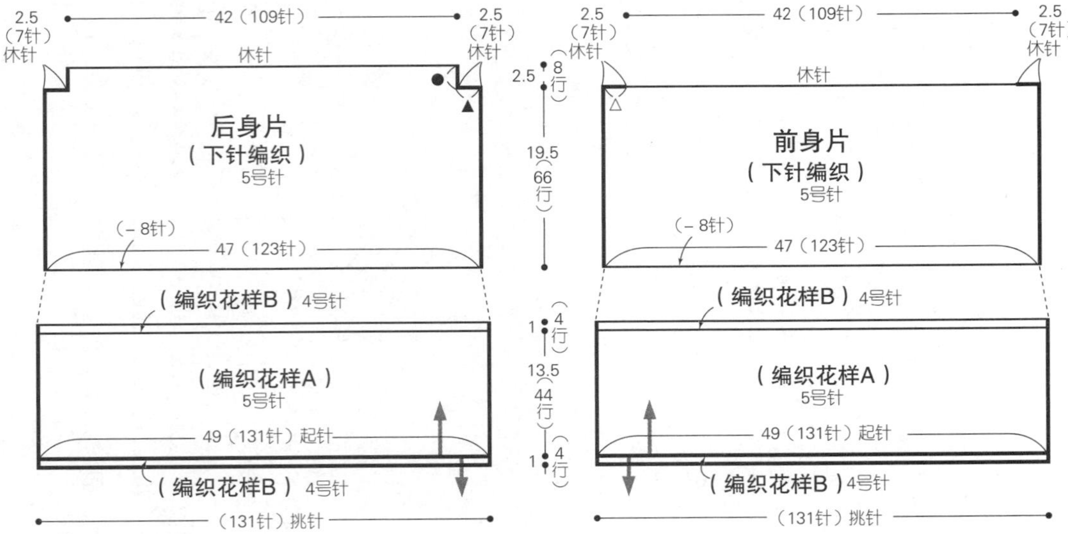

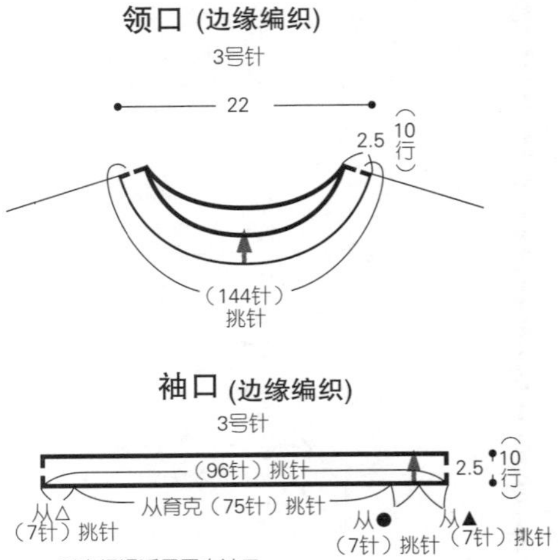

※对齐标记适用于右袖口

※扭针的单罗纹针收针的方法请参照第102页

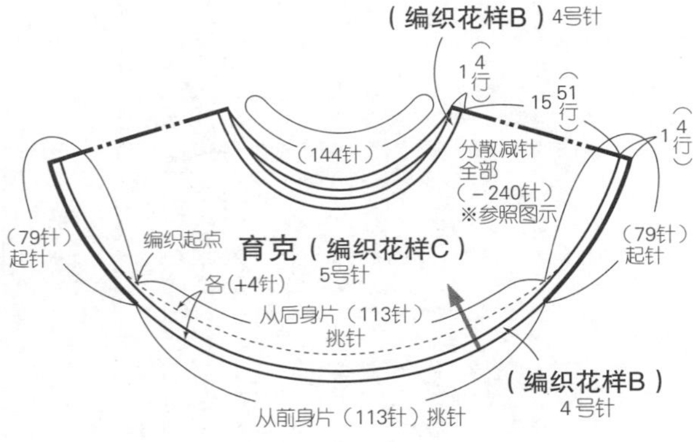

※全部（384针）挑针

编织花样A

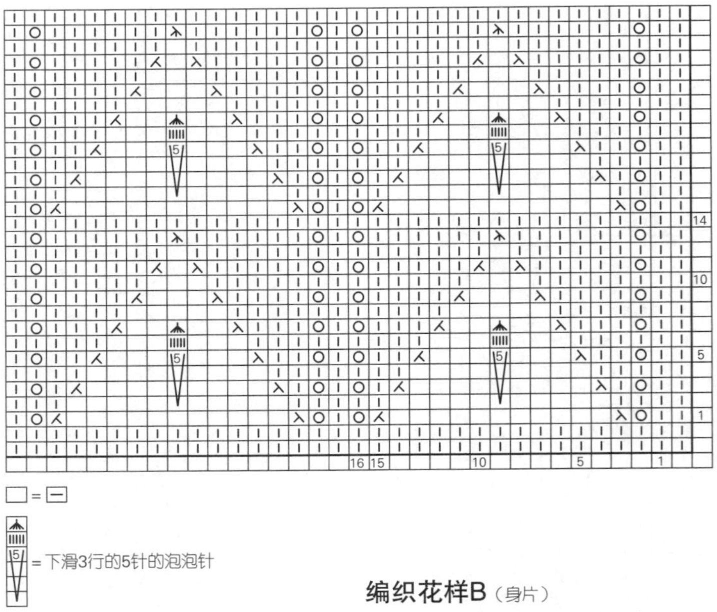

边缘编织

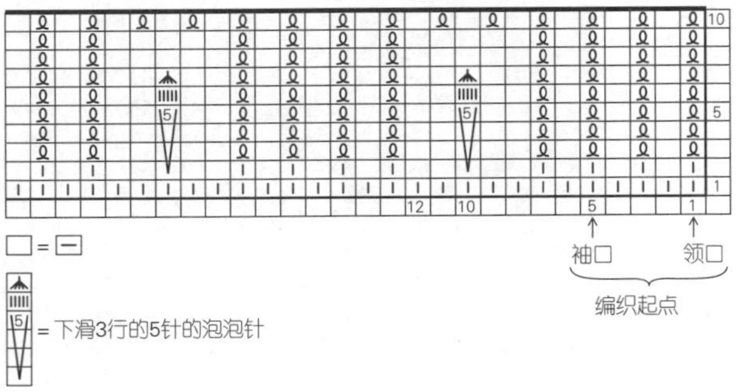

编织花样B（身片）

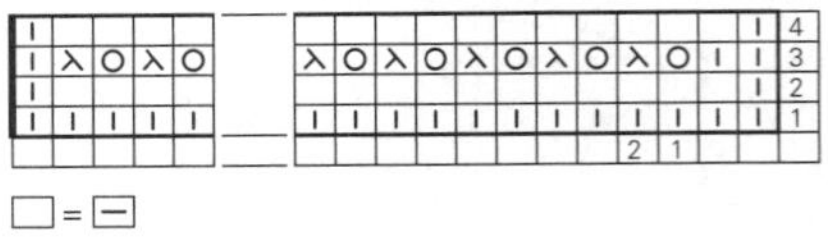

编织花样B（下摆）

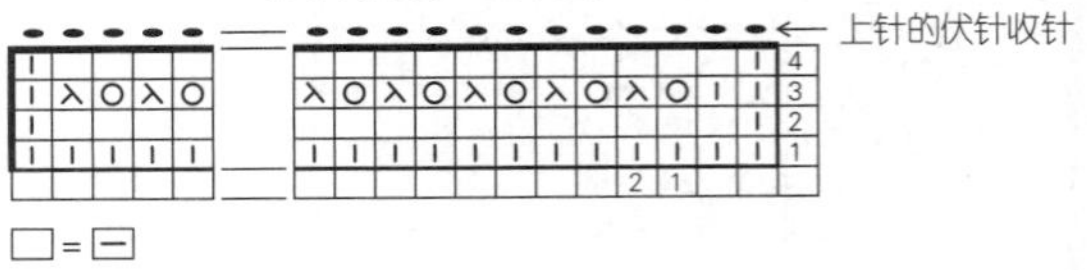

下滑3行的5针的泡泡针

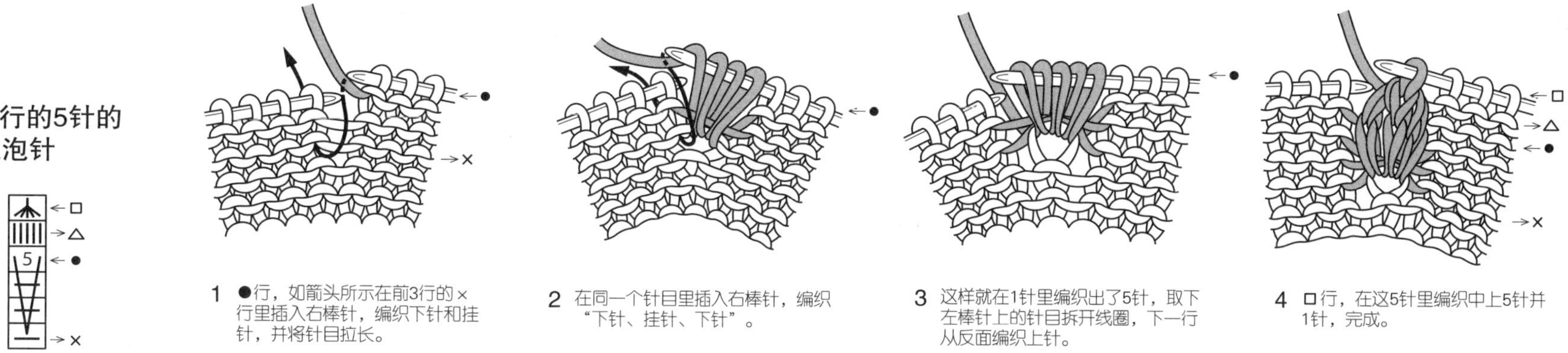

1 ●行，如箭头所示在前3行的×行里插入右棒针，编织下针和挂针，并将针目拉长。

2 在同一个针目里插入右棒针，编织“下针、挂针、下针”。

3 这样就在1针里编织出了5针，取下左棒针上的针目拆开线圈，下一行从反面编织上针。

4 □行，在这5针里编织中上5针并1针，完成。

育克的分散减针

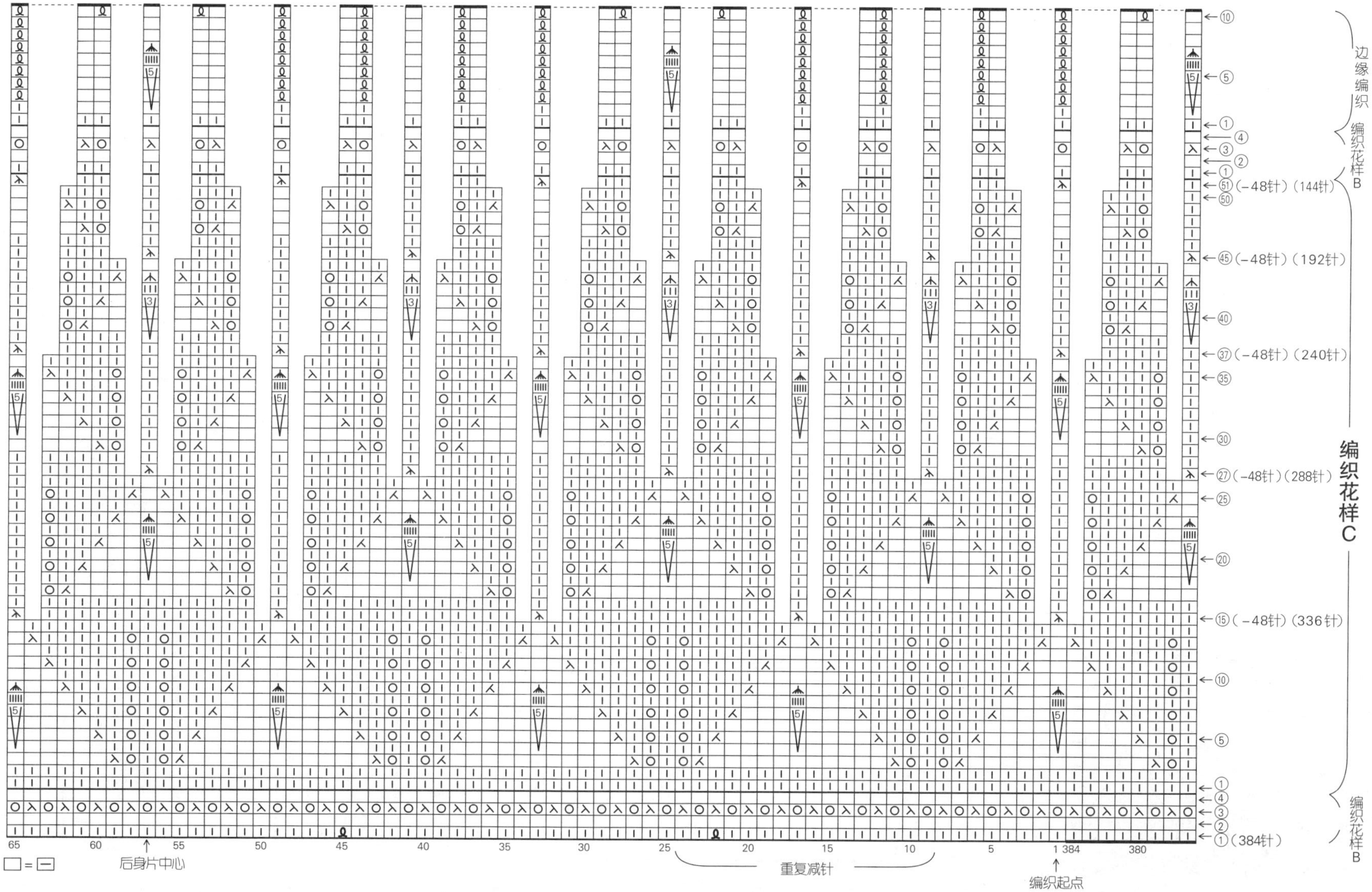

Ջ = 扭加针

下滑3行的泡泡针

※ 第15行、第37行、第51行的第1针 ⋏ 均在第1针、第2针以及前一行的最后一针里编织右上3针并1针

材料

K's K Sucre 白色(2) 200g/5团，黑色(5) 120g/3团

工具

棒针7mm，钩针8/0号

成品尺寸

胸围96cm，衣长47cm，连肩袖长38.5cm

编织密度

10cm×10cm面积内：配色花样A、B均为14针，14.5行

编织要点

●身片、衣袖…身片手指起针，编织配色花样A。采用横向渡线的方法编织配色花样。参照图示编织减针。肩部做盖针接合。衣袖从身片挑针，编织配色花样B。编织终点用2根白色线从反面做伏针收针。

●组合…胁部、袖下使用毛线缝针做挑针缝合。门襟、领口挑取指定数量的针目，钩织短针。制作流苏、细绳，连接在指定位置。

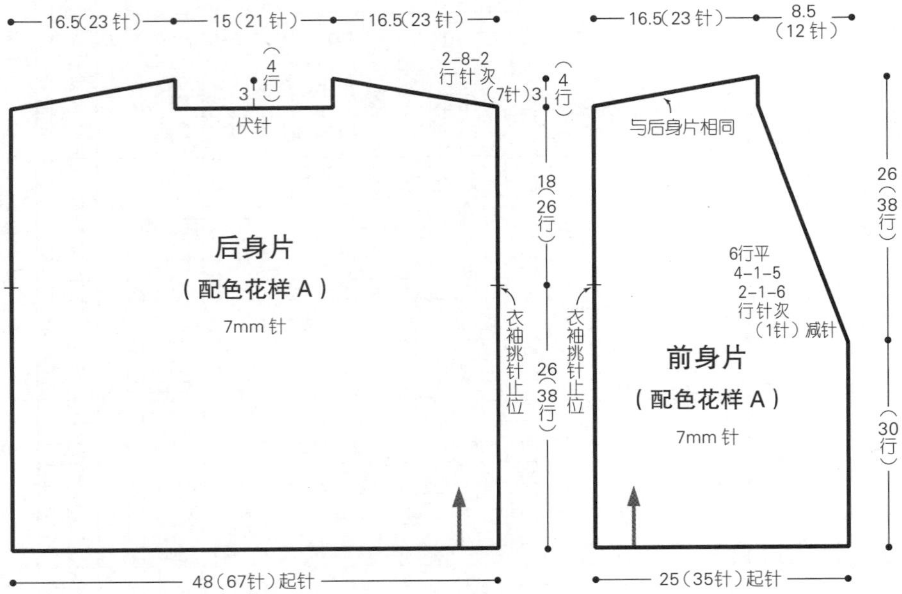

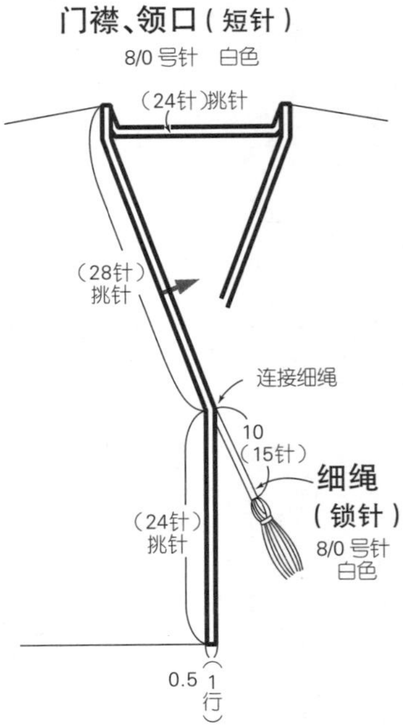

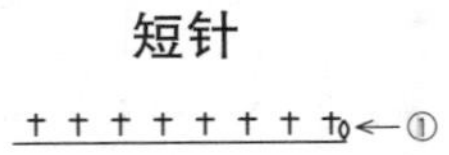

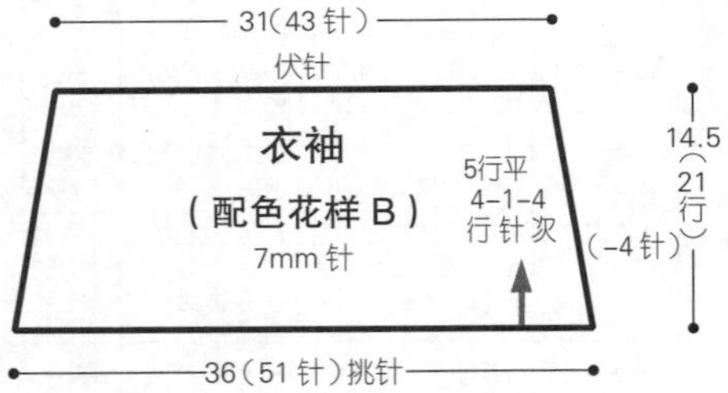

流苏的制作方法

2个

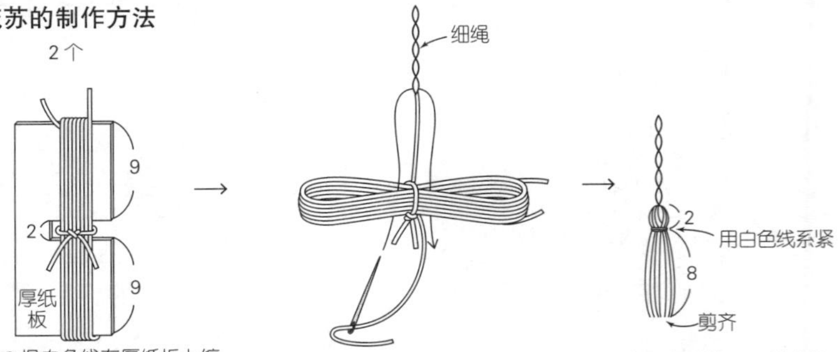

用2根白色线在厚纸板上缠绕10圈，中心用线系住，然后取出厚纸板

将线头穿在针上，穿过流苏中心和端头的锁针，然后打结

在距离顶端2cm用白色线系紧，然后将下端剪齐

配色花样B（衣袖）

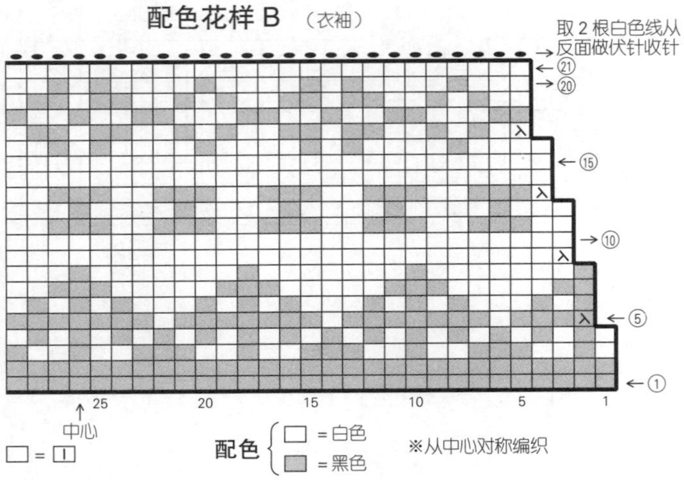

□ = 丨

配色 □ = 白色　▩ = 黑色

※从中心对称编织

配色花样 A（后身片）

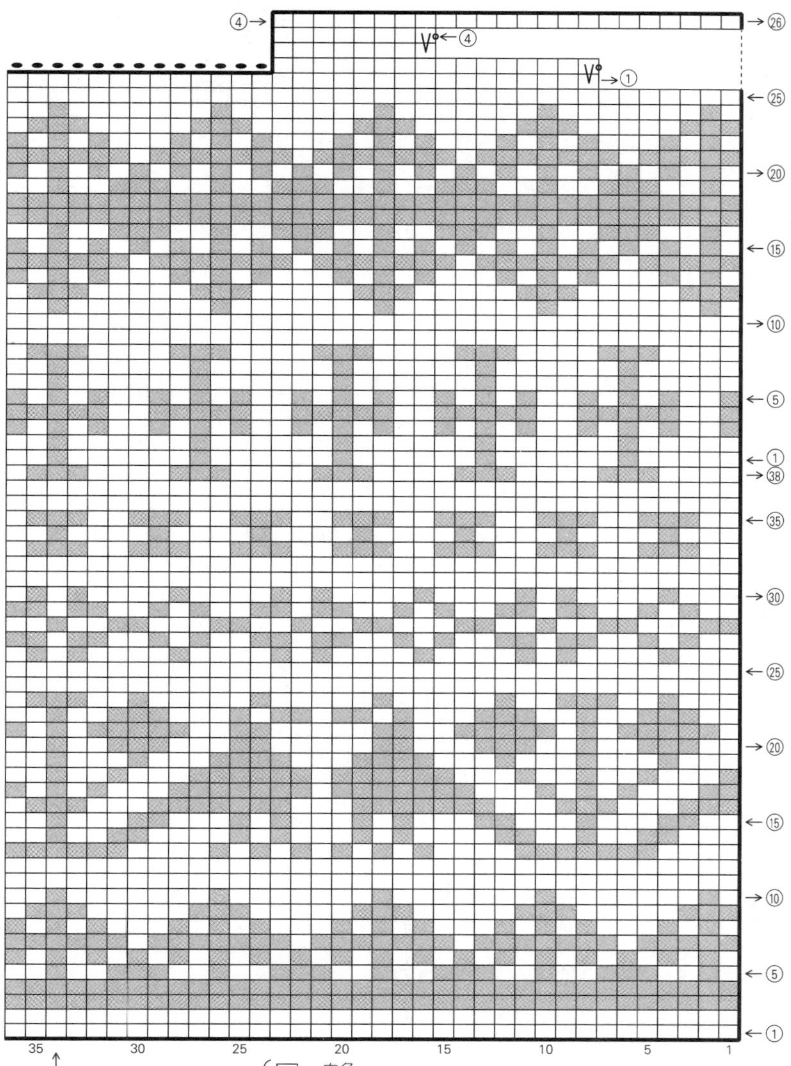

□ = ⎕

配色 { □ = 白色 / ▨ = 黑色

※从中心对称编织

配色花样 A（右前身片）

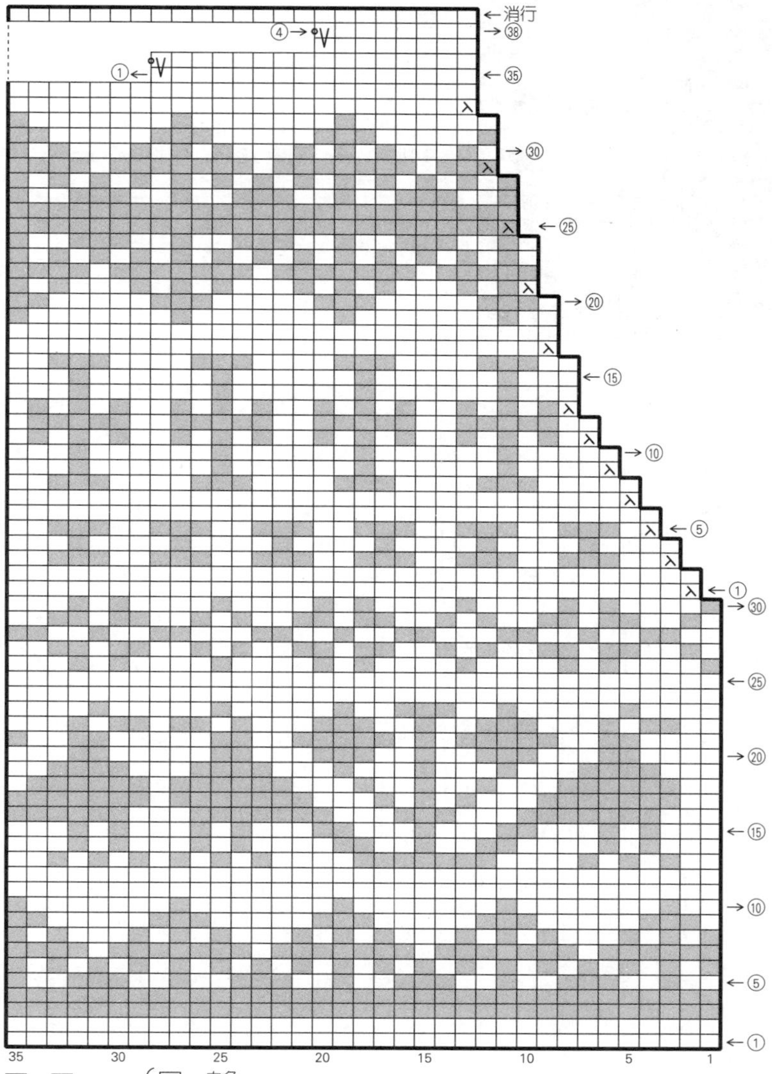

□ = ⎕

配色 { □ = 白色 / ▨ = 黑色

※对称编织左前身片

横向渡线编织配色花样的方法

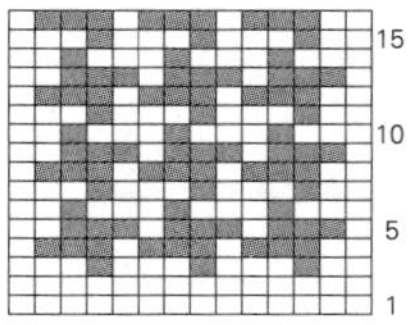

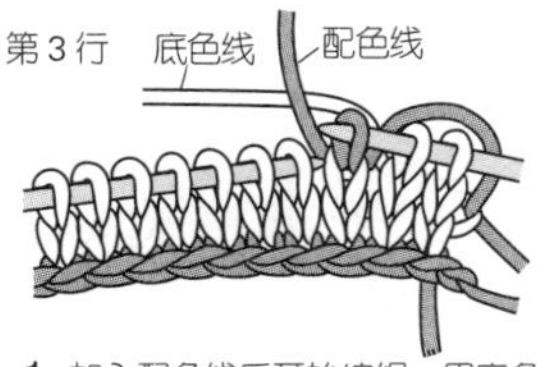

1 加入配色线后开始编织，用底色线编织2针，用配色线编织1针。

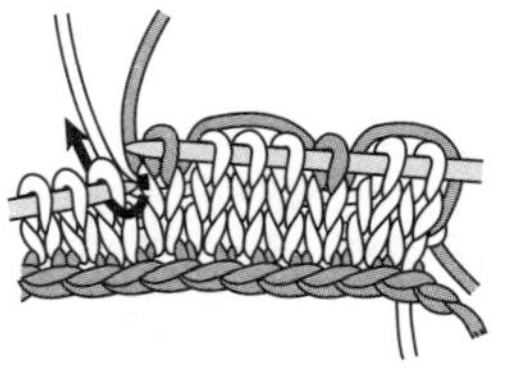

2 配色线在上、底色线在下渡线，重复“底色线织3针，配色线织1针”。

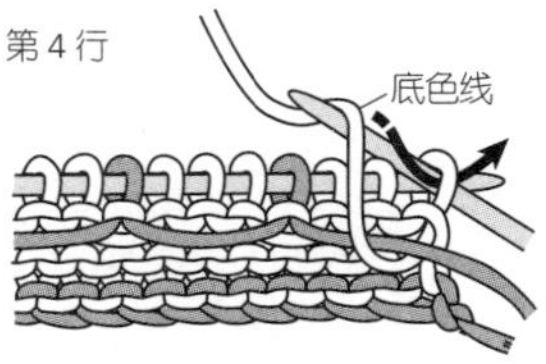

3 第4行的编织起点，要夹着配色线编织第1针。

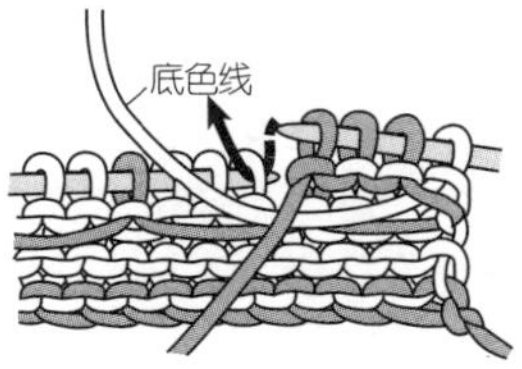

4 编织上针行时也要配色线在上、底色线在下渡线。

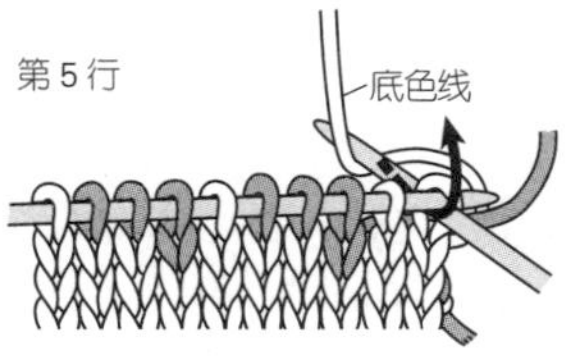

5 第5行的编织起点，在底色线中夹入配色线后编织。

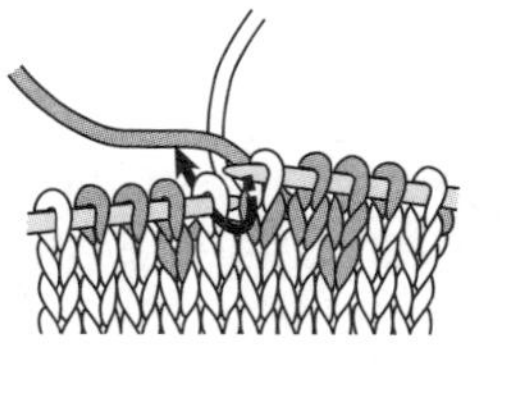

6 按照符号图，重复“配色线织3针，底色线织1针”。

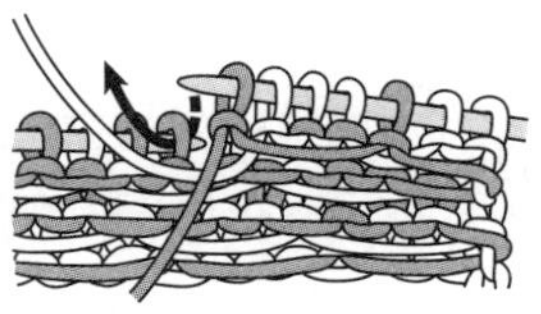

7 重复“配色线织1针，底色线织3针”。织完此行后能完成1个花样。

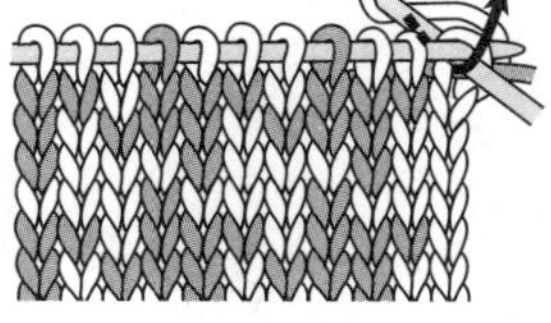

8 再编织4行，2个千鸟格的花样编织完成的状态。

材料

K’s K Sucre 米色(3) 175g/5团

工具

钩针9/0号(制作花片中心的线环时，使用20mm棒针)

成品尺寸

胸围104cm，肩宽26cm，衣长37.5cm

编织密度

花片大小请参照图示

编织要点

●用连接花片的方法钩织。从第2片花片开始，一边在最终行和相邻花片连接，一边钩织。

69 页的作品 ★★★

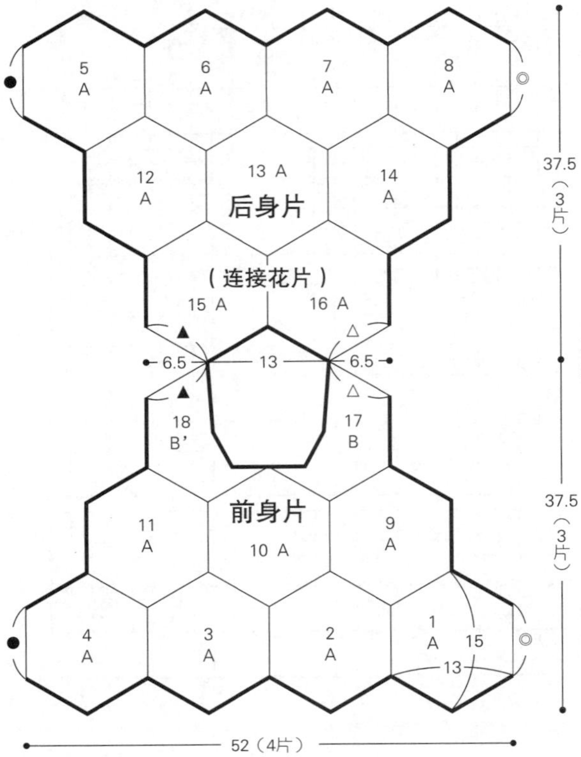

※ 全部使用9/0号针钩织
※ 花片内的数字表示连接顺序
※ 对齐相同标记连接起来

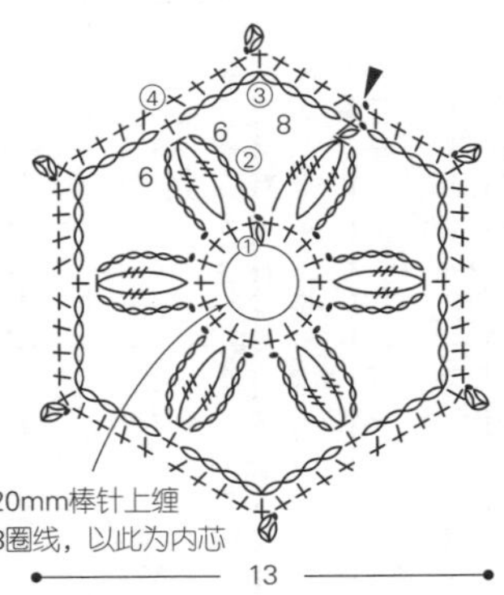

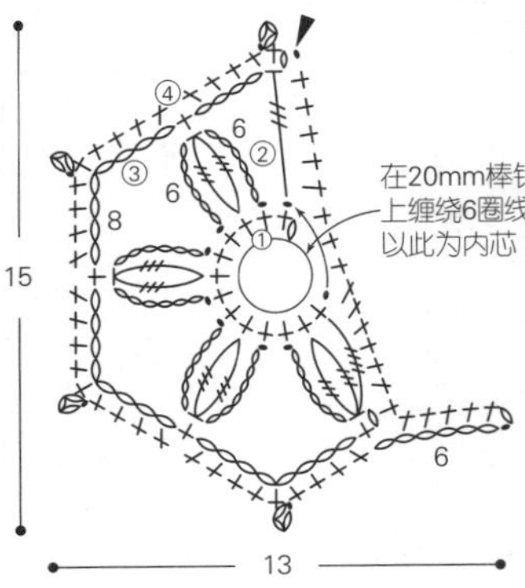

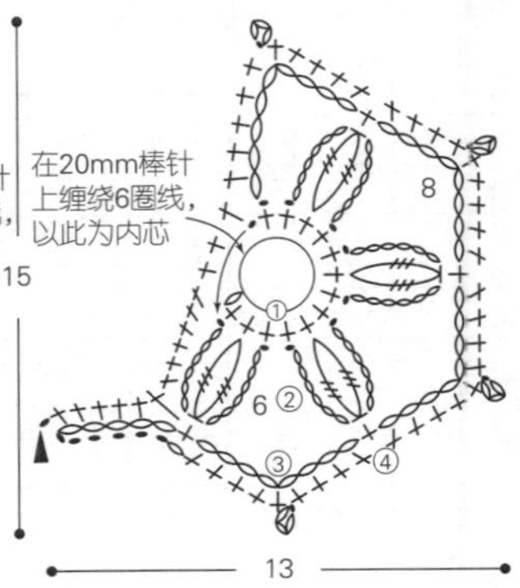

花片的连接方法

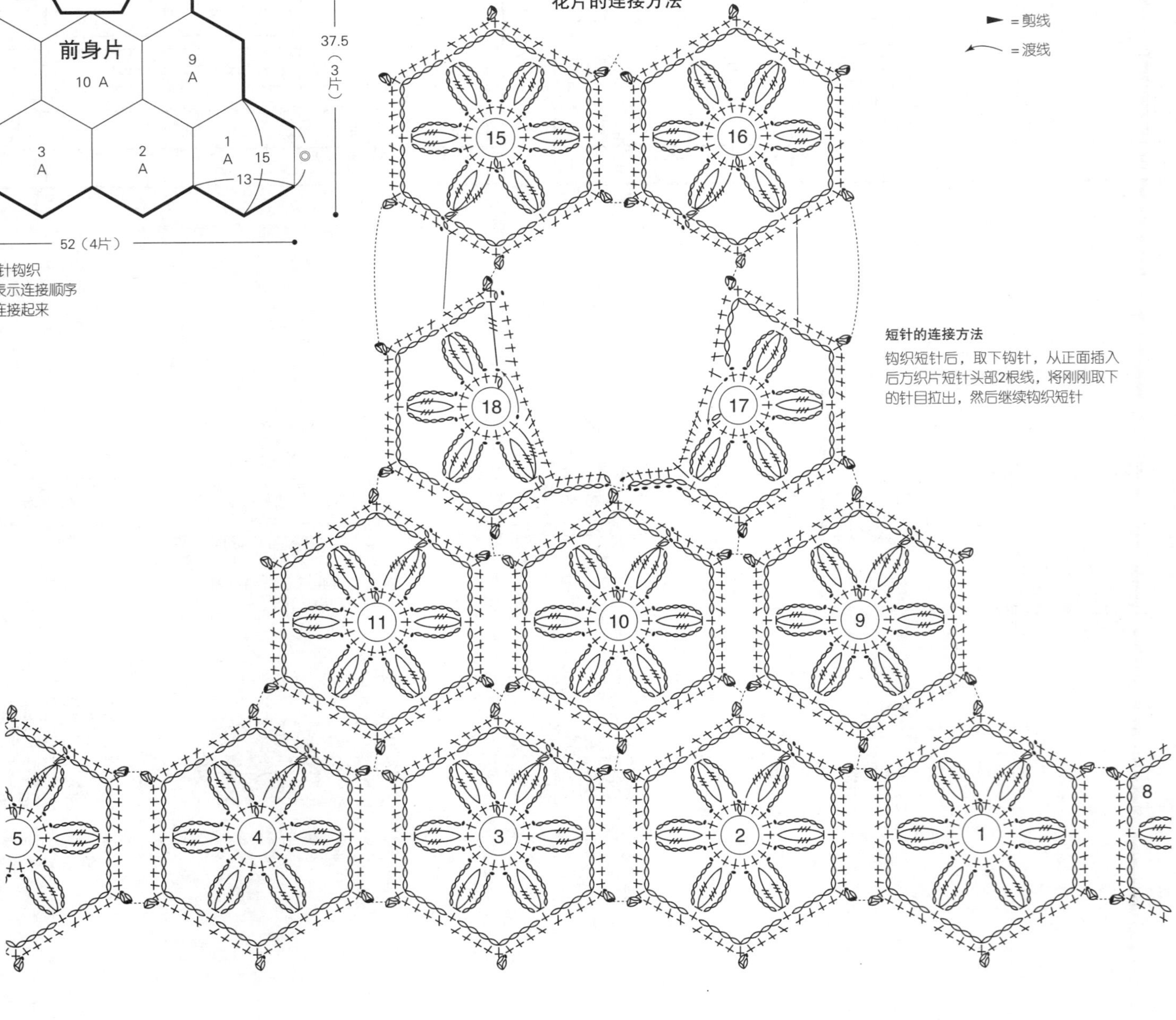

短针的连接方法

钩织短针后，取下钩针，从正面插入后方织片短针头部2根线，将刚刚取下的针目拉出，然后继续钩织短针

材料

钻石线 Diathrough 灰紫色（197）100g/4团

工具

花卡编织机 SK280（4.5mm），钩针 2/0 号

成品尺寸

衣长41.5cm，连肩袖长54.5cm

编织密度

10cm×10cm面积内：下针编织28针，42行

编织要点

●身片…另色线起针后开始做下针编织。分别在袖窿开口止位和领开口止位用线做上标记。结束时编织几行另色线，从编织机上取下织片。

●组合…肩部正面相对，用2根线合并做引拔缝合。胁部做机器缝合。后领口为了防止拉伸，用2根线合并钩织引拔针。袖口用2根线合并做引拔收针。

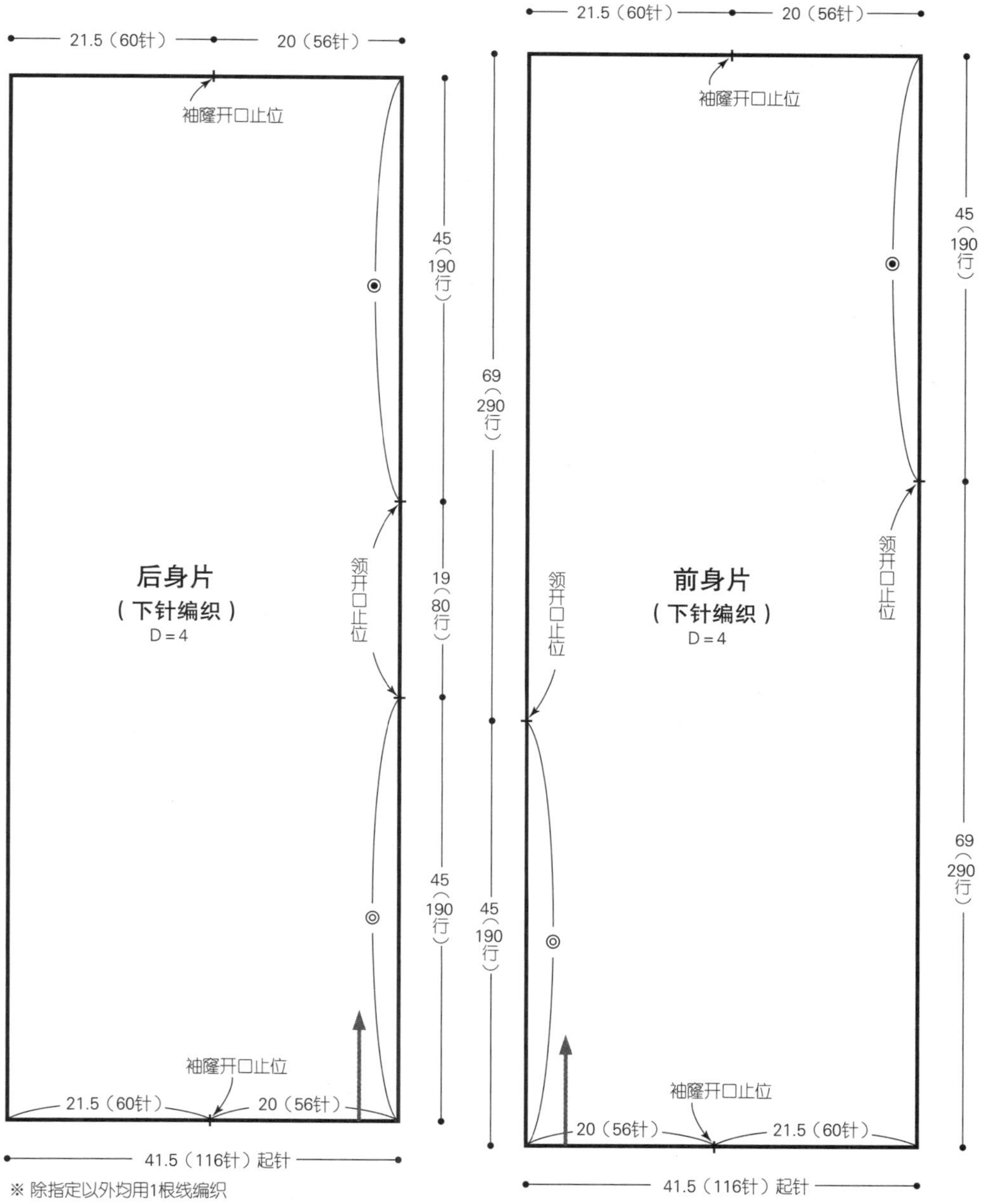

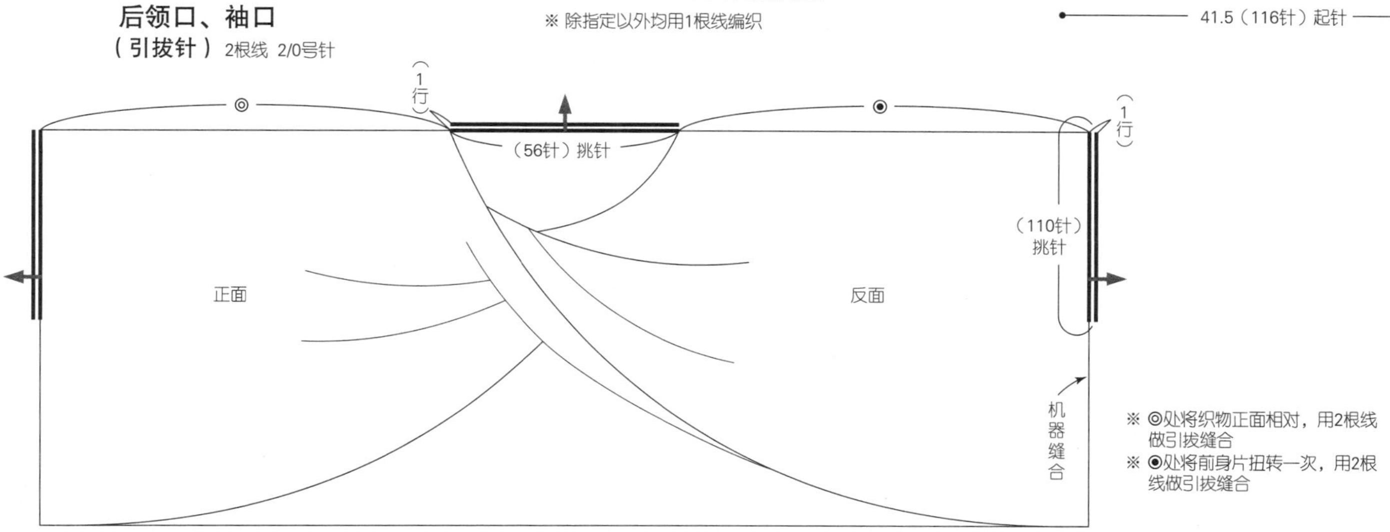

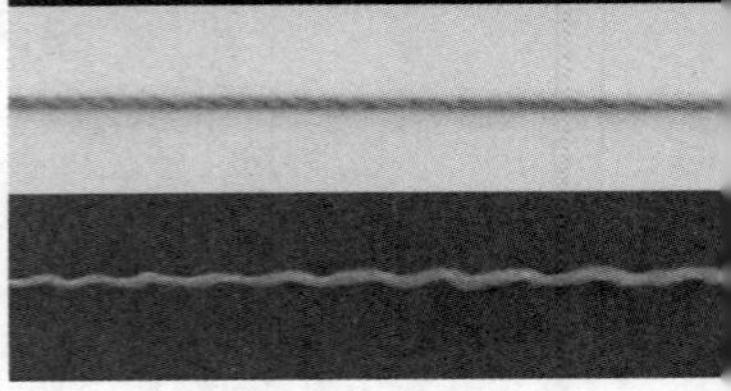

材料

钻石线 Masterseed Cotton <Crochet> 白色（301）140g/5团，Diathrough 草绿色（195）35g/2团

工具

花卡编织机 SK280（4.5mm）

成品尺寸

胸围96cm，衣长58cm，连肩袖长26cm

编织密度

10cm×10cm面积内：条纹花样32.5针，55.5行

编织要点

●身片…另色线起针后开始编织。先做30行的下针编织，然后将编织起点的针目重叠着挂到机针上编织1行。接着编织条纹花样。前领窝减2针及以上时做伏针减针，减1针时立起侧边1针减针。结束时，用白色线编织1行下针，再编织几行另色线后从编织机上取下织片。

●组合…右肩做引拔接合。领口用与身片相同的方法开始编织，结束时编织几行另色线。参照“领口、袖口的缝合方法”与身片缝合。左肩做引拔接合。袖口用与领口相同的方法编织后，与身片缝合。胁部做引拔缝合，领口侧边和袖口下侧做挑针缝合。

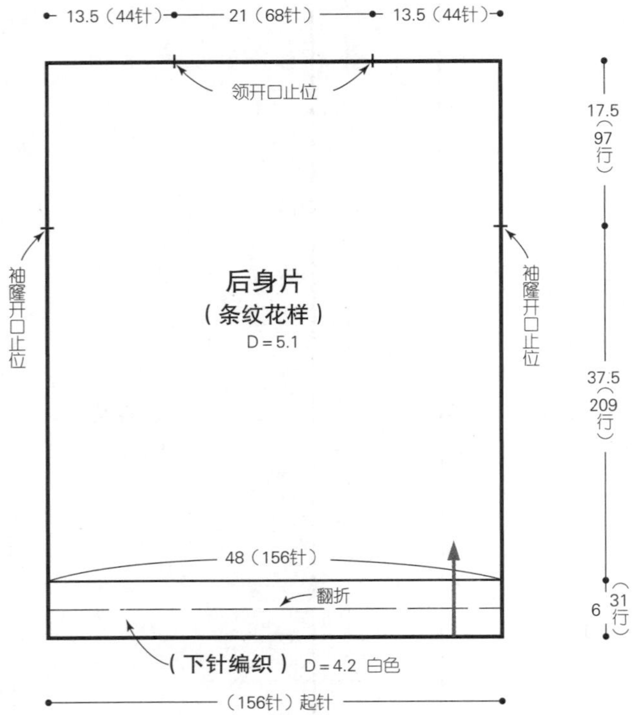

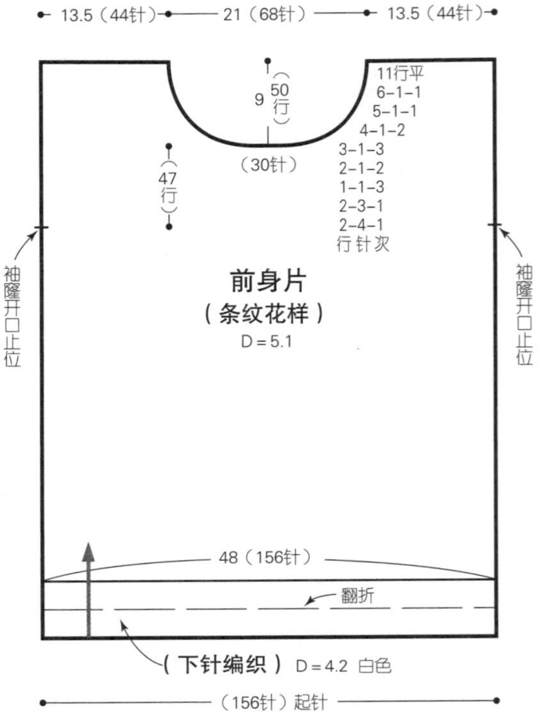

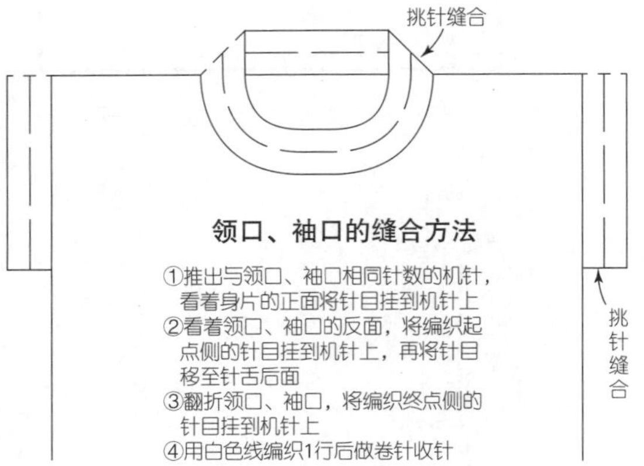

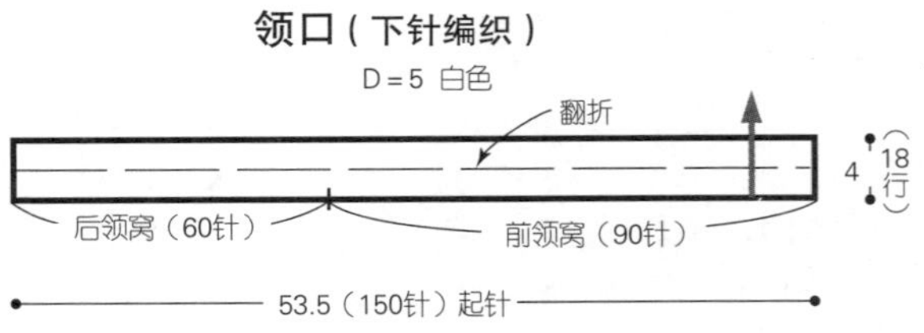

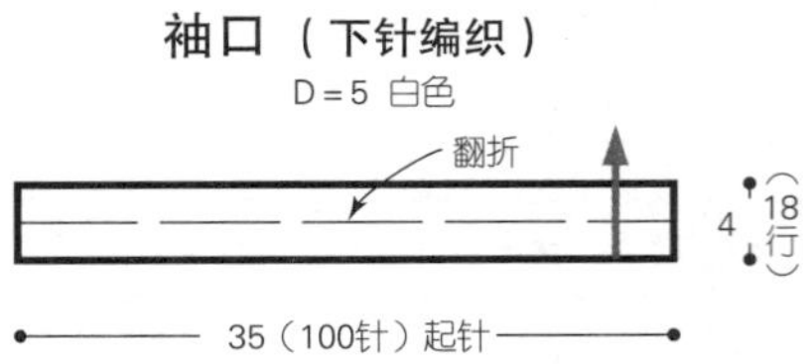

条纹花样

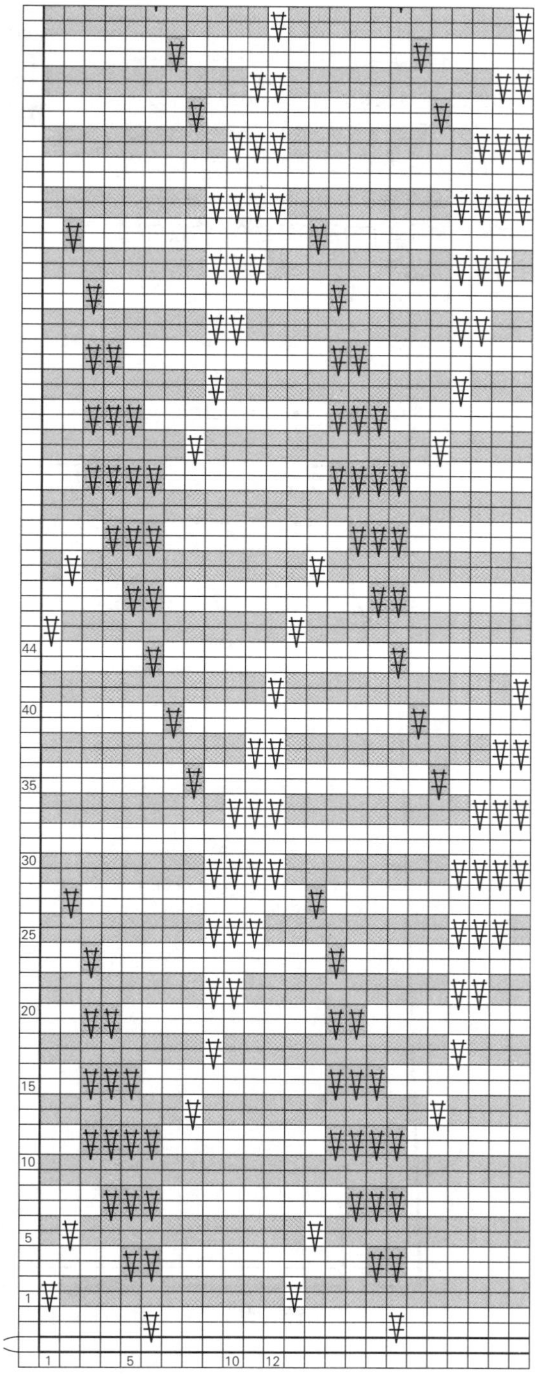

□ = ⊟　[滑针符号] = [滑针符号] =滑针（2行）

配色 { □ =白色
　　 { ▩ =草绿色

※ 符号图表示的是挂在编织机上的状态
※ 使用下针的一面

条纹花样的花卡

（机带花卡No.19）

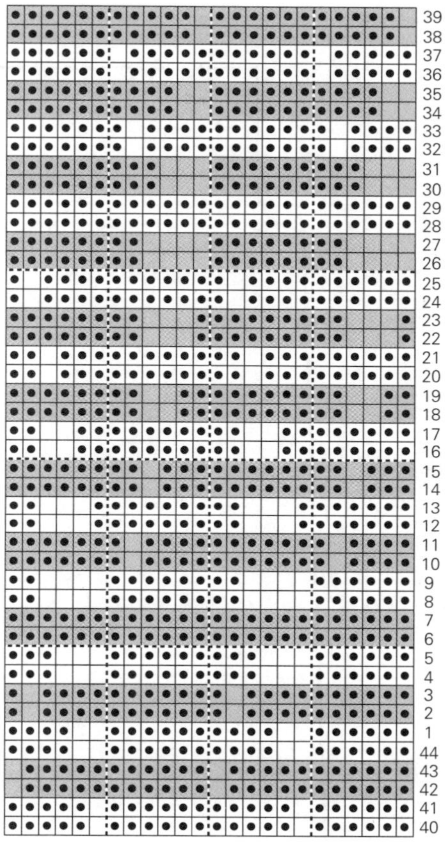

□ =白色　▩ =草绿色

※ 将凸轮杆调到架空位置编织

材料

钻石线 Silk Domani 黑色(218) 140g/6团，Diathrough 黑色(104) 60g/3团

工具

花卡编织机SK280(4.5mm)

成品尺寸

胸围90cm，肩宽37cm，裙长86cm

编织密度

10cm×10cm面积内：条纹花样27.5针，61行

编织要点

●身片…另色线起针后开始编织。先做8行下针编织，然后将编织起点的针目重叠着挂到机针上编织1行。将花样加长杆调到L位置，接着编织条纹花样。将爪锤挂在整片织物上。袖窿和领窝减2针及以上时做伏针减针，减1针时立起侧边1针减针。结束时用Silk Domani线编织1行下针，再编织几行另色线后从编织机上取下织片。

●组合…左肩做引拔接合。领口用与身片相同的方法开始编织，结束时编织几行另色线。参照"领口、袖口的缝合方法"与身片缝合。右肩做引拔接合。袖口用与领口相同的方法编织后与身片缝合。胁部做引拔缝合，领口侧边和袖窿下侧做挑针缝合。下摆用熨斗整烫成波浪形。

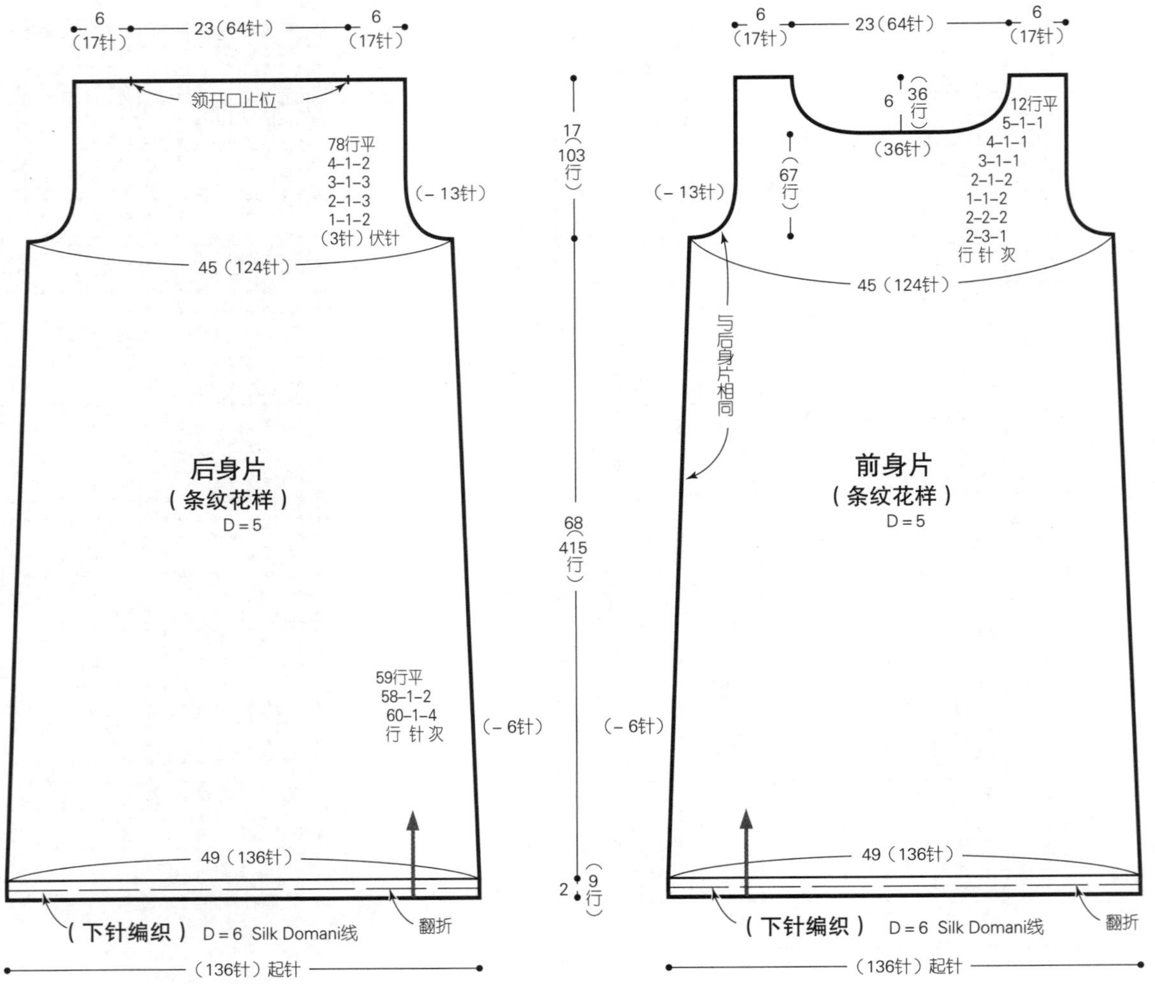

领口(下针编织)

D=5 Silk Domani线

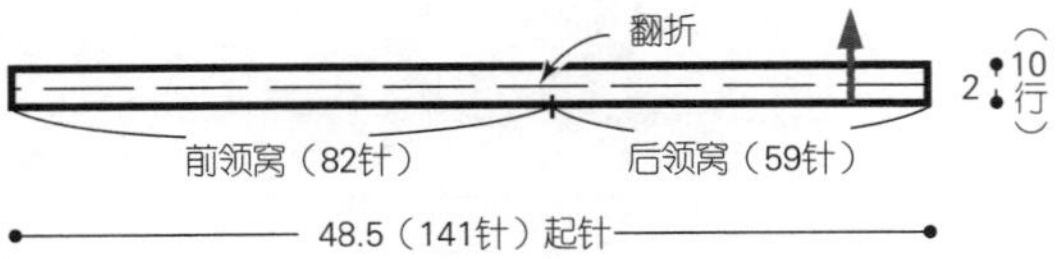

袖口(下针编织)

D=5 Silk Domani线

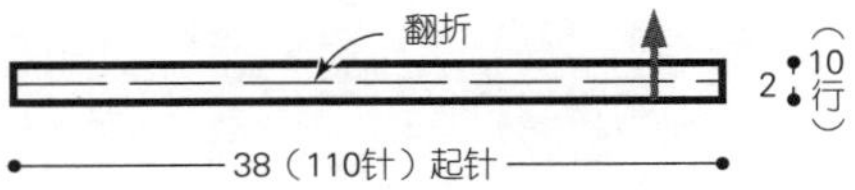

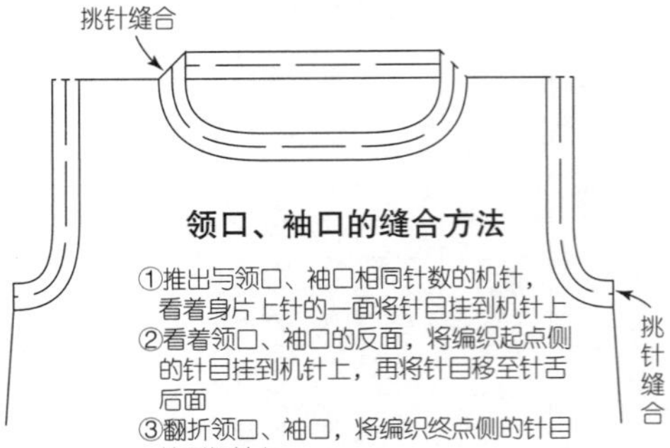

领口、袖口的缝合方法

①推出与领口、袖口相同针数的机针，看着身片上针的一面将针目挂到机针上
②看着领口、袖口的反面，将编织起点侧的针目挂到机针上，再将针目移至针舌后面
③翻折领口、袖口，将编织终点侧的针目挂到机针上
④用Silk Domani线编织1行后做卷针收针

条纹花样

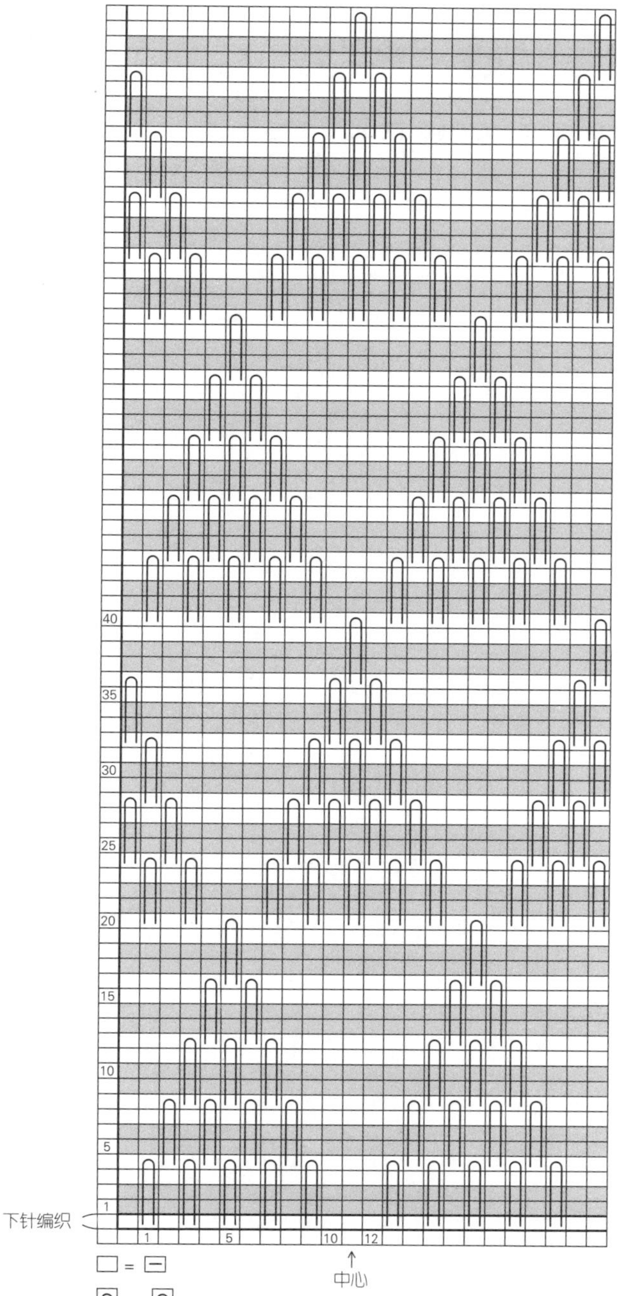

□ = ⊟

= 上拉针（4行）

配色 ▒ =Silk Domani线
□ =Diathrough线

※ 将边针推出至D位置编织
※ 符号图表示的是挂在编织机上的状态
※ 使用上针的一面

条纹花样的花卡

（机带花卡No.10）

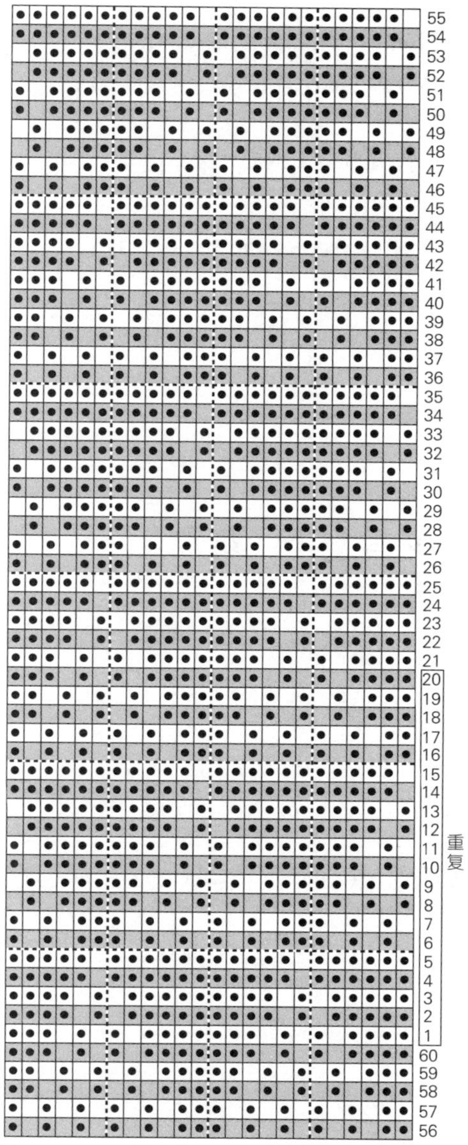

▒ = Silk Domani线 □ =Diathrough线

※ 将凸轮杆调到集圈位置编织
※ 将花样加长杆调到L位置编织

图书在版编目（CIP）数据

毛线球. 38, 指尖上的蕾丝交响曲 / 日本宝库社编著 ; 蒋幼幼, 如鱼得水译. —郑州：河南科学技术出版社，2021.9 (2022.4 重印)
ISBN 978-7-5725-0529-4

Ⅰ. ①毛… Ⅱ. ①日… ②蒋… ③如… Ⅲ. ①绒线—手工编织—图解 Ⅳ. ①TS935.52-64

中国版本图书馆CIP数据核字（2021）第144889号

出版发行：河南科学技术出版社
地址：郑州市郑东新区祥盛街27号　邮编：450016
电话：（0371）65737028　65788613
网址：www.hnstp.cn
策划编辑：刘　欣
责任编辑：梁　娟
责任校对：马晓灿　王晓红
封面设计：张　伟
责任印制：张艳芳
印　　刷：北京盛通印刷股份有限公司
经　　销：全国新华书店
开　　本：635 mm × 965 mm　1/8　印张：22　字数：350千字
版　　次：2021年9月第1版　2022年4月第2次印刷
定　　价：69.00元
